普通高等教育“十二五”机电类规划教材

单片机综合设计实例与实验

唐 颖 主 编

程菊花 陈友荣 阮 越 许 森 副主编

電子工業出版社

Publishing House of Electronics Industry

北京·BEIJING

内 容 简 介

本书根据单片机实践教学的要求和特点，遵循由浅入深、循序渐进的学习规律，将内容分为综合设计实例和基础实验两大部分。其中，综合设计实例部分含 14 个实例，分 14 章；单片机基础实验部分含 8 个实验。

在综合实训部分的 14 个章节中，结合课程设计、课外实践教学和电子设计竞赛培训的要求，精选了不同应用方向的 14 个设计项目。书中提供的 C51 源程序清单及电路原理设计图，有利于读者对项目进行分析和理解，并进行制作与验证。

在基础实验部分的 8 个实验中，配合输入/输出端口基本应用、定时/计数器、中断系统、串口通信接口、显示接口、键盘接口和数模转换接口等教学，精心选择了相应的实验项目，按照实验指导书的格式给出了设计要求、功能指标、参考电路与基本程序、思考题及功能扩展等。满足单片机实验的要求。

本书与同为电子工业出版社出版的《单片机技术及 C51 程序设计》相配套。本书可作为高等院校电类专业单片机课程实验、课程设计、毕业设计的指导教材，或作为大学生参加电子设计竞赛等科技实践活动的培训辅导书，也可作为工程技术人员从事单片机设计应用开发的参考书。

图书在版编目（CIP）数据

单片机综合设计实例与实验 / 唐颖主编. —北京：电子工业出版社，2015.1
（普通高等教育“十二五”机电类规划教材）
ISBN 978-7-121-25102-3

Ⅰ. ①单… Ⅱ. ①唐… Ⅲ. ①单片微型计算机—高等学校—教材 Ⅳ. ①TP368.1

中国版本图书馆 CIP 数据核字(2014)第 292679 号

策划编辑：郭穗娟
责任编辑：郭穗娟　特约编辑：孙志明
印　　刷：北京捷迅佳彩印刷有限公司
装　　订：北京捷迅佳彩印刷有限公司
出版发行：电子工业出版社
　　　　　北京市海淀区万寿路 173 信箱　邮编 100036
开　　本：787×1 092　1/16　印张 17.75　字数：448 千字
版　　次：2015 年 1 月第 1 版
印　　次：2024 年 7 月第 8 次印刷
定　　价：49.80 元

凡所购买电子工业出版社图书有缺损问题，请向购买书店调换。若书店售缺，请与本社发行部联系，联系及邮购电话：(010)88254888，88258888。

质量投诉请发邮件至 zlts@phei.com.cn，盗版侵权举报请发邮件至 dbqq@phei.com.cn。

本书咨询联系方式：(010)88254502，guosj@phei.com.cn。

前　言

单片机原理及应用是电类专业中应用性很强的课程，实践教学环节对学好这门课程起着非常重要的作用。编者多年来从事单片机原理及应用课程的教学、实践指导和电子竞赛辅导培训，积累了丰富的实践教学经验，同时也深感有一本系统的单片机应用实践教材的重要性。为此，与相关企业合作，结合教学与应用实际，编写了围绕着单片机实验、课程设计、毕业设计、电子设计竞赛辅导等实践环节的单片机实践教学指导书。

本书分为单片机综合设计实例和基础实验两大部分。综合设计实例部分共 14 章，精选了 14 个单片机综合应用的实例，内容包括单片机在 8 路抢答器、LED 数字钟、超声波测距器、数字温度计、液晶多功能电子台历、数控信号发生器、太阳能热水器控制器、数控直流稳压电源、智能交通灯控制系统、环境监测系统、LED 调光器、智能电动小车、触摸遥控器和 Zigbee 无线通信系统 14 个应用方向的例子。每章都提供了硬件电路原理图及源程序清单，程序采用 C 语言编写，有利于读者分析、理解及进行实验制作与验证。在每章中还提供了功能扩展要求，读者可参考书中给出的程序做相应的修改，完成功能扩展，逐步提高单片机的应用能力。基础实验部分含 8 个实验，主要是配合单片机课程教学安排的实验，内容包括输入/输出端口的基本应用、定时/计数器的基本应用、中断系统的应用、串口通信接口的应用、显示接口应用、键盘接口应用、数模转换的接口应用等，附录中给出了 Keil C 软件使用简介。

本书可作为高等院校的教师和学生进行单片机设计应用实验、课程设计、毕业设计等实践教学的指导教材，或作为大学生参加电子设计竞赛等科技活动的辅导书，也可以作为单片机设计应用开发人员的参考用书。

本书由浙江树人大学的唐颖、程菊花、陈友荣、阮越、许森编写，黄震梁、骆克静等老师也参加了部分工作，全书由唐颖主编并统稿。在本书的编写过程中，借鉴许多教材的宝贵经验，在此谨向这些作者表示诚挚的感谢。

由于编者水平有限，不妥之处在所难免，衷心希望广大读者批评指正。

编　者

2014 年 12 月

目　录

第一部分　综合设计

第一部分 综合设计

第 1 章　单片机 8 路抢答器

1.1　功能要求

抢答器是为智力竞赛参赛者进行抢答而设计的一种优先判决器电路,广泛应用于各种知识竞赛、文娱活动等场合。实现抢答器功能的方式有很多种，本项目要求利用 51 系列单片机作为核心部件设计一个供 8 名选手参加、能进行逻辑控制及显示的 8 路抢答器。

每名选手有一个抢答按钮，按钮的编号与选手的编号相对应，抢答器具有信号的鉴别和数据的锁存、显示的功能。抢答开始后，若有选手按抢答按钮，则在数码管上显示相应的编号，蜂鸣器发出音响提示。同时，电路应具备自锁功能，禁止其他选手再抢答，优先抢答选手的编号一直保持到主持人按下“开始答题”按钮。抢答器具有定时抢答的功能。在主持人发出抢答指令后，定时器立即进行减计时，并在显示器上显示，同时蜂鸣器发出短暂的声响，声响持续 0.5s 左右。选手在设定的时间内进行抢答，抢答有效，定时器停止工作，显示器显示选手编号及最后倒计时剩下的时间。主持人按下“开始答题”按钮，答题时间就开始倒计时。当按复位键后，完成一次抢答流程。

系统完成的主要功能：

（1）设置一个由主持人控制的系统清除和抢答控制开关，主持人提问后按下启动开关。参加竞赛者要在最短的时间内对问题做出判断，并按下抢答按钮回答问题。

（2）抢答器具有锁存与显示功能。当第一个人按下按钮后，在显示器上显示此竞赛者的编号，扬声器发出短暂声响提示。同时对其他抢答案件封锁，使其不起作用。竞赛者的编号保持到主持人将系统清除为止。

（3）系统具有定时抢答功能，定时时间由主持人设定。当主持人启动“开始”键后，倒计时显示定时时间。

（4）竞赛者在设定的时间内进行抢答，抢答有效，定时器停止工作，显示器上显示竞赛者的编号和抢答剩余的时间，并保持到主持人将系统清除为止。

（5）若在规定的抢答时间内无人抢答，则本次抢答无效，系统报警并禁止抢答，定时显示器上显示 00。

1.2　主要器件介绍——LED 数码管显示器

LED 数码管显示器是由发光二极管按一定结构组合起来显示字段的显示器件，也称数码管。在单片机应用系统中通常使用的是 8 段式 LED 数码显示器，其外形结构和引脚如图 1.1（a）所示。它由 8 个发光二极管构成，通过不同的组合可显示 0～9、A～F 及小数点“.”等字符。其中 7 段发光二极管构成 7 笔的“8”字形，1 段组成小数点。

数码管有共阴极和共阳极两种结构。如图 1.1（b）所示为共阴极结构，8 段发光二极管的阴极端连接在一起作为公共端，阳极端分开控制。使用时公共端接地，此时当某个发光二极管的阳极为高电平，则此发光二极管点亮。如图 1.1（c）所示为共阳极结构，8 段发光二极管的阳极端连接在一起作为公共端，阴极端分开控制。使用时公共端接电源，此

时当某个发光二极管的阴极为低电平（通常接地），则此发光二极管点亮。

显然，要显示某种字形，就必须使此字形的相应字段点亮，即从图 1.1（a）中的 a～g 引脚输入不同的 8 位二进制编码，可显示不同的数值或字符。通常将控制发光二极管的 8 位数据称为“字段码”。不同数字或字符的字段码不一样，而对于同一个数字或字符，共阴极连接和共阳极连接的字段码也不一样，共阴极和共阳极的字段码互为反码， 0～9 数字的共阴极和共阳极的字段码见表 1.1。

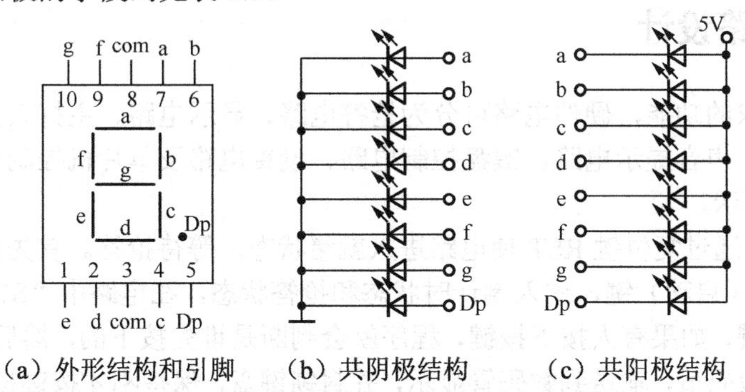

（a）外形结构和引脚　（b）共阴极结构　（c）共阳极结构

图 1.1　LED 数码管

表 1.1　数字的共阴极和共阳极的字段码

显示数字	共阴顺序小数点暗		共阴逆序小数点暗		共阳顺序	共阳顺序
	Dp g f e d c b a	十六进制	a b c d e f g Dp	十六进制	小数点亮	小数点暗
0	00111111	3FH	11111100	FCH	40H	C0H
1	00000110	06H	01100000	60H	69H	F9H
2	01011011	5BH	11011010	DAH	24H	A4H
3	01001111	4FH	11110010	F2H	30H	B0H
4	01100110	66H	01100110	66H	19H	99H
5	01101101	6DH	10110110	B6H	12H	92H
6	01111101	7DH	10111110	BEH	02H	82H
7	00000111	07H	11100000	E0H	78H	F8H
8	01111111	7FH	11111110	FEH	00H	80H
9	01101111	6FH	11110110	F6H	10H	90H

数码管按其外形尺寸有多种形式，使用较多的是 0.5"和 0.8"，显示的颜色也有多种形式，主要有红色和绿色，亮度强弱可分为超亮、高亮和普亮。数码管的正向压降一般为 1.5～2V，额定电流为 10mA，最大电流为 40mA。由显示数字或字符转换到相应的字段码的方式称为译码方式。数码管是单片机的输出显示器件，单片机要输出显示的数字或字符通常有两种译码方式：硬件译码方式和软件译码方式。

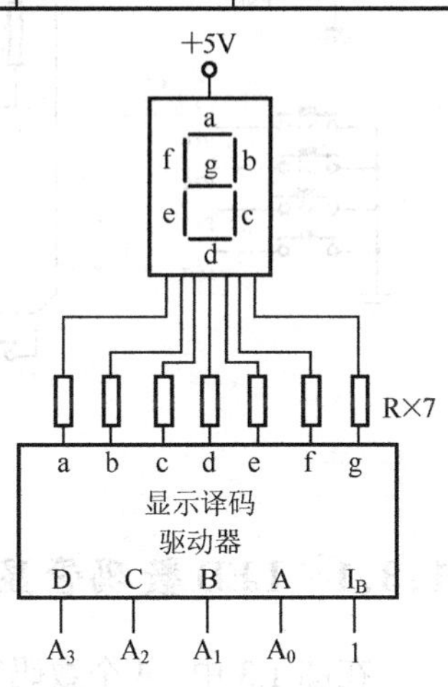

图 1.2　硬件译码电路

硬件译码方式是指用专门的显示译码芯片来实现字符到字段码的转换。硬件译码电路如图 1.2 所示。硬件译码时，要显示的一个数字，单片机只须送出这个数字的 4 位二进制编码，经 I/O 接口电路并锁存，然后通过显示译码器，就可以驱动 LED 显示器中的相应字段发光。硬件译码由于使用的硬件较多（显示器的段数和位数越多，电路越复杂），缺乏灵活性，且只能显示十六进制数，硬件电路较为复杂。

软件译码方式就是通过编写软件译码程序（通常为查表程序）来得到要显示字符的字段码。由于软件译码不需外接显示译码芯片，使硬件电路简单，并且能显示更多的字符，因此在实际应用系统中经常采用。

1.3 硬件电路设计

根据系统要求的功能，硬件电路可分为抢答电路、显示电路、主持人控制电路、定时电路、报警电路、声音提示电路、键盘控制电路、设置电路及单片机控制电路等。整个硬件电路如图 1.3 所示。

在图 1.3 中，通过复位键 RST 使电路进入就绪状态，等待抢答。首先由主持人发布抢答命令，按下 S3（启动）键，进入倒计时状态和抢答状态。在电路中“S7～S14”为 8 路抢答器的 8 个按键，如果有人按下按键，程序就会判断是谁先按下的，然后从 P0 端口输出抢答者号码的七段码值，输送到数码管显示，并封锁键盘，保持刚才按键按下时刻的时间，禁止其他人按键信号的输入，从而实现了抢答的功能。如果在设定的时间内没有人按下按键，一到时间则产生报警信号表示已超时，不可以抢答。当主持人按 S4（限时开始）键，答题开始，答题时间开始倒计时。如没有按复位键，时间倒计直到 0，并报警。当要进行下一次抢答时，由主持人先按一下复位键 S2，电路复位，进入下一次抢答的准备状态。主持人可以在抢答开始前按“S5”、“S6”功能键分别设置抢答时间和答题时间。

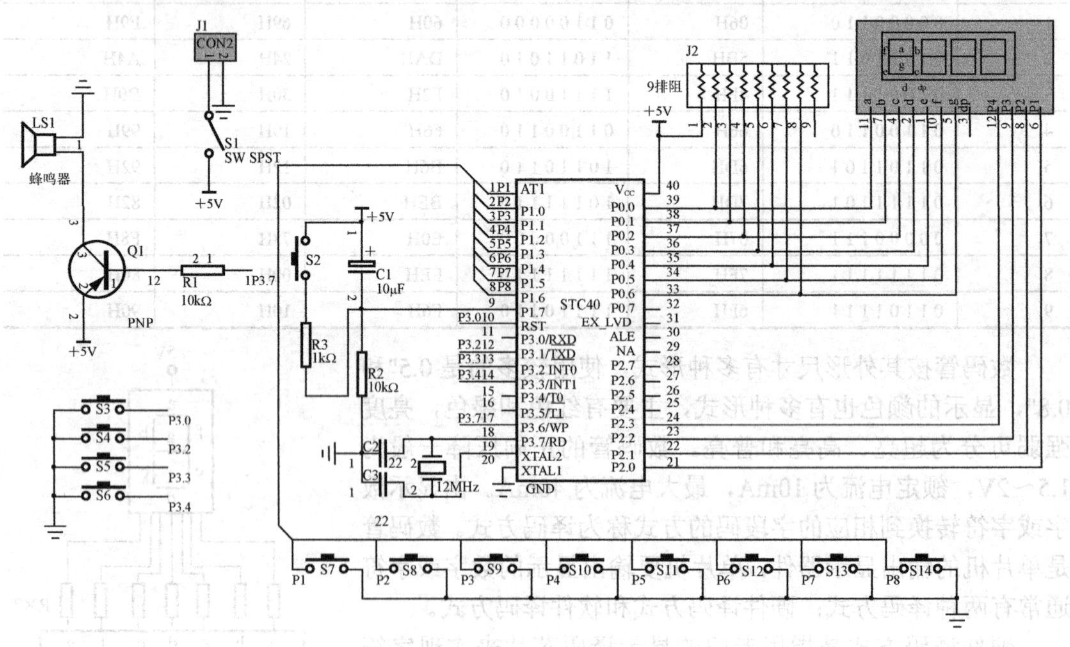

图 1.3　8 路抢答器硬件电路

1.3.1 LED 数码管显示电路

在图 1.3 中，4 个数码管选用共阴极数码管。左边的 2 个数码管作为倒计时显示用，最

右边的 1 个数码管用于显示抢答者的编号，它们中间的那个数码管显示“-”，用于两种信息的分隔。

P0 端口外接上拉电阻，输出软件译码后的字段码，P2.0～P2.3 输出 4 个数码管的位线，用于控制数码管的动态扫描显示。

1.3.2　按键电路

在图 1.3 中，共有 13 个按键，分别为复位键 S2、功能键 S3～S6、抢答键 S7～S14。复位键 S2 控制单片机的复位引脚 RST，4 个功能键 S3～S6 分别连接单片机的 P3.0、P3.2、P3.3、P3.4。它们的功能如下：S3 键为主持人的抢答开始启动键；S4 键是限时答题启动键；S5 键是抢答时间调整键；S6 键是限时时间调整键。8 个抢答按键 S7～S14 分别为 1～8 号抢答者的按键，连接单片机的 P0 端口。

当主持人按“S2 开始”键时，抢答电路和定时电路进入正常抢答状态。当参赛选手按下抢答键时，蜂鸣器声响，抢答电路和定时电路停止工作。主持人按“答题开始”键时，定时电路进入答题时间倒计时状态。

1.3.3　声音提示电路

声音提示电路由一个 10 kΩ 的电阻，一个三极管和一个蜂鸣器组成，如图 1.4 所示。

1. 蜂鸣器电路

蜂鸣器根据结构不同可分为压电式蜂鸣器和电磁式蜂鸣器，而两种蜂鸣器又分为有源蜂鸣器和无源蜂鸣器。这里的源特指振荡源。有源蜂鸣器直接加电就可以响起，无源蜂鸣器需要提供振荡源，理想的振荡源为一定频率（1.5～2.5kHz）的方波。工作电源为 1.5～15V。

在图 1.4 中采用的是无源蜂鸣器，三极管用于驱动，接在三极管基极的 10 kΩ 电阻为限流电阻，利用晶体管的高电流增益，以达到电路快速饱和的目的。由于系统采用了无源蜂鸣器，所以需要通过编程来控制 P3.7 端口的翻转来产生一定频率的方波。

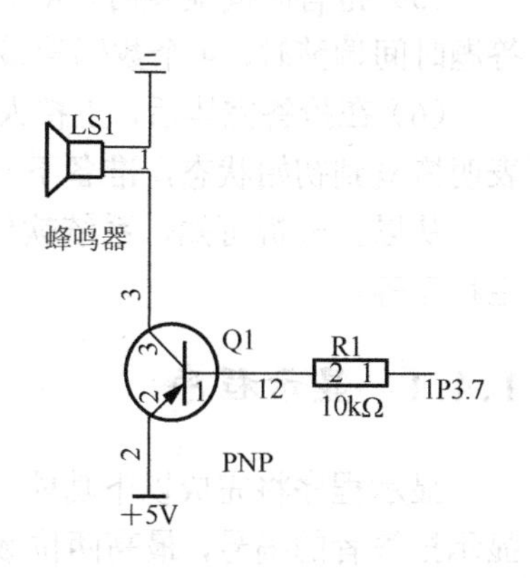

图 1.4　声音提示电路

2. 声音提示电路功能

声音提示电路在主持人发出可以抢答信号时、在有人按下抢答按键时、在倒计时时间到时等 3 种情况下发出蜂鸣声。

抢答器具有定时抢答功能，并且一次抢答的时间由主持人设定（如 30s）。当主持人启动总控制的启动键后，定时器进行抢答倒计时，并在显示器上显示。参赛选手在设定的时间内进行抢答，抢答有效，定时器停止工作，并在 LED 数码管上显示选手的编号，同时扬声器发出报警声响，提示主持人。同时其他人再按就无效，并一直保持到主持人将系统清除为止。当在设定的时间内没有人抢答，倒计时完毕后蜂鸣器也会发出短时间的叫声，提示本次抢答无效，系统报警并禁止抢答，定时显示器上显示 0，并发出持续一段时间的报警声。

1.3.4 单片机电路

单片机电路根据键盘输入控制数码管显示或声音提示。通过读取P1.0～P1.7的状态读取按键的情况；通过读取P3.0的状态读取抢答是否开始的信息；通过读取P3.2的状态读取答题倒计时是否开始的信息；通过读取P3.3的状态来确定是否要修改抢答时间；通过读取P3.4的状态来确定是否要修改答题的时间；通过P2.0～P2.3控制显示模块以显示抢答者的编号和倒计时所剩时间；通过P3.7控制蜂鸣器。

1.4 程序设计

系统的工作过程如下：

（1）设定抢答的时间已设置好，默认为20s。主持人发布抢答命令，按下S3功能键后，蜂鸣器响一声，开始倒计时。4个数码管的最高两位显示倒计时时间，最低一位显示“0”。

（2）若有抢答者率先在规定时间内按键，则蜂鸣器响一声，4个数码管的最低一位显示抢答者的编号。

（3）若在主持人未按下抢答启动键或抢答限时结束后有选手抢答，则此时蜂鸣器响一声，最低一位数码管显示犯规者的编号，最高两位数码管显示“FF”用以指示有人犯规。

（4）如在规定时间内无人抢答，4个数码管显示“FF　F”（倒数第2个数码管不亮）。

（5）抢答时间调整时，4个数码管最高两位显示抢答预置时间，最低两位显示“--”。答题时间调整时，4个数码管最高两位显示答题预置时间，最低两位显示“==”。

（6）在抢答完毕后，主持人需按一下复位键，这时数码管计时和编号显示位都不显示，表明恢复到初始状态，准备下一轮抢答。

从以上分析可知，系统软件分为按键扫描程序模块、显示程序模块、报警程序模块和主程序等。

1.4.1 显示程序

显示程序将完成以下功能：若在抢答限时内有人抢答，则4个数码管中最低位数码管显示抢答者的编号，最高两位数码管显示倒计时时间；若无人抢答，则最低位数码管不显示；若超过抢答限时时间还有人抢答，则最低位数码管显示抢答者的编号，最高两位数码管显示“FF”，表示抢答无效；若超过抢答限时时间且无人抢答时，若按下抢答时间设置键（键S5），则最高两位数码管显示时间的设置，最低两位数码管显示“--”，若按下答题时间设置键（键S6），则最高两位数码管显示时间的设置，最低两位数码管显示“=　=”；若时间设置键没有被按下，则4个数码管显示“FF　F”。显示在抢答限时内有人抢答的程序代码如下：

```
void display(void)                //显示函数
{
    if(flag==1)                          //判断标志 flag 是否为 1，如为 1，在限时范围内
    {
        if(num!=0)                       //如有人抢答成功
```

```
        {
            P0=tabledu[num];            //在最低位数码管显示抢答者的编号
            P2=tablewe[0];
            delay(2);                   //延时
            P0=0;                       //清屏
            P2=0XFF;
        }
        else                            //否则，无人成功抢答
        {
            P0=0;                       //清屏，不显示
            P2=0XFF;
        }
        P0=tabledu[s/10];               //在最高位数码管上显示倒计时时间的十位数
        P2=tablewe[2];
        delay(2);                       //延时
        P0=0;                           //清屏
        P2=0XFF;
        P0=tabledu[s%10];               //在次高位数码管上显示倒计时时间的个位数
        P2=tablewe[3];
        delay(2);                       //延时
        P2=0XFF;                        //清屏
        P0=0;
    }
}
```

1.4.2　按键扫描程序

按键扫描程序模块主要扫描键盘，读取键盘值。判断主持人是否按动启动键，是否有抢答者按动答题键以及对相应按键进行处理的函数。

Key_Scan(void)函数用于检测主持人是否按动启动按键。当程序检测到单片机 P3.0 引脚变为低电平，延时去抖动后，仍检测为低电平时，判断主持人确实按动了启动键，开启抢答倒计时。程序代码如下：

```
void Key_Scan(void)                     //检测主持人是否按键函数
{
    if(K0==0)                           //如 K0 为低电平说明有键按下
    {
        delay(10);                      //去抖动
        if(K0==0)                       //如 K0 为低电平说明确实有键按下，执行下列程序
        {
            while(!K0);                 //等待 K0 释放
            TR0=1;                      //启动抢答，开始计数
            s=time;                     //抢答倒计时时间送变量 S
     }
}
}
```

函数 Scan(void)用于检测是否有抢答者按下答题键。程序读取 P1 口的值，按照从 P1.0～P1.7 的顺序逐个检测。当某个引脚值为 0 时，表明有按键被按下。同时对答题键进行处理，

当抢答者按下答题键时，函数显示抢答者号码，程序代码如下：

void Scan(void)　　　//8 个抢答键扫描函数

```
{
    if(K1==0)                       //判断 1 号抢答者是否按键
    {
        delay(10);                  //延时去抖动
        if(K1==0)
        {
            while(!K1);             //等待 1 号抢答者释放按键
            num=1;                  //记编号为 1
            TR0=0;                  //停止抢答计时
            TR1=1;                  //开启答题计时
            s_flag=0;               //标号 s_flag 清 0
        }
    }
    if(K2==0)                       //判断 2 号抢答者是否按键
    {
        delay(10);                  //延时去抖动
        if(K2==0)
        {
            while(!K2);             //等待 2 号抢答者释放按键
            num=2;                  //记编号为 2
            TR0=0;                  //停止抢答计时
            TR1=1;                  //开启答题计时
            s_flag=0;               //标号 s_flag 清 0
        }
    }
    if(K3==0)                       //判断 3 号抢答者是否按键
    {
        delay(10);                  //延时去抖动
        if(K3==0)
        {
            while(!K3);             //等待 3 号抢答者释放按键
            num=3;                  //记编号为 3
            TR0=0;                  //停止抢答计时
            TR1=1;                  //开启答题计时
            s_flag=0;               //标号 s_flag 清 0
        }
    }
    if(K4==0)                       //判断 4 号抢答者是否按键
    {
        delay(10);                  //延时去抖动
        if(K4==0)
        {
            while(!K4);             //等待 4 号抢答者释放按键
            num=4;                  //记编号为 4
            TR0=0;                  //停止抢答计时
            TR1=1;                  //开启答题计时
            s_flag=0;               //标号 s_flag 清 0
```

```
        }
    }
    if(K5==0)                        //判断 5 号抢答者是否按键
    {
        delay(10);                   //延时去抖动
        if(K5==0)
        {
            while(!K5);                  //等待 5 号抢答者释放按键
            num=5;                   //记编号为 5
            TR0=0;                   //停止抢答计时
            TR1=1;                   //开启答题计时
            s_flag=0;                //标号 s_flag 清 0
        }
    }
    if(K6==0)                        //判断 6 号抢答者是否按键
    {
        delay(10);                   //延时去抖动
        if(K6==0)
        {
            while(!K6);              //等待 6 号抢答者释放按键
            num=6;                   //记编号为 6
            TR0=0;                   //停止抢答计时
            TR1=1;                   //开启答题计时
            s_flag=0;                //标号 s_flag 清 0
        }
    }
    if(K7==0)                        //判断 7 号抢答者是否按键
    {
        delay(10);                   //延时去抖动
        if(K7==0)
        {
            while(!K7);              //等待 7 号抢答者释放按键
            num=7;                   //记编号为 7
            TR0=0;                   //停止抢答计时
            TR1=1;                   //开启答题计时
            s_flag=0;                //标号 s_flag 清 0
        }
    }
    if(K8==0)                        //判断 8 号抢答者是否按键
    {
        delay(10);                   //延时去抖动
        if(K8==0)
        {
            while(!K8);              //等待 8 号抢答者释放按键
            num=8;                   //记编号为 8
            TR0=0;                   //停止抢答计时
            TR1=1;                   //开启答题计时
            s_flag=0;                //标号 s_flag 清 0
        }
    }
}
```

1.4.3 报警程序模块

报警程序模块主要用于控制蜂鸣器发出报警，提示声音，这一功能是利用定时器 T1 定时中断来实现的。程序代码如下：

```
void timer1(void) interrupt 3        //定时器T1中断函数，蜂鸣器响1s
{
    TH1=(65536-2000)/256;            //2ms定时初值
    TL1=(65536-2000)%256;
    beep=~beep;                      //每2ms P3.7端口（连接蜂鸣器）输出电平翻转
    t1++;                            // t1计数加1
    if(t1==500)                      //当 t1计数到500时，定时1s
    {
        t1=0;                        // t1清0
        TR1=0;                       //定时器T1停止计数
    }
```

1.4.4 主程序模块

主程序模块主要完成以下功能：定时器初始化后，循环执行以下功能：调检测主持人是否按键函数，若按下，调用 8 个按键扫描函数，调用显示函数；若有抢答者按键，则等主持人按下答题计时键时，蜂鸣器响起，提示开始答题倒计时。程序代码如下：

```
void main(void)                      //主函数
{
    T0_Init();                       //调定时器初始化函数
    while(1)                         //无限循环执行
    {
    Key_Scan();                      //调用检测主持人是否按键函数
    if((flag==0)&(s_flag==1))        //如标志flag==0且s_flag==1,即超过抢答限时,
                                     //无人抢答，则执行下面大括号内语句

        {
            Time_Scan();             //调用抢答和答题时间设置函数
        }
       if((flag==1)&(s_flag==0))     //若标志 flag==1且s_flag==0，说明在抢答限
时内有
                                     //人抢答，则执行下面大括号内语句
        {
            if(K_Time==0)            //判断P3.2是否为0，即答题是否开始
            {
                delay(10);           //延时去抖动
                if(K_Time==0)
                {
                    while(!K_Time); //等待键释放
                    s=datitime;      //答题设置的时间送变量s
                    TR0=1;           //T0定时器开始计时
                    tt=0;                //变量tt设为0
                    TR1=1;               //T1定时器开始计时，蜂鸣器响1s提示
```

```
                    }
                }
            }
        if((flag==0)&(s_flag==0))              //若标志 flag==0 且 s_flag==0，即超过
限时还有人抢答//或没按启动键就有人抢答，则执行下面大括号内语句
            {
                Scan();                        //调用 8 个抢答键扫描函数
                if(num!=0)                     //若有人抢答
                {
                    fall_flag=1;               //则设标志 fall_flag 为 1
                    rled=0;                    //设标志 rled 为 0
                }
            }
            if((flag==1)&(s_flag==1))          //若标志 flag==1 且 s_flag==1，在规定
时间内无人按键
                                               //则执行下面大括号内语句
        {
                Scan();                        //调用 8 个抢答键扫描函数
            }
            display();                         //调用显示函数
        }
    }
```

1.4.5　系统参考程序

系统程序流程图如图 1.5 所示。

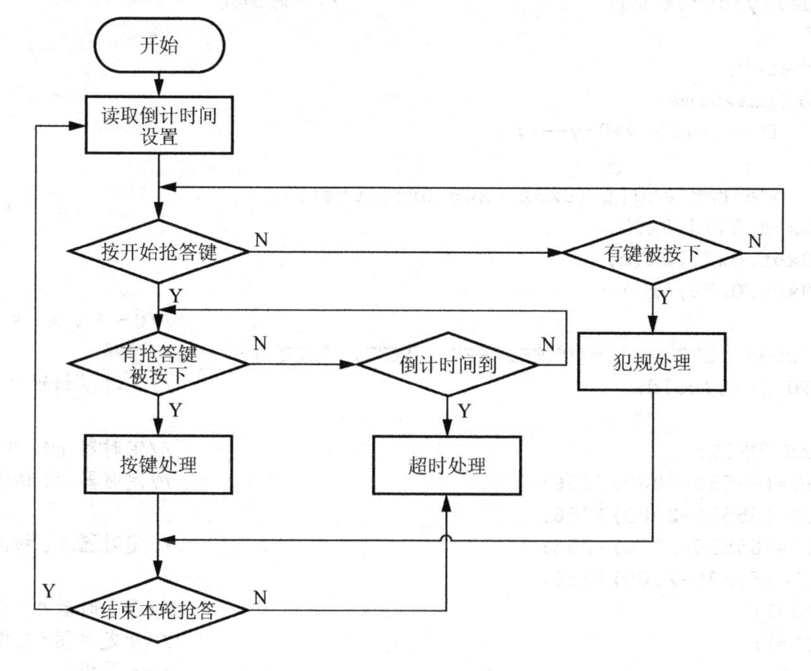

图 1.5　系统程序流程图

参考程序如下：

```
    #include<reg52.h>
    #define uchar unsigned char
    #define uint unsigned int
    char s;
    uchar num=0;                          //用于记录抢答者的编号
    char time=20;                         //设默认抢答倒计时为 20
    char datitime=30;                     //设默认答题倒计时为 30
    uint tt,t1;                           //用于计时累加
    bit flag,s_flag=1,b_flag,fall_flag;   //分别为显示时间结束否标志、抢答者按键否
标志、
    bit K_startcountflag,K_timecountflag;
    sbit K0=P3^0;                         //主持人抢答启动按键
    sbit beep=P3^7;                       //连接蜂鸣器
    sbit rled=P3^1;                       //连接发光二极管指示灯
    sbit K1=P1^0;                         //以下 P1 端口接 8 个抢答按键
    sbit K2=P1^1;
    sbit K3=P1^2;
    sbit K4=P1^3;
    sbit K5=P1^4;
    sbit K6=P1^5;
    sbit K7=P1^6;
    sbit K8=P1^7;
    sbit K_Time=P3^2;                     //连接主持人答题开始按键
    sbit K_startcount=P3^3;               //连接抢答时间调整按键
    sbit K_timecount=P3^4;                //连接答题时间调整按键
    void delay(uchar ms)                  //延时函数
    {
        uchar y;
        for(;ms>0;ms--)
            for(y=120;y>0;y--);
    }
    uchar code tabledu[]={0x3f,0x06,0x5b,0x4f,
    0x66,0x6d,0x7d,0x07,
    0x7f,0x6f,0x77,0x7c,
    0x39,0x5e,0x79,0x71
    };                                              //0~9 、A~F 的字段码
    uchar code tablewe[]={0XFE,0XFD, 0XF7, 0XFB };  //位码
    void T0_Init(void)                              //定时器初始化函数
    {
        TMOD=0X11;                                  //定时器 T0、T1 工作方式 1
        TH0=(65536-2000)/256;                       //定时器 T0 初值
        TL0=(65536-2000)%256;
        TH1=(65536-2000)/256;                       //定时器 T1 初值
        TL1=(65536-2000)%256;
        ET0=1;                                      //开定时器 T0 中断
        ET1=1;                                      //开定时器 T1 中断
        EA=1;                                       //开总中断
        P0=0;
    }
```

```
void Key_Scan(void)                 //检测主持人是否按键函数
{
    if(K0==0)                       //若 K0 为低电平，说明有键被按下
    {
        delay(10);                  //去抖动
        if(K0==0)                   //若 K0 为低电平，说明确实有键被按下，执行下列程序
        {
            while(!K0);             //等待 K0 释放
            TR0=1;                  //启动抢答，开始计数
            s=time;                 //抢答倒计时间送变量 S
            tt=0;                   //以下设置各变量和各标志的初值
            flag=1;
            s_flag=1;
            b_flag=1;
            num=0;
            beep=1;
            rled=1;
            fall_flag=0;
            K_startcountflag=0;
            K_timecountflag=0;
        }
    }
}
void Scan(void)                     //8 个抢答键扫描函数
{
    if(K1==0)                       //判断 1 号抢答者是否按键
    {
        delay(10);                  //延时去抖动
        if(K1==0)
        {
            while(!K1);             //等待 1 号抢答者释放按键
            num=1;                  //记编号为 1
            TR0=0;                  //停止抢答计时
            TR1=1;                  //开启蜂鸣器提示
            s_flag=0;               //标号 s_flag 清 0
        }
    }
    if(K2==0)                       //判断 2 号抢答者是否按键
    {
        delay(10);                  //延时去抖动
        if(K2==0)
        {
            while(!K2);             //等待 2 号抢答者释放按键
            num=2;                  //记编号为 2
            TR0=0;                  //停止抢答计时
            TR1=1;                  //开启蜂鸣器提示
            s_flag=0;               //标号 s_flag 清 0
        }
    }
    if(K3==0)                       //判断 3 号抢答者是否按键
```

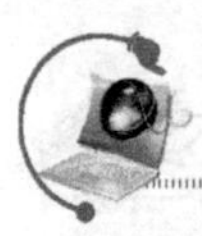


```
    {
        delay(10);                      //延时去抖动
        if(K3==0)
        {
            while(!K3);                 //等待 3 号抢答者释放按键
            num=3;                      //记编号为 3
            TR0=0;                      //停止抢答计时
            TR1=1;                      //开启蜂鸣器提示
            s_flag=0;                   //标号 s_flag 清 0
        }
    }
    if(K4==0)                           //判断 4 号抢答者是否按键
    {
        delay(10);                      //延时去抖动
        if(K4==0)
        {
            while(!K4);                 //等待 4 号抢答者释放按键
            num=4;                      //记编号为 4
            TR0=0;                      //停止抢答计时
            TR1=1;                      //开启蜂鸣器提示
            s_flag=0;                   //标号 s_flag 清 0
        }
    }
    if(K5==0)                           //判断 5 号抢答者是否按键
    {
        delay(10);                      //延时去抖动
        if(K5==0)
        {
            while(!K5);                 //等待 5 号抢答者释放按键
            num=5;                      //记编号为 5
            TR0=0;                      //停止抢答计时
            TR1=1;                      //开启蜂鸣器提示
            s_flag=0;                   //标号 s_flag 清 0
        }
    }
    if(K6==0)                           //判断 6 号抢答者是否按键
    {
        delay(10);                      //延时去抖动
        if(K6==0)
        {
            while(!K6);                 //等待 6 号抢答者释放按键
            num=6;                      //记编号为 6
            TR0=0;                      //停止抢答计时
            TR1=1;                      //开启蜂鸣器提示
            s_flag=0;                   //标号 s_flag 清 0
        }
    }
    if(K7==0)                           //判断 7 号抢答者是否按键
    {
        delay(10);                      //延时去抖动
```

```
        if(K7==0)
        {
            while(!K7);                 //等待 7 号抢答者释放按键
            num=7;                      //记编号为 7
            TR0=0;                      //停止抢答计时
            TR1=1;                      //开启蜂鸣器提示
            s_flag=0;                   //标号 s_flag 清 0
        }
    }
    if(K8==0)                           //判断 8 号抢答者是否按键
    {
        delay(10);                      //延时去抖动
        if(K8==0)
        {
            while(!K8);                 //等待 8 号抢答者释放按键
            num=8;                      //记编号为 8
            TR0=0;                      //停止抢答计时
            TR1=1;                      //开启蜂鸣器提示
            s_flag=0;                   //标号 s_flag 清 0
        }
    }
}
/******************************显示函数功能说明**********************************
```

若在抢答限时内有人抢答，则 4 个数码管中最低位数码管显示抢答者的编号，最高两位数码管显示倒计时间；若无人抢答，则最低位数码管不显示；若超过抢答限时还有人抢答，则最低位数码管显示抢答者的编号，最高两位数码管显示“FF”，表示抢答无效；若超过抢答限时且无人抢答时，判断抢答时间设置键（键 S5）被按下，则最高两位数码管显示时间的设置，最低两位数码管显示“- -”，若答题时间设置键（键 S6）被按下，则最高两位数码管显示时间的设置，最低两位数码管显示“= =”；若时间设置键没有被按下，则 4 个数码管显示“FF F”。

```
*****************************************************************************/
void display(void)                      //显示函数
{
    if(flag==1)                         //判断标志 flag 是否为 1，如为 1，在限时范围内
    {
        if(num!=0)                      //如有人抢答成功
        {
            P0=tabledu[num];            //在最低位数码管显示抢答者的编号
            P2=tablewe[0];
            delay(2);                   //延时
            P0=0;                       //清屏
            P2=0XFF;
        }
        else                            //否则，无人成功抢答
        {
            P0=0;                       //清屏，不显示
            P2=0XFF;
```

```
        }
        P0=tabledu[s/10];            //在最高位数码管上显示倒计时时间的十位数
        P2=tablewe[2];
        delay(2);                    //延时
        P0=0;                        //清屏
        P2=0XFF;
        P0=tabledu[s%10];            //在次高位数码管上显示倒计时时间的个位数
        P2=tablewe[3];
        delay(2);                    //延时
        P2=0XFF;                     //清屏
        P0=0;
    }
    else                             //否则，标志 flag 为 0 时，超过限时时间
{
        if(fall_flag==1)             //如标志 fall_flag 为 1，说明抢答无效
        {
            if(num!=0)               //若有人按下抢答键
            {
                P0=tabledu[num];     //在最低位数码管显示抢答者的编号
                P2=tablewe[0];
                delay(2);            //延时
                P0=0;                //清屏
                P2=0XFF;

                P0=tabledu[15];      //在最高位数码管上显示“F”
                P2=tablewe[2];
                delay(2);            //延时
                P0=0;                //清屏
                P2=0XFF;
                P0=tabledu[15];      //在次高位数码管上显示“F”
                P2=tablewe[3];
                delay(2);            //延时
                P0=0;                //清屏
                P2=0XFF;
            }
            else                     //若无人按下抢答键
            {
                P0=0;                //清屏，不显示
                P2=0XFF;
            }
        }
        else                    //否则，在 flag=0 超限时情况下，标志 fall_flag
                                  为 0 时，
                              //说明无人抢答，按下时间设置键，则显示时间的设置
        {
            if(K_startcountflag==1) //判断抢答时间设置标志是否为 1
            {
                P0=0X40;             //最低位数码管显示“-”
                P2=tablewe[0];
```

```
        delay(2);                          //延时
        P0=0;                              //清屏
        P2=0XFF;
        P0=0X40;                           //次低位数码管也显示“-”
        P2=tablewe[1];
        delay(2);                          //延时
        P0=0;                              //清屏
        P2=0XFF;

        P0=tabledu[time/10];               //显示调整时间的十位数
        P2=tablewe[2];
        delay(2);                          //延时
        P0=0;                              //清屏
        P2=0XFF;
        P0=tabledu[time%10];               //显示调整时间的个位数
        P2=tablewe[3];
        delay(2);                          //延时
        P0=0;                              //清屏
        P2=0XFF;
    }
    else if(K_timecountflag==1)            //判断答题时间设置标志是否为1
    {
        P0=0X48;                           //最低位数码管显示“=”
        P2=tablewe[0];
        delay(2);                          //延时
        P0=0;                              //清屏
        P2=0XFF;

       P0=0x48;                            //次低位数码管也显示“=”
        P2=tablewe[1];
        delay(2);                          //延时
        P0=0;                              //清屏
        P2=0XFF;

        P0=tabledu[datitime/10];           //显示调整时间的十位数
        P2=tablewe[2];
        delay(2);                          //延时
        P0=0;                              //清屏
        P2=0XFF;

        P0=tabledu[datitime%10];           //显示调整时间的个位数
        P2=tablewe[3];
        delay(2);                          //延时
        P0=0;                              //清屏
        P2=0XFF;
    }
    else                                   //如果没按下时间调整键
    {
        P0=tabledu[15];                    //最低位数码管显示“F”
        P2=tablewe[0];
```

```
                delay(2);                 //延时
                P0=0;                     //清屏
              P2=0XFF;
                P0=tabledu[15];           //最高位数码管显示“F”
                P2=tablewe[2];
                delay(2);                 //延时
                P0=0;                     //清屏
                P2=0XFF;
                P0=tabledu[15];           //次高位数码管显示“F”
                P2=tablewe[3];
                delay(2);                 //延时
                P0=0;                     //清屏
                P2=0XFF;
            }
        }
    }
}
void Time_Scan(void)                      //抢答和答题时间设置函数，抢答限时默认 20s，
                                            最多可调到 50s，
                                          //答题限时默认 30s，最多可调到 60s。
{
    if(K_startcount==0)                   //判断 P3.3 是否为 0，即抢答时间设置键是否按下
    {
        delay(10);                        //延时去抖动
        if(K_startcount==0)               //再判断抢答时间设置键是否被按下
        {
            while(!K_startcount);         //等待按键释放
            time++;                       //每按一次键变量 time 加 1
            if(time>50)                   //time 最多加到 50
            {
                time=20;                  //超过 50，time 回到初值 20
            }
            K_startcountflag=1;           //设抢答时间设置标志为 1
            K_timecountflag=0;            //设答题时间设置标志为 0
        }
    }
    if(K_timecount==0)                    //判断 P3.4 是否为 0，即判断答题时间设置键是
                                            否按下
    {
        delay(10);                        //延时去抖动
        if(K_timecount==0)                //再判断答题时间设置键是否按下
        {
            while(!K_timecount);          //等待按键释放
            datitime++;                   //每按一次键变量 datitime 加 1
            if(datitime>60)               // datitime 最多加到 60
            {
                datitime=30;              //超过 60，datitime 回到初值 30
            }
            K_timecountflag=1;            //设答题时间设置标志为 1
            K_startcountflag=0;           //设抢答时间设置标志为 0
```

```
        }
      }
    }
/****************************主函数功能*****************************
```

定时器初始化后，循环执行以下功能：调用检测主持人是否按键函数，若被按下，调用 8 个按键扫描函数，调用显示函数；若有抢答者按键，则等主持人按下答题计时键时，蜂鸣器响起提示声，开始答题倒计时。

```
*******************************************************************/
    void main(void)                         //主函数
    {
        T0_Init();                          //调用定时器初始化函数
        while(1)                            //无限循环执行
        {
        Key_Scan();         //调用检测主持人是否按键函数
          if((flag==0)&(s_flag==1))         //若标志flag==0且s_flag==1,即超过抢答限时,
                                            //无人抢答，则执行下面大括号内语句
            {
                Time_Scan();                //调用抢答和答题时间设置函数
            }
           if((flag==1)&(s_flag==0))        //若标志 flag==1 且 s flag==0，说明在抢答限
时内有
                                            //人抢答，则执行下面大括号内语句
            {
                if(K_Time==0)               //判断 P3.2 是否为 0，即答题是否开始
                {
                    delay(10);              //延时去抖动
                    if(K_Time==0)
                    {
                        while(!K_Time);     //等待按键释放
                        s=datitime;         //答题设置的时间送变量 s
                        TR0=1;              //T0 定时器开始计时
                        tt=0;               //变量 tt 设为 0
                        TR1=1;              //T1 定时器开始计时，蜂鸣器响 1s 提示
                    }
                }
            }
          if((flag==0)&(s_flag==0))         //若标志 flag==0 且 s_flag==0，即超过限时还
有人抢答
                                            //或没按启动键就有人抢答，则执行下面大括号内
语句
            {
                Scan();                     //调用 8 个抢答键扫描函数
                if(num!=0)                  //若有人抢答
                {
                    fall_flag=1;            //则设标志 fall_flag 为 1
                    rled=0;                 //设标志 rled 为 0
                }
            }
```

```
        if((flag==1)&(s_flag==1))   //若标志 flag==1 且 s_flag==1，在规定时间内
无人按键
                                    //则执行下面大括号内语句
      {
          Scan();        //调用 8 个抢答键扫描函数
      }
        display();       //调显示函数
      }
  }
/*************************定时器 T0 中断函数功能******************************
```

每隔 2ms 中断一次，定时 1s 后，设置的定时初值减 1（倒计时），减到最后 4s 时，蜂鸣器响两声（提示）。

```
******************************************************************************/
  void timer0(void) interrupt 1               //定时器 T0 中断函数
  {
    TH0=(65536-2000)/256;                     //2ms 初值
    TL0=(65536-2000)%256;
    if(b_flag)                                //判断若 b_flag 为 1
    {
        beep=~beep;                           //则 P3.7 端口（连接蜂鸣器）输出电平翻转
    }
    else                                      //否则 P3.7 为高电平
    beep=1;
    if(s<5)                                   //若 s<5
    {
        if(s%2==0)                            //若 s 为偶数
        {
            b_flag=1;                         //则标志 b_flag=1
            rled=0;                           // rled=0
        }
        else                                  //若 s 为奇数
        {
            b_flag=0;                         //则标志 b_flag=0
            rled=1;                           // rled=1
        }
    }
    tt++;                                     //每 2ms 定时器 T0 中断一次，tt 记录中断
次数
    if(tt==500)                               //当 tt==500，即定时 1s
    {
        tt=0;                                 //变量 tt 清 0
        s--;                                  //s 减 1（倒计时）
        b_flag=0;                             //标志 b_flag=0
        if(s==-1)                             //若 s 减到 1
        {
            s=20;                             //则给 s 赋初值 20
            TR0=0;                            //停止计时
            flag=0;                           //标志 flag 设为 0
            s_flag=1;                         //标志 s_flag 设为 1
```

```
            num=0;                      //编号记录变量 num 清 0
            rled=1;                     // rled 为 1
        }
    }
}
void timer1(void) interrupt 3           //定时器 T1 中断函数，蜂鸣器响 1s
{
    TH1=(65536-2000)/256;               //2ms 定时初值
    TL1=(65536-2000)%256;
    beep=~beep;                         //每 2ms P3.7 端口（接蜂鸣器）输出电平翻转
    t1++;                               // t1 计数加 1
    if(t1==500)                         //当 t1 计数到 500 时，定时 1s
    {
        t1=0;                           // t1 清 0
        TR1=0;                          //定时器 T1 停止计数
    }
}
```

1.5　功能扩展

本设计给出一个基本抢答器的硬件电路及软件设计方法。读者可以对该设计进行功能扩展。例如：通过增加按键数量来增加竞赛人数；加入语音芯片实现不同语音提示；加入通信接口，实现计算机管理多个抢答器等。

第2章　LED数字电子钟

2.1　功能要求

数字时钟是日常生活中广泛应用的电子产品。本项目采用单片机AT89C51作为主控器，以软件设计的方式实现时间、日期显示。用AT89C51单片机的定时/计数器T0产生1s的定时时间，作为秒计数时间，当1s产生时，秒计数加1。开机时显示时间00-00-00，开始计时：P1.1控制“秒”的调整，每按键一次加1s；P1.2控制“分”的调整，每按键一次加1分；P1.3控制“小时”的调整，每按键一次加1小时，计时满23-59-59时，返回00-00-00重新计时。P1.4控制“日”的调整，每按键一次加1日；P1.5控制“月”的调整，每按键一次加1月；P1.6控制“年”的调整，每按键一次加1年。P1.0作为复位键，在计时过程中若按下复位键，则返回00-00-00状态重新计时。

系统完成的主要功能：

（1）时间、日期显示：系统时间采用24小时制。日期显示可判断大、小月、闰月和闰年。

（2）设置功能：用户可以对系统的时间、日期进行设置。用户按下“设置”键后，可选择“秒加”、“分加”、“小时加”、“日加”、“月加”、“年加”等按键进行秒、分、小时、日、月、年的设置操作，每按键一次加1。

2.2　硬件电路设计

根据系统要求的功能，硬件电路包括时间显示电路（小时、分、秒、年、月、日）、时间调整电路及单片机控制电路等。整个硬件电路如图2.1所示。

2.2.1　数码管动态显示方式及时间显示电路

1. 数码管动态显示方式

数码管动态显示是将所有数码管的字段选线（a～g，dp）都并联在一起，连接到一个8位的I/O口上，每个数码管的公共端（称为位线）分别由相应的I/O口线控制，如图2.2所示为一个8位数码管动态显示图。

在图2.2中，由于每一位数码管的段选线都接在一个I/O口上，所以每送一个字段码，8位数码管就显示同一个字符。为了能得到在8个数码管上显示不同字符的显示效果，利用人眼的视觉惰性，采用分时轮流点亮各个数码管的动态显示方式。具体方法是，从段选线I/O口上按位分别送显示字符的字段码，在位选控制口也按相应顺序分别选通相应的显示位（共阴极输送低电平，共阳极输送高电平），被选通位就显示相应字符（保持几个毫秒的延时），没选通的位不显示字符（灯熄灭），如此不断循环。从单片机工作的角度看，在一个瞬间只有一位数码管显示字符，其他位都是熄灭的，但因为人眼的视觉暂留现象，只要循环扫描的速度在一定频率以上，这种动态变化人眼是察觉不到的。从效果上看，就像8个数码管能连续和稳定地同时显示8个不同的字符。

LED 动态显示方式由于各个数码管共用一个段码输出口，分时轮流选通，从而大大简化了硬件电路。但这种方法的数码管接口电路中数码管也不宜太多，一般在 8 个以内，否则每个数码管所分配到的实际导通时间会太少，显得亮度不足。若数码管位数较多时应采用增加驱动能力的措施，提高显示亮度。

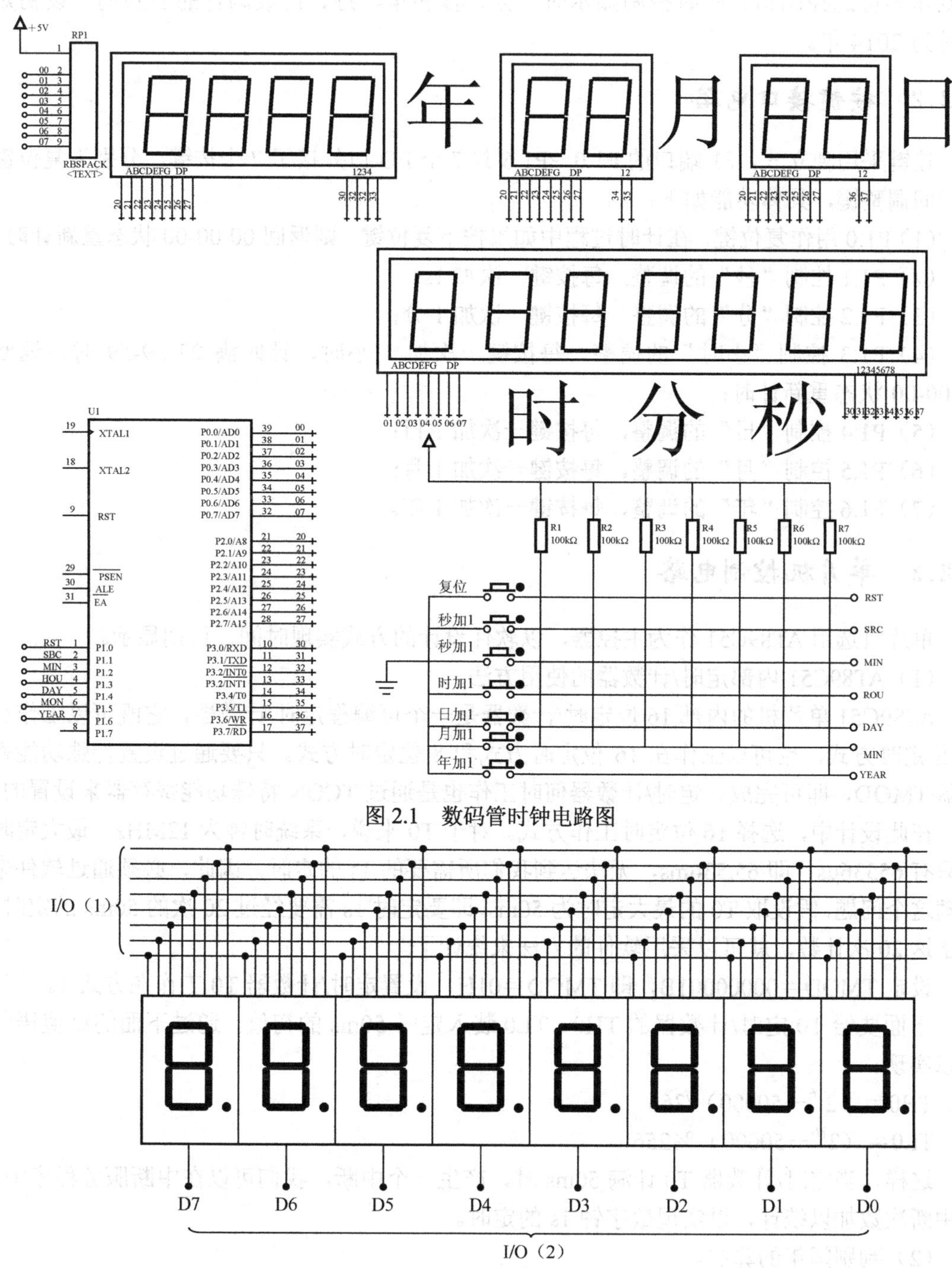

图 2.1　数码管时钟电路图

图 2.2　8 位数码管动态显示

2. 时间显示电路

时间显示电路采用数码管动态显示方式，由单片机的P0端口连接显示时、分、秒8个数码管的字段选线上，P2端口接显示年、月、日8个数码管的字段选线上，而P3口则作为位选控制口，同时控制显示时、分、秒和年、月、日数码管的公共端。设初始年份为2014年。

2.2.2 按键接口电路

按键采用独立式，P1端口的P1.0～P1.6共7个I/O口外接了7个按键，分别为复位键和时间调整键，具体功能如下：

（1）P1.0用作复位键，在计时过程中如果按下复位键，则返回00-00-00状态重新计时；

（2）P1.1控制“秒”的调整，每按键一次加1s；

（3）P1.2控制“分”的调整，每按键一次加1分；

（4）P1.3控制“小时”的调整，每按键一次加1小时，计时满23-59-59时，返回00-00-00状态重新计时；

（5）P1.4控制“日”的调整，每按键一次加1日；

（6）P1.5控制“月”的调整，每按键一次加1月；

（7）P1.6控制“年”的调整，每按键一次加1年。

2.2.3 单片机控制电路

单片机选用AT89C51作为主控器，以软件设计的方式实现时间、日期显示。

（1）AT89C51内部定时/计数器的使用方法。

AT89C51单片机的内部16位定时/计数器是一个可编程定时/计数器，它既可以工作在13位定时方式，也可以工作在16位定时方式和8位定时方式。只要通过设置特殊功能寄存器TMOD，即可完成。定时/计数器何时工作也是通过TCON特殊功能寄存器来设置的。

在此设计中，选择16位定时工作方式。对于T0来说，系统时钟为12MHz，最大定时也只有65536μs，即65.536ms，无法达到我们所需要的1s的定时，因此，必须通过软件来处理这个问题，假设取T0的最大定时为50ms，即要定时1s需要经过20次的50ms的定时。对于这20次计数，就可以采用软件的方法来统计了。

设定TMOD＝00000001B，即TMOD＝01H，设置定时/计数器T0工作在方式1。

下面要给T0定时/计数器的TH0、TL0装入定时50ms的初值，通过下面的赋值语句可以实现：

TH0＝（2^{16}－50000）/256

TL0＝（2^{16}－50000）%256

这样，当定时/计数器T0计满50ms时，产生一个中断，我们可以在中断服务程序中，对中断次数加以统计，以实现数字钟1s的定时。

（2）判别闰年的算法。

判别某一年（year）是否闰年，必须符合下面两个条件之一：

①这一年能被4整除，但不能被100整除。

②这一年能被 4 整除，又能被 400 整除。

可以用一个逻辑表达式来表示：

(year%4==0 && year%100 ！=0) || year%400==0

当 year 为某一整数值时，上述表达式值为真（1），则 year 为闰年，否则为非闰年。

可以加一个“！”用来判别非闰年：

！((year%4==0 && year%100 ！=0) || year%400==0)

若表达式值为真（1），year 为非闰年，也可以用下面逻辑表达式判别非闰年：

(year%4！==0) || (year%100 ==0 && year%400！==0)

表达式值为真(1)，year 为非闰年。请注意表达式中右面的括号内的不同运算符（%, !, &&, ==）的运算优先顺序。

2.3　系统程序设计

该数字钟实现的功能函数包括时间计时函数、闰年及大小月判别函数、显示函数、键盘扫描函数（用于日期和时间修改）等。主函数主要完成初始化。图 2.3 给出了时钟程序的流程图。图 2.3 中，R 为复位键，H 为小时的修改键，M 为分的修改键，S 为秒的修改键。

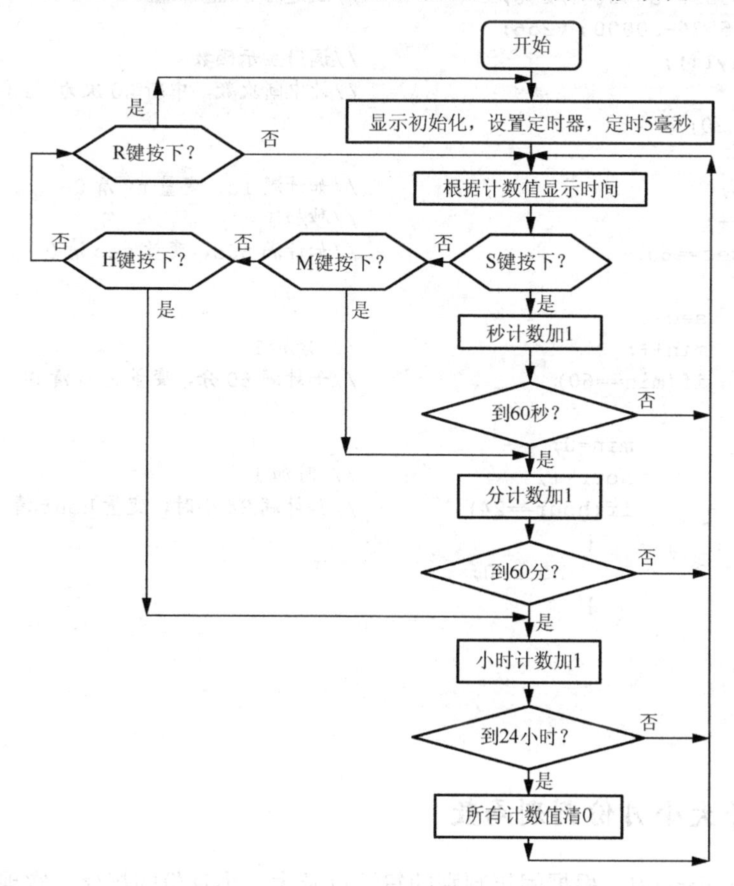

图 2.3　时钟显示程序流程图

2.3.1 时钟计时程序

时钟的计时程序由定时器T0的中断函数来完成，下面是主函数和定时器T0的中断函数。

```
void main()                                   //主函数
{
  TMOD=0x01;                                  //初始化
  ET0=1;                                      //开定时器 T0 中断
  TR0=1;                                      //启动定时器 T0
  TH0=(65536-50000)/256;                      //赋定时 50ms 初值
  TL0=(65536-50000)%256;
  EA=1;                                       //开中断总开关
  while(1)                                    //无限循环
  {
      keyscan();                              //调用键盘扫描函数
   }
}

void timer1() interrupt 1                     //定时器 T0 的中断函数
 {
  TH0=(65536-50000)/256;                      //赋定时 50ms 初值
  TL0=(65536-50000)%256;
   display1();                                //调用显示函数
    tt++;                                     //计中断次数，中断 20 次为 1s（50ms×20=1s）
  if(tt==20)
   {
     tt=0;                                    //如计满 1s，变量 tt 清 0
     sec++;                                   //秒加 1
     if(sec==60)                              //如计满 60s，变量 sec 清 0
        {
          sec=0;
          min++;                              // 分加 1
          if(min==60)                         //如计满 60 分，变量 min 清 0
            {
              min=0;
              hour++;                         // 时加 1
              if(hour==24)                    //如计满 24 小时，变量 hour 清 0
                {
                  hour=0;
                }
            }
        }
   }
   }
```

2.3.2 闰年大小月份判别函数

在函数 runnian()中，根据闰年判别的算法以及大、小月份的规律，实现了闰年的判别和大小月份的区分。

```
    void runnian()
    {
     if((year%4==0)&&(year%100!=0)||(year%400)==0)          //判断别是否闰年
    {if((month==1)||(month==3)||(month==5)||(month==7)||(month==8)||(month=
=10)||(month==12))                                          //每月 31 天的月份
     {b=32;}
     if((month==4)||(month==6)||(month==9)||(month==11))    //每月 30 天的月份
    {b=31;}
    if((month==2))                                        //如是闰年，2 月份为 29 天
    {b=30;}}
    Else                                                  //如不是闰年
    {if((month==1)||(month==3)||(month==5)||(month==7)||(month==8)||(month=
=10)||(month==12))                                        //每月 31 天的月份
    {b=32;}
    if((month==4)||(month==6)||(month==9)||(month==11))//每月 30 天的月份
    {b=31;}
    if((month==2))                                        //不是闰年，2 月份为 28 天
     {b=29;}}}
```

2.3.3　时钟显示和日期显示函数

根据硬件电路的设计，显示采用 LED 数码管动态显示方式。时钟显示的 8 个数码管按照时（2 位数）-分（2 位数）-秒（2 位数）的格式显示，日期按照年（4 为数）月（2 位数）日（2 位数）的格式显示。

```
    void display1()                    //显示函数
    {
      P3=0X80;                         //秒和日的个位显示
      P0=duanxuan[sec%10];             //显示秒的个位
      P2=duanxuan[day%10];             //显示日的个位
      delay(1);
      P3=0X40;                         //秒和日的十位显示
      P0=duanxuan[sec/10];             //显示秒的十位
      P2=duanxuan[day/10];             //显示日的十位
      delay(1);
      P3=0X20;                         //时钟显示'-'，日期显示月的个位
      P0=duanxuan[10];                 //调数组元素，显示'-'
      P2=duanxuan[month%10];           //显示月的个位
      delay(1);
     P3=0X10;                          //分的个位显示和月的十位显示
     P0=duanxuan[min%10];              //显示分的个位
     P2=duanxuan[month/10];            //显示月的十位
     delay(1);
     P3=0X08;                          //分的十位显示和年的个位显示
     P0=duanxuan[min/10];              //显示分的十位
     P2=duanxuan[year%10];             //显示年的个位
     delay(1);
     P3=0X04;                          //时钟显示'-'，日期显示年的十位
```

```
    P0=duanxuan[10];                 //显示'-'
    P2=duanxuan[year/10%10];         //显示年的十位
    delay(1);
    P3=0X02;                         //小时的个位和年的百位显示
    P0=duanxuan[hour%10];            //显示小时的个位
    P2=duanxuan[year/100%10];        //显示年的百位
    delay(1);
    P3=0X01;                         //小时的十位和年的千位显示
    P0=duanxuan[hour/10];            //显示小时的十位
    P2=duanxuan[year/1000];          //显示年的千位
    delay(1);
    }
```

2.3.4 按键调整时间函数

设时钟初始时间显示为00-00-00，初始年份为2014年10月1日，调整的最大年份为2500年。按键的分配如下：

key0（P1.0）为复位键，在计时过程中若按下复位键，则返回00-00-00重新计时；

key1（P1.1）控制“秒”的调整，每按键一次加1秒；

key2（P1.2）控制“分”的调整，每按键一次加1分；

key3（P1.3）控制“小时”的调整，每按键一次加1小时，计时满23-59-59时，返回00-00-00重新计时；

key4（P1.4）控制“日”的调整，每按键一次加1日；

key5（P1.5）控制“月”的调整，每按键一次加1月；

key6（P1.6）控制“年”的调整，每按键一次加1年。

```
  void   keyscan()                    //按键控制函数
  {
     if(key0==0)                      //判断复位键是否按下
      {
       delay(30);                     //去抖动
      if(key0==0)
   {
      sec=0;  min=0;  hour=0; year=2014;
      month=10;day=1;                 //是复位键按下，恢复初始值。
    }}
      if(key1==0)                     //判断“秒”的调整键是否按下
      {
       delay(30);                     //去抖动
      if(key1==0)
   {
  sec++;                              //是“秒”的调整键被按下，每按键一次加1
  if(sec==60)                         //若秒的变量sec加到60，则sec清零
   {
      sec=0;}} }
      if(key2==0)                     //判断“分”的调整键是否按下
      {
```

```
      delay(30);                    //去抖动
     if(key2==0)
  {
   min++;                           //是“分”的调整键被按下，每按键一次加1
   if(min==60)                      //若分的变量min加到60，则min清零
   {
     min=0;}}}
  if(key3==0)                       //判断“时”的调整键是否按下
     {
      delay(30);                    //去抖动
     if(key3==0)
  {
     hour++;                        //是“时”的调整键被按下，每按键一次加1
   if(hour==24)                     //若“时”的变量hour加到24，则hour清零
  {
     hour=0;}}}
     if(key4==0)                    //判断“日”的调整键是否按下
     {
      delay(30);                    //去抖动
     if(key4==0)
  {
     day++;                         //是“日”的调整键被按下，每按键一次加1
   if(day==32)                      //若“日”的变量day加到32，则day=1
  {
     day=1;}}}
     if(key5==0)                    //判断“月”的调整键是否按下
     {
      delay(30);                    //去抖动
     if(key5==0)
  {
     month++;                       //是“月”的调整键被按下，每按键一次加1
   if(month==13)                    //若“月”的变量month加到13，则month =1
  {
     month=1;}}}
     if(key6==0)                    //判断“年”的调整键是否按下
     {
      delay(30);                    //去抖动
     if(key6==0)
  {
     year++;                        //是“年”的调整键被按下，每按键一次加1
     if(year==2500)                 //若“年”的变量year加到2500，则year =2014
  {
     year=2014;}
  }}}
```

2.3.5 系统参考程序

```
#include<reg51.h>
#define uchar unsigned char
```

```
#define uint  unsigned  int
uchar code duanxuan[12]={0x3f,0x06,0x5b,0x4f,0x66,0x6d,0x7d,0x07,0x7f,
0x6f,0x40,0xff};                    //0-9, '-', '灭'
uchar  tt=0;
uchar month=10,day=1,sec=0,min=0,hour=0,b;
uint  year=2014;
sbit key0=P1^0;//复位键
sbit key1=P1^1;//秒加1键
sbit key2=P1^2;//分加1键
sbit key3=P1^3;//时加1键
sbit key4=P1^4;//日加1键
sbit key5=P1^5;//月加1键
sbit key6=P1^6;//年加1键
//**************延时函数**********************************
void delay(uint k)
{
    uchar j;
    while((k--)!=0)
    {for(j=0;j<250; j++);}
}
//********************显示函数************************
void display1()
{
   P3=0X80;                                    //秒和日的个位显示
   P0=duanxuan[sec%10];                        //显示秒的个位
   P2=duanxuan[day%10];                        //显示日的个位
   delay(1);
   P3=0X40;                                    //秒和日的十位显示
   P0=duanxuan[sec/10];                        //显示秒的十位
   P2=duanxuan[day/10];                        //显示日的十位
   delay(1);
   P3=0X20;                                    //时钟显示'-', 日期显示月的个位
   P0=duanxuan[10];                            //调数组元素, 显示'-'
   P2=duanxuan[month%10];                      //显示月的个位
   delay(1);
  P3=0X10;                                     //分的个位显示和月的十位显示
  P0=duanxuan[min%10];                         //显示分的个位
  P2=duanxuan[month/10];                       //显示月的十位
  delay(1);
  P3=0X08;                                     //分的十位显示和年的个位显示
  P0=duanxuan[min/10];                         //显示分的十位
  P2=duanxuan[year%10];                        //显示年的个位
  delay(1);
  P3=0X04;                                     //时钟显示'-', 日期显示年的十位
  P0=duanxuan[10];                             //显示'-'
  P2=duanxuan[year/10%10];                     //显示年的十位
  delay(1);
  P3=0X02;                                     //小时的个位和年的百位显示
  P0=duanxuan[hour%10];                        //显示小时的个位
  P2=duanxuan[year/100%10];                    //显示年的百位
  delay(1);
```

```
     P3=0X01;                               //小时的十位和年的千位显示
     P0=duanxuan[hour/10];                  //显示小时的十位
     P2=duanxuan[year/1000];                //显示年的千位
     delay(1);
     }
/********************************闰年判断************************************/
    void runnian()
    {
     if((year%4==0)&&(year%100!=0)||(year%400)==0)          //判断别是否闰年
    {if((month==1)||(month==3)||(month==5)||(month==7)||(month==8)||(month=
=10)||(month==12))                                          //每月 31 天的月份
     {b=32;}
     if((month==4)||(month==6)||(month==9)||(month==11))    //每月 30 天的月份
     {b=31;}
     if((month==2))                                         //如是闰年，2 月份为
29 天
     {b=30;}}
     Else                                                   //如不是闰年
    {if((month==1)||(month==3)||(month==5)||(month==7)||(month==8)||(month=
=10)||(month==12))                                          //每月 31 天的月份
     {b=32;}
     if((month==4)||(month==6)||(month==9)||(month==11))    //每月 30 天的月份
     {b=31;}
     if((month==2))                                         //不是闰年，2 月份为
28 天
     {b=29;}}}
/****************************按键调整时间函数*********************************/
    void  keyscan()                      //按键控制函数
    {
       if(key0==0)                       //判断复位键是否按下
        {
         delay(30);                      //去抖动
        if(key0==0)
     {
        sec=0;  min=0;  hour=0; year=2014;
        month=10;day=1;                  //是复位键被按下，恢复初始值。
      }}
        if(key1==0)                      //判断“秒”的调整键是否按下
        {
         delay(30);                      //去抖动
        if(key1==0)
     {
    sec++;                               //是“秒”的调整键被按下，每按键一次加 1
    if(sec==60)                          //若秒的变量 sec 加到 60，则 sec 清零
     {
        sec=0;}} }
        if(key2==0)                      //判断“分”的调整键是否按下
        {
         delay(30);                      //去抖动
        if(key2==0)
```

```
  {
   min++;                              //是“分”的调整键被按下，每按键一次加 1
   if(min==60)                         //若分的变量 min 加到 60，则 min 清零
   {
     min=0;}}}
  if(key3==0)                          //判断“时”的调整键是否按下
     {
      delay(30);                       //去抖动
     if(key3==0)
  {
     hour++;                           //是“时”的调整键被按下，每按键一次加 1
   if(hour==24)                        //若“时”的变量 hour 加到 24，则 hour 清零
  {
     hour=0;}}}
     if(key4==0)                       //判断“日”的调整键是否按下
     {
      delay(30);                       //去抖动
     if(key4==0)
  {
     day++;                            //是“日”的调整键被按下，每按键一次加 1
   if(day==32)                         //若“日”的变量 day 加到 32，则 day=1
  {
     day=1;}}}
     if(key5==0)                       //判断“月”的调整键是否按下
     {
      delay(30);                       //去抖动
     if(key5==0)
  {
     month++;                          //是“月”的调整键被按下，每按键一次加 1
   if(month==13)                       //若“月”的变量 month 加到 13，则 month =1
  {
     month=1;}}}
     if(key6==0)                       //判断“年”的调整键是否按下
     {
      delay(30);                       //去抖动
     if(key6==0)
  {
     year++;                           //是“年”的调整键被按下，每按键一次加 1
     if(year==2500)                    //若“年”的变量 year 加到 2500，则 year =2014
  {
     year=2014;}
  }}}
//**********************主函数*****************************
void main()
{
  TMOD=0x01;                           //初始化
  ET0=1;                               //开定时器 T0 中断
  TR0=1;                               //启动定时器 T0
  TH0=(65536-50000)/256;               //赋定时 50ms 初值
  TL0=(65536-50000)%256;
  EA=1;                                //开中断总开关
```

```
  while(1)                            //无限循环
  {
      keyscan();                      //调用键盘扫描函数
   }
}
//*********************定时器 T0 中断函数**************************
 void timer1() interrupt 1
 {
  TH0=(65536-50000)/256;                    //赋定时 50ms 初值
  TL0=(65536-50000)%256;
   display1();                              //调用显示函数
    tt++;                                   //计中断次数，中断 20 次为 1s(50ms×20=1s)
  if(tt==20)
   {
     tt=0;                                  //如计满 1s，变量 tt 清 0
     sec++;                                 //秒加 1
     if(sec==60)                            //如计满 60s，变量 sec 清 0
        {
          sec=0;
          min++;                            // 分加 1
          if(min==60)                       //如计满 60 分，变量 min 清 0
            {
               min=0;
               hour++;                      // 时加 1
               if(hour==24)                 //如计满 24 小时，变量 hour 清 0
                 {
                    hour=0;
                    day++;                  // 日加 1
                    runnian();              //调用闰年判别函数，确定每月的天数
                    if(day==b)              //根据每月的天数值 b，判断是否要月加 1
                    {
                    day=1;
                    month++;                //月加 1
                    if(month==13)           //如计满 12 个月，变量 month 清 0
                    {
                    month=1;
                    year++;}}               // 年加 1
                 }
            }
        }
  }
 }
```

2.4　功能扩展

本设计给出了一个简单的 LED 数码管显示的时钟系统。读者可以对该设计进行功能扩展。例如：修改显示程序，使将要被调整的时间或日期的位置出现闪烁；修改按键扫描程序，若是时间的调整可加也可减；考虑减少按键的个数，可设计一键多用功能等。

第 3 章　超声波测距器的设计

3.1　功能要求

由于超声波具有指向性强、能量消耗缓慢，在介质中传播的距离较远等特点，超声波被经常用于距离的测量。利用超声波测量距离设计较方便，计算处理较简单，而且在测量精度上也能达到日常使用的要求。

本项目设计的超声波测距器可应用于汽车倒车、建筑施工工地及一些工业现场的位置监控，也可用于诸如液位、井深、管道长度、物体厚度等的测量。测量范围为 0.10～4.00m，测量精度为 1cm，测量时与被测物体无直接接触，能够清晰、稳定地显示测量结果。

设计的主要功能：

在检测范围内，与障碍物的远近，用 5 个发光二极管显示说明。当测得的距离小于设定距离时，主控芯片将测得的数值与设定值进行比较处理，然后控制蜂鸣器和 LED 灯报警，用 5 个发光二极管来显示距离长短的趋势。

（1）当被测距离大于或等于 100cm 时，5 个发光二极管全亮，且不发出蜂鸣声。

（2）当被测距离小于 100cm 时，离障碍物的距离是否越来越近或越来越远，来改变蜂鸣器发声越来越快或越来越慢。当被测距离大于或等于 75cm 且小于 100cm，亮 4 个灯；

（3）当被测距离大于或等于 50cm 且小于 75cm，亮 3 个发光二极管；

（4）当被测距离大于或等于 30cm 且小于 50cm，亮 2 个发光二极管；

（5）当被测距离小于 30cm，亮 1 个发光二极管，蜂鸣器急促报警。

3.2　主要器件介绍

3.2.1　超声波传感器

1．超声波的特性

人类能听到的声音频率范围为：20Hz～20kHz，即为可听声波，超出此频率范围的声音，即 20Hz 以下频率的声音称为低频声波，20kHz 以上频率的声音称为超声波。当声音的频率高到超过人耳听觉的频率极限时，人们就会觉察不出周围声音的存在，因而称这种高频率的声为“超”声。

超声波是一种在弹性介质中的机械振荡，其频率超过 20kHz，分横向振荡和纵向振荡两种，超声波可以在气体、液体及固体中传播，其传播速度不同。它有折射和反射现象，且在传播过程中有衰减。

超声波主要的基本特性：

（1）波长。波的传播速度是用频率乘以波长来表示。电磁波的传播速度是 3×10^8m/s，

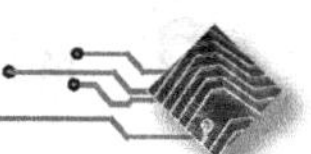

而声波在空气中的传播速度很慢，约为344m/s （20℃时）。在这种比较低的传播速度下，波长很短，这就意味着可以获得较高的距离和方向分辨率。正是由于这种较高的分辨率特性，才使我们有可能在进行测量时获得很高的精确度。

（2）反射。要探测某个物体是否存在，超声波就能够在该物体上得到反射。由于金属、木材、混凝土、玻璃、橡胶和纸等可以反射近乎 100％的超声波，因此我们可以很容易地发现这些物体。由于布、棉花、绒毛等可以吸收超声波，因此很难利用超声波探测到它们。同时，由于不规则反射，通常可能很难探测到凹凸表面以及斜坡表面的物体，这些因素决定了超声波的理想测试环境是在空旷的场所，并且测试物体必须反射超声波。

（3）温度效应。声波传播的速度“c”可以用下列公式表示。c=331.5+0.607t (m/s)。式中，t=温度（℃）。也就是说，声音传播速度随周围温度的变化而有所不同。因此，当精确地测量与某个物体之间的距离时，始终检查周围温度是十分必要的，尤其冬季室内外温差较大，对超声波测距的精度影响很大，此时可用 18B20 做温度补偿来减小温度变化所带来的测量误差，考虑到本设计的测试环境是在室内，而且超声波主要是用于测距功能，对测量精度要求不高，所以关于温度效应对系统的影响问题在这里不做深入的探讨。

（4）衰减。传播到空气中的超声波强度随距离的变化成比例地减弱，这是因为衍射现象所导致的在球形表面上的扩散损失，也是因为介质吸收能量产生的吸收损失。超声波的频率越高，衰减率就越高，超声波的传播距离也就越短，由此可见超声波的衰减特性直接影响了超声波传感器有效距离。

（5）灵敏度特性。灵敏度是表示声音接收级的单位，使用下列公式予以表示。

灵敏度= 20log E/P (dB)式中,“E”为所产生的电压（Vrms），“P”为输入声压（μbar），超声波传感器的灵敏度直接影响着系统测距范围。当频率在 40kHz 时传感器所对应的灵敏度最高。

2．超声波传感器

完成产生超声波和接收超声波这种功能的装置就是超声波传感器，习惯上称为超声换能器，或者超声波探头。超声波传感器主要由压电晶片组成，既可以发射超声波，也可以接收超声波。小功率超声探头多用做探测方面。它有许多不同的结构，可分为直探头（纵波）、斜探头（横波）、表面波探头（表面波）、兰姆波探头（兰姆波）、双探头（一个探头反射、一个探头接收）等。

超声传感器的核心是其塑料外套或者金属外套中的一块压电晶片。构成晶片的材料可以有许多种。由于晶片的大小、直径和厚度各不相同，因此每个探头的性能也是不同的，我们使用前必须预先了解该探头的性能参数。

超声波传感器的主要性能指标如下：

（1）工作频率。工作频率就是压电晶片的共振频率。当加到它两端的交流电压的频率和晶片的共振频率相等时，输出的能量最大，灵敏度也最高。

（2）工作温度。由于压电材料的居里点一般比较高，特别是诊断用超声波探头使用功率较小，所以工作温度比较低，可以长时间地工作而不失效。医疗用的超声探头的温度比较高，需要单独的制冷设备。

（3）灵敏度。灵敏度主要取决于制造晶片本身。机电耦合系数大，灵敏度高。

超声波为直线传播方式，频率越高，绕射能力越弱，但反射能力越强。为此，利用超声波的这种性能就可制成超声波传感器。另外，超声波在空气中的传播速度较慢，为340m/s，这就使得超声波传感器的使用变得非常简便。我们选用压电式超声波传感器，它的探头常用材料是压电晶体和压电陶瓷，是利用压电材料的压电效应来进行工作的。逆压电效应将高频电振动转换成高频机械振动，从而产生超声波，可作为发射探头；而利用正压电效应，将超声振动波转换成电信号，可作为接收探头。

为了研究和利用超声波，人们已经设计和制成了许多种超声波发生器。总体上讲，超声波发生器大体可以分为两大类：一类是用电气方式产生超声波，另一类是用机械方式产生超声波。电气方式包括压电型、磁致伸缩型和电动型等；机械方式有加尔统笛、液哨和气流旋笛等。它们所产生的超声波的频率、功率和声波特性各不相同，因而用途也各不相同。目前较为常用的是压电式超声波发生器。

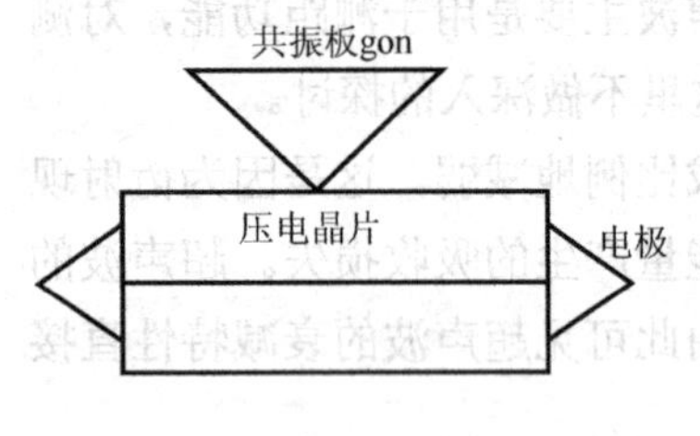

图 3.1　超声波发生器器结构

压电式超声波发生器实际上是利用压电晶体的谐振来工作的。超声波发生器内部结构如图 3.1 所示，它有两个压电晶片和一个共振板。当它的两极外加脉冲信号，其频率等于压电晶片的固有振荡频率时，压电晶片将会发生共振，并带动共振板振动，便产生超声波。反之，如果两电极间未外加电压，当共振板接收到超声波时，将压迫压电晶片做振动，将机械能转换为电信号，这时它就成为超声波接收器了。

3.3　硬件电路设计

硬件电路主要分超声波发射接收器、单片机控制电路、显示电路和报警电路四部分。超声波测距器用 STC89C52 单片机作为核心控制单元，当测得的距离小于设定距离时，主控芯片将测得的数值与设定值进行比较处理，然后控制蜂鸣器和 LED 灯报警。系统设计方框如图 3.2 所示。

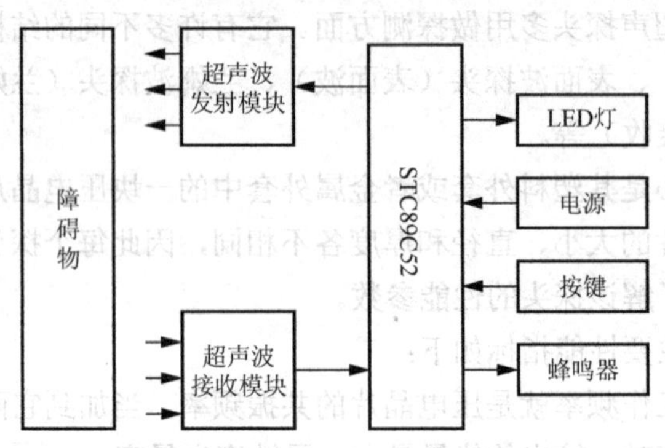

图 3.2　系统设计方框

3.3.1 超声波模块

超声波模块采用 HC-SR04 型超声波模块，该模块可提供 2～400cm 的非接触式距离感测功能，测距精度可达高到 3mm。模块包括超声波发射器、接收器与控制电路。基本工作原理：采用 I/O 口 TRIG 触发测距，给至少 10μs 的高电平信号；模块自动发送 8 个 40kHz 的方波，自动检测是否有信号返回；有信号返回，通过 I/O 口 ECHO 输出一个高电平，高电平持续的时间就是超声波从发射到返回的时间。测试距离=(高电平时间×声速)/2。实物如图 3.3 所示。其中 V_{CC} 提供 5V 电源，GND 为地线，TRIG 触发控制信号输入，ECHO 回响信号输出等四支线。

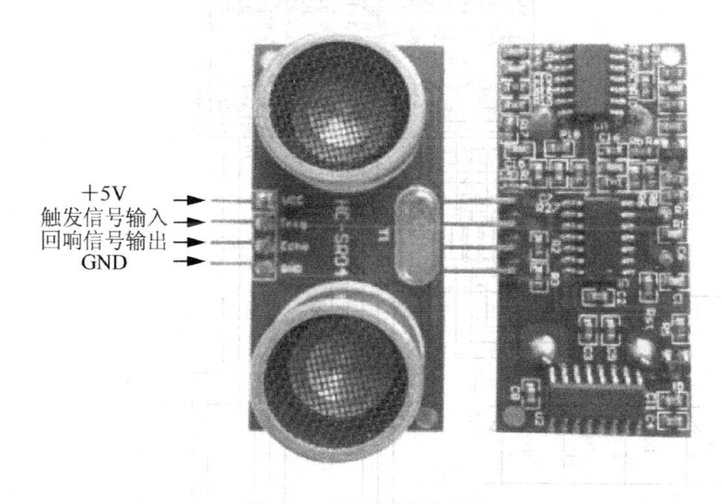

图 3.3 超声波模块实物

HC-SR04 型超声波探测模块的使用方法如下：I/O 口触发，给 TRIG 口至少 10μs 的高电平，启动测量；模块自动发送 8 个 40kHz 的方波，自动检测是否有信号返回；有信号返回，通过 I/O 口 ECHO 输出一个高电平，高电平持续的时间就是超声波从发射到返回的时间，测试距离=（高电平时间×340）/ 2，单位为 m。程序中测试功能主要由两个函数完成。

3.3.2 单片机系统及显示电路

单片机与显示系统电路原理图如图 3.4 所示。图中 V_{CC} 为 5V 的工作电源，5 个发光二极管（D1～D5）显示被测距离长短的趋势。当被测距离大于或等于 100cm，5 个发光二极管全亮，且不发声。距离小于 100cm 时开始报警，离障碍物的距离越近报警声越急促。当被测距离大于或等于 75cm 小于 100cm 时，4 个发光二极管亮；当被测距离大于或等于 50cm 且小于 75cm，3 个发光二极管亮；当被测距离大于或等于 30cm 且小于 50cm 时，2 个发光二极管亮；当被测距离小于 30cm，1 个发光二极管亮，蜂鸣器急促报警。

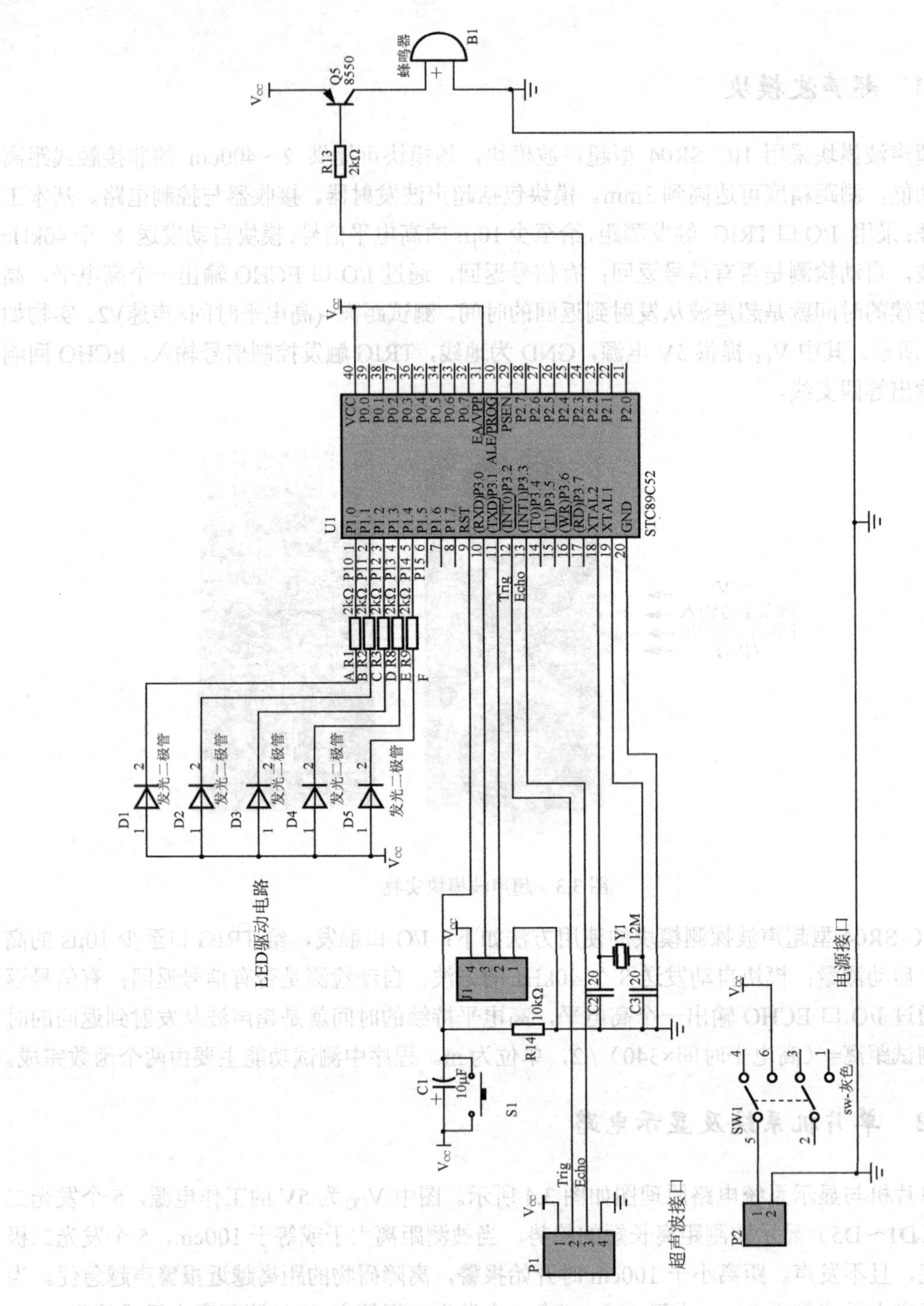

图 3.4 单片机与显示系统电路原理图

3.3.3 声音报警电路

用一个蜂鸣器和三极管 8550、电阻连接到单片机的 P2.3 引脚上，构成声音报警电路。其中三极管的放大作用：集电极电流受基极电流的控制（假设电源能够提供给集电极足够大的电流的话），并且基极电流很小的变化，会引起集电极电流很大的变化，且变化满足一定的比例关系：集电极电流的变化量是基极电流变化量的 β 倍，即电流变化被放大了 β 倍，所以我们将 β 叫做三极管的放大倍数（β 一般远大于 1，例如几十、几百）。如果将一个变化的小信号加到基极与发射极之间，这就会引起基极电流 I_b 的变化，I_b 的变化被放大后，导致了 I_c 很大的变化。如果集电极电流 I_c 是流过一个电阻 R（蜂鸣器相当于电阻 R）的，那么根据电压计算公式 $U=R \cdot I$ 可以算得，这电阻上电压就会发生很大的变化。我们将这个电阻上的电压取出来，就得到了放大后的电压信号了。如图 3.5 所示为声音报警电路。

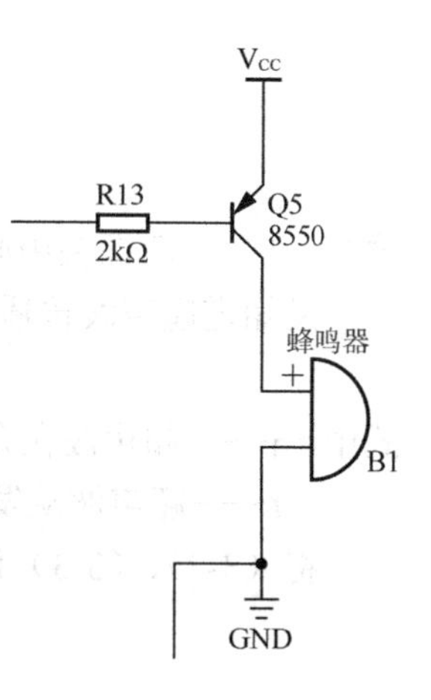

图 3.5　声音报警电路

3.4　系统的程序设计

3.4.1　测距分析

最常用的超声测距的方法是回声探测法，超声波发射器向某一方向发射超声波，在发射时刻的同时计数器开始计时，超声波在空气中传播，途中碰到障碍物面阻挡就立即反射回来，超声波接收器收到反射回的超声波就立即停止计时。

由于超声波也是一种声波，其声速 v 与空气温度有关，一般来说，温度每升高 1℃，声速增加 0.6m/s。表 3.1 列出了几种温度下的声速关系。

表 3.1　超声波波速与温度的关系表

温度/℃	-30	-20	-10	0	10	20	30	100
声速/m/s	313	319	325	323	338	344	349	386

在使用时，若传播介质温度变化不大，则可近似认为超声波速度在传播的过程中是基本不变的。若对测距精度要求很高，则应利用温度补偿的方法对测量结果加以数值校正。声速确定后，只要测得超声波往返的时间，即可求得距离。这就是超声波测距仪的基本原理，如图 3.6 所示。

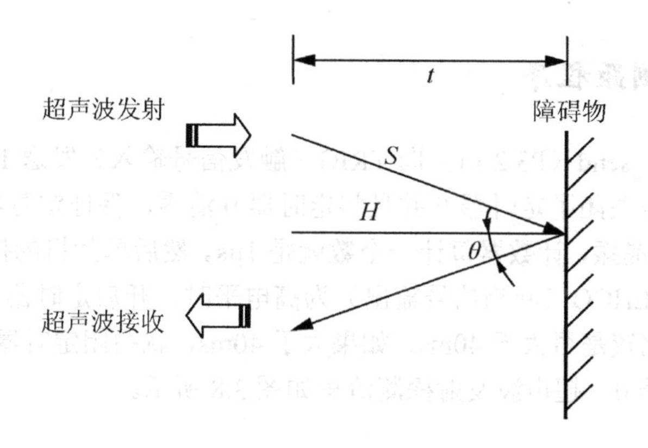

图 3.6　超声波的测距原理

$$H = S\cos\theta \tag{3-1}$$

$$\theta = \arctan(\frac{L}{H}) \tag{3-2}$$

式中 L——两探头中心距离的一半。

又知道超声波传播的距离为

$$2S = vt \tag{3-3}$$

式中 v——超声波在介质中的传播速度；

t——超声波从发射到接收所需要的时间。

将（3-2）、（3-3）代入（3-1）中得

$$H = \frac{1}{2}vt\cos[\arctan\frac{L}{H}] \tag{3-4}$$

其中,超声波的传播速度 v 在一定的温度下是一个常数（例如在温度 T=30℃时,v=349m/s）；当需要测量的距离 H 远远大于 L 时，则式（3-4）变为

$$H = \frac{1}{2}vt \tag{3-5}$$

所以，只要需要测量出超声波传播的时间 t，就可以得出测量的距离 H。

超声波在空气中的传播速度一般为 340m/s，根据计时器记录的时间 t，就可以计算出发射点距障碍物面的距离 H，即 H=340t/2。

3.4.2 主程序

主程序流程图如图 3.7 所示。

首先设计上电时让蜂鸣器响一声，目的是提示已开机。等待 1ms 后执行任务。随后是对系统环境初始化：设置单片机 IO 口 P0、P1、P2、P3 为高电平；设置 EA=1，开启总中断；设置 TMOD = 0x11，使定时器 0 和定时器 1 工作方式为方式 1；设置 TR0=1 和 TR1=1，允许定时器 0 和定时器 1 定时计数；设置 ET0=0，关闭定时器 0 的中断；设置 ET1=1，开启定时器 1 的中断。设置完毕后，发射超声波信号，待检测到超声波信号时，执行测距报警。

3.4.3 超声波测距程序

单片机发送端 c_send（P3.2 口）向 TRIG（触发信号输入）发送 10μs 的高电平触发，这时发射超声波，也关闭了定时器 0 并且将定时器 0 清零，保证定时器 0 准确计数，由于采用的是 12MHz 的晶振，计数器每计一个数就是 1μs。然后单片机的接收端 c_recive（P3.3 口）等待,待检测到 EHCO（回响信号输出）为高电平时，开启定时器 0 定时计数，读取高电平持续时间，并比较是否大于 40ms，如果大于 40ms，就关闭定时器 0，反之，就计算出距离，再关闭定时器 0。超声波发射探测流程如图 3.8 所示。

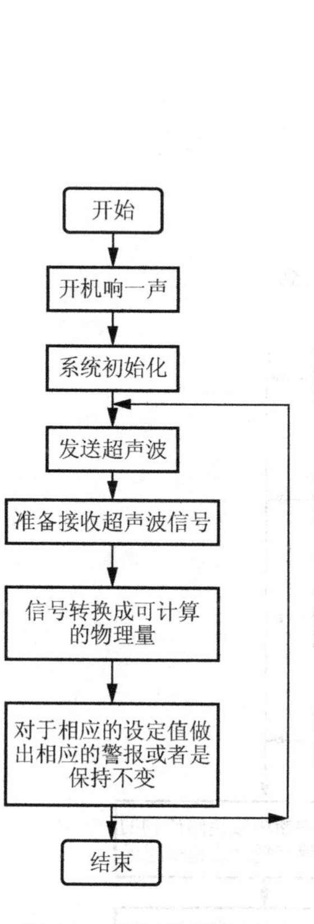

图 3.7 主程序流程图

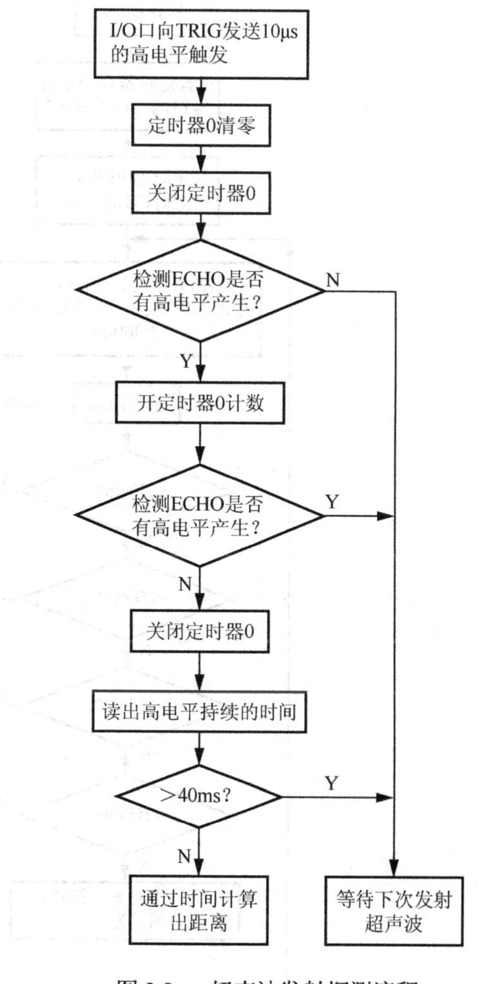

图 3.8 超声波发射探测流程

3.4.4 报警程序

报警工作流程如图 3.9 所示。

定时器 1 设 TH1=(65536-2000)/256，TL1=(65536-2000)%256，即设置为 2ms 中断一次，中断 150 次为一个周期，即 300ms，就是一个周期执行一次超声波发射探测流程，为了使超声波模块能测得的距离更加准确。然后来比较超声波探头离障碍物的距离是否大于等于 100cm。

（1）小于 100cm 时，通过定时器 1 的中断计的次数来比较离障碍物的距离，是否越来越近或越来越远，来改变蜂鸣器发声越来越快或越来越慢。

大于或等于 75cm 小于 100cm，亮 4 个发光二极管，P1 = 0xf0；

大于或等于 50cm 小于 75cm，亮 3 个发光二极管，P1 = 0xf8；

大于或等于 30cm 小于 50cm，亮 2 个发光二极管，P1 = 0xfc；

小于或 30cm，亮 1 个发光二极管，P1 = 0xfe，并且急促报警。

（2）大于或等于 100cm 时，beep=1，P1 = 0xe0，蜂鸣器不发声，亮 5 个发光二极管。

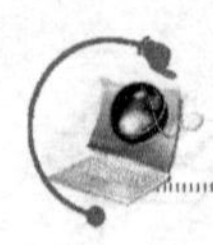

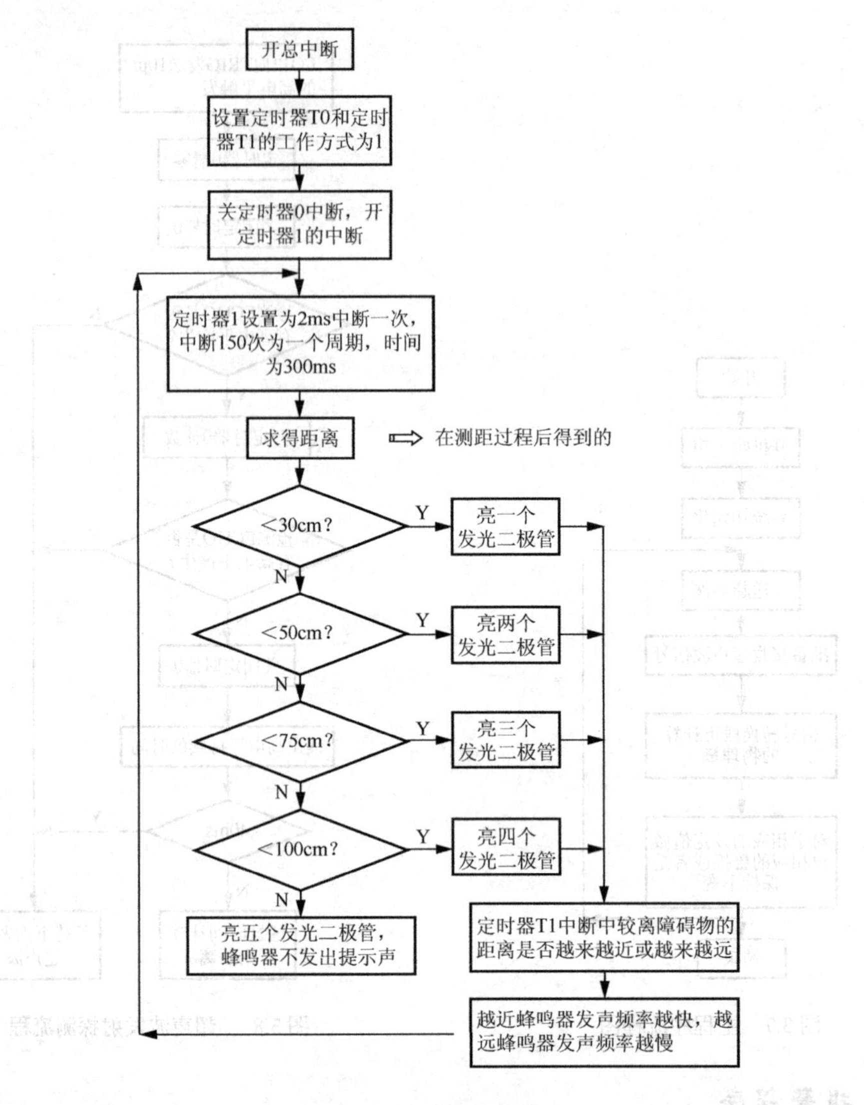

图 3.9　报警程序流程

3.4.5　系统的参考程序

```
#include <reg52.h>                    //调用单片机头文件
#define uchar unsigned char           //无符号字符型 宏定义  变量范围 0~255
#define uint  unsigned int            //无符号整型 宏定义    变量范围 0~65535
#include <intrins.h>
sbit c_send  = P3^2;                  //超声波发射
sbit c_recive = P3^3;                 //超声波接收
sbit beep = P2^3;                     //蜂鸣器 I/O 口定义
bit flag_300ms ;
long distance;                        //距离
uint set_d;                           //距离
uchar flag_csb_juli;                  //超声波超出量程
uint  flag_time0;                     //用来保存定时器 0 的时间
```

```
/***************5 个 LED 指示灯（发光二极管）****************/
sbit led1 = P1^0;
sbit led2 = P1^1;
sbit led3 = P1^2;
sbit led4 = P1^3;
sbit led5 = P1^4;
/***********************1ms 延时函数*****************************/
void delay_1ms(uint q)
{
    uint i,j;
    for(i=0;i<q;i++)
        for(j=0;j<120;j++);
}

/*****************小延时函数****************/
void delay()
{
    _nop_();                            //执行一条_nop_()指令就是 1us
    _nop_();
    _nop_();
    _nop_();
    _nop_();
    _nop_();
    _nop_();
    _nop_();
    _nop_();
    _nop_();
}
/********************超声波测距程序*****************************/
void send_wave()
{
    c_send = 1;                         //10us 的高电平触发
    delay();
    c_send = 0;
    TH0 = 0;                            //给定时器 0 清零
    TL0 = 0;
    TR0 = 0;                            //关定时器 0 定时
    while(!c_recive);                   //当 c_recive 为 0 时，等待
    TR0=1;
    while(c_recive)                     //当 c_recive 为 1 时，计数并等待
    {
        flag_time0 = TH0 * 256 + TL0;
        if((flag_time0 > 40000))        //当超声波超过测量范围时
        {
            TR0 = 0;
            flag_csb_juli = 2;
            break ;
        }
        else
        {
            flag_csb_juli = 1;
```

```
        }
    }
    if(flag_csb_juli == 1)
    {
        TR0=0;                      //关定时器 0 定时
        distance =flag_time0;       //读出定时器 0 的时间
        distance *= 0.017;          //距离 = 速度×时间; 0.017cm/us = (34000cm/
                                      1000000us) / 2

    }
}
/*********************定时器 0、定时器 1 初始化*****************/
void time_init()
{
    EA  = 1;                        //开总中断
    TMOD = 0X11;                    //定时器 0、定时器 1 工作方式 1
    ET0 = 0;                        //关定时器 0 中断
    TR0 = 1;                        //允许定时器 0 定时
    ET1 = 1;                        //开定时器 1 中断
    TR1 = 1;                        //允许定时器 1 定时
}

/****************报警函数***************/
void clock_l()                              //下限报警函数   距离超近   声音超快
{
    static uchar value,value1;
    if(distance <= 100)
    {
        value ++;                           //消除实际距离在设定距离左右变化时的干扰
        if(value >= 2)
        {
            value1 ++;
            if(value1 >= distance * 2) //这里是控制报警声越来越快
            {
                value1 = 0;
                beep = ~beep;               //蜂鸣器报警
            }
        }
    }
    else
    {
        value = 0;
        beep = 1;
    }

}

/***************主函数*****************/
void main()                             //主函数
{
    beep = 0;                           // beep 代表 P3.2 端口，接蜂鸣器。beep = 0
                                           目的是开机响一声
```

```
    delay_1ms(150);                          //延时
    P0 = P1 = P2 = P3 = 0xff;                //初始化单片机 I/O 口为高电平
    send_wave();                             //测距离函数
    time_init();                             //定时器初始化程序
    send_wave();                             //测距离函数
    send_wave();                             //测距离函数
    while(1)
    {
        if(flag_300ms == 1)
        {
            flag_300ms = 0;
            send_wave();                     //测距离函数
            if(beep == 1)
                send_wave();                 //测距离函数
            if(distance < 30)
                P1 = 0xfe;                   //1 个发光二极管亮
            else if(distance < 50)
                P1 = 0xfc;                   //2 个发光二极管亮
            else if(distance < 75)
                P1 = 0xf8;                   //3 个发光二极管亮
            else if(distance < 100)
                P1 = 0xf0;                   //4 个发光二极管亮
            else
                P1 = 0xe0;                   //5 个发光二极管亮  全亮
        }

    }
}

/*********************定时器 1 中断服务程序************************/
void time1_int() interrupt 3
{
    static uchar value;                      //定时 2ms 中断一次
    TH1 = 0xf8;
    TL1 = 0x30;                              //2ms
    value++;
    clock_l();                               //下限报警函数  距离超近  声音超快
    if(value >= 150)
    {
        value = 0;
        flag_300ms = 1;
    }
}
```

3.5 功能扩展

本设计给出了一个简单的超声波测距系统。读者可以对该设计进行功能扩展。设计一个带显示距离的汽车倒车雷达系统，通过 LCD 液晶显示器显示距离或影像。

第 4 章　数字温度计的设计

4.1　功能要求

在日常生活及工农业生产中，经常要用到温度的检测及控制，传统的测温元件有热电偶和热电阻等。而热电偶和热电阻测出的一般都是模拟电压，再把模拟电压转换成对应的温度，需要比较多的外部硬件支持，其缺点是硬件电路复杂且制作成本高。

本数字温度计采用美国 DALLAS 半导体公司推出的智能温度传感器 DS18B20 作为检测元件，测温范围为-55～125℃，最高分辨力可达 0.0625℃。DS18B20 可以直接读出被测温度值，而且采用单线制与单片机相连，减少了外部的硬件电路，具有低成本和易使用的特点。

该系统利用 AT89S51 芯片控制温度传感器 DS18B20 进行实时温度检测并采用 LED 数码管直接显示。能够实现快速测量环境温度，并可以根据需要设定上下限温度。

系统完成的主要功能：

（1）使用 6 位数码管显示测得的温度；

（2）最高位为符号位（负号）或温度百位值，如果温度值为正，不显示符号位，当温度小于 0℃时，则显示负号；

（3）第 2～4 位显示温度值的整数部分，并在第 4 位数据上显示小数点；

（4）第 5 位显示一位小数；

（5）最低位显示摄氏度符号“℃”；

（6）此外该温度测量系统还具有上下限报警功能，由于受硬件限制，该系统由软件设定当温度超过设定值时，数码管显示闪烁警告。

4.2　主要器件介绍

数字温度传感器 DS18B20 模块

美国 DALLAS 公司生产的 DS18B20 可组网数字温度传感器芯片具有耐磨耐碰、体积小、使用方便、封装形式多样的特点，适用于各种狭小空间设备数字测温和控制领域。

DS18B20 内部结构主要由四部分组成：64 位光刻 ROM、温度传感器、非挥发的温度报警触发器 TH 和 TL、配置寄存器。DS18B20 的管脚排列、各种封装形式如图 4.1 所示，DQ 为数据输入/输出引脚，是开漏单总线接口引脚。当被用在寄生电源下时，它也可以向器件提供电源；GND 为地信号；V_{DD} 为可选择的 V_{DD} 引脚。当工作于寄生电源时，此引脚必须接地。

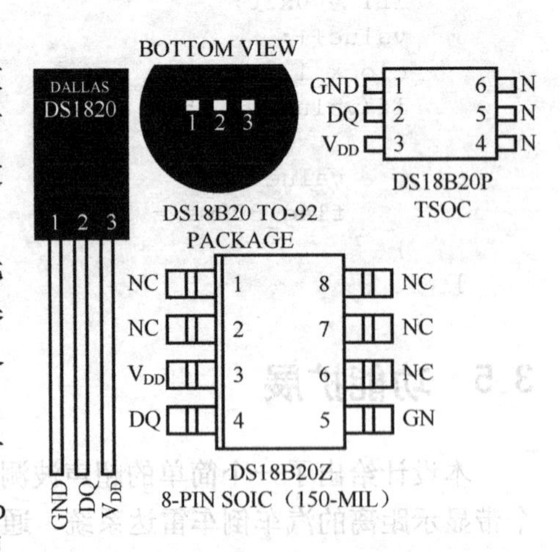

图 4.1　DS18B20 外部封装形式

外部电源供电方式是 DS18B20 最佳的工作方式，工作稳定可靠，抗干扰能力强，而且电路也比较简单，可以开发出稳定可靠的多点温度监控系统。如图 4.2 所示为 DS18B20 外接电路图。

1．DS18B20 的主要特性

（1）适应电压范围宽，电压范围：3.0～5.5V，在寄生电源方式下可由数据线供电。

（2）独特的单线接口方式，DS18B20 在与微处理器连接时仅需要一条接口线即可实现微处理器与 DS18B20 的双向通信。

（3）DS18B20 支持多点组网功能，多个 DS18B20 可以并联在惟一的三线上，实现组网多点测温。

（4）测温范围-55℃～+125℃，在-10～+85℃时精度为±0.5℃。

（5）可编程的分辨力为 9～12 位，对应的可分辨温度分别为 0.5℃、0.25℃、0.125℃和 0.0625℃，可实现高精度测温。

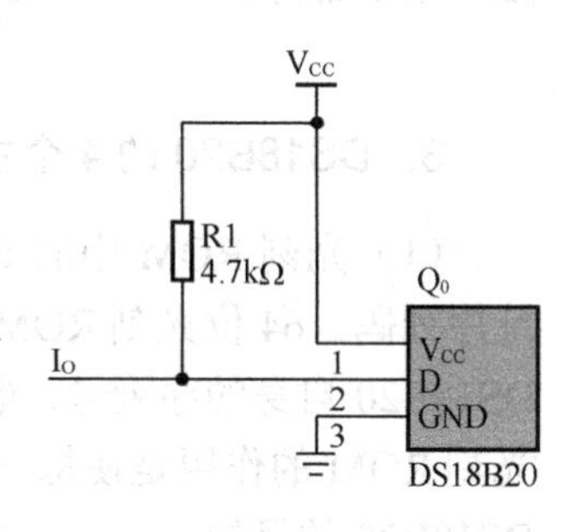

图 4.2　DS18B20 外接电路

（6）测量结果直接输出数字温度信号，用一根数据线串行传送给 CPU，同时可传送 CRC 校验码，具有极强的抗干扰纠错能力。

（7）负压特性：电源极性接反时，芯片不会因发热而烧毁，但不能正常工作。

2．DS18B20 测量原理

DS18B20 测温原理如图 4.3 所示。图中低温度系数晶振的振荡频率受温度影响很小，用于产生固定频率的脉冲信号送给计数器 1。高温度系数晶振随温度变化其振荡率明显改变，所产生的信号作为计数器 2 的脉冲输入。计数器 1 和温度寄存器被预置在-55℃所对应的一个基数值。计数器 1 对低温度系数晶振产生的脉冲信号进行减法计数，当计数器 1 的预置值减到 0 时，温度寄存器的值将加 1，计数器 1 的预置将重新被装入，计数器 1 重新开始对低温度系数晶振产生的脉冲信号进行计数，如此循环直到计数器 2 计数到 0 时，停止温度寄存器值的累加，此时温度寄存器中的数值即为所测温度。图 4.3 中的斜率累加器用于补偿和修正测温过程中的非线性，其输出用于修正计数器 1 的预置值。

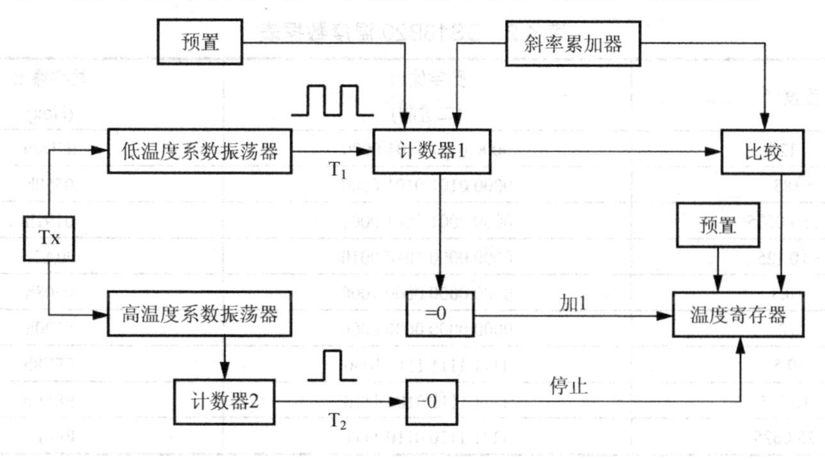

图 4.3　DS18B20 测温原理

在正常测温情况下，DS1820 的测温分辨力为 0.5℃，可采用下述方法获得高分辨力的温度测量结果：首先用 DS1820 提供的读暂存器指令（BEH）读出以 0.5℃为分辨力的温度测量结果，然后切去测量结果中的最低有效位（LSB），得到所测实际温度的整数部分 T_Z，然后再用 BEH 指令取计数器 1 的计数剩余值 C_S 和每度计数值 C_D。考虑到 DS1820 测量温度的整数部分以 0.25℃、0.75℃为进位界限的关系，实际温度 T_S 可用下式计算：

$$T_S=（T_Z-0.25℃）+(C_D-C_S)/C_D$$

3．DS18B20 的 4 个主要的数据部件

（1）光刻 ROM 中的 64 位序列号是出厂前被光刻好的，它可以看做该 DS18B20 的地址序列码。64 位光刻 ROM 的排列：开始 8 位（28H）是产品类型标号，接着的 48 位是该 DS18B20 自身的序列号，最后 8 位是前面 56 位的循环冗余校验码（CRC=X8+X5+X4+1）。光刻 ROM 的作用是使每一个 DS18B20 都各不相同，这样就可以实现一根总线上挂接多个 DS18B20 的目的。

（2）DS18B20 中的温度传感器可完成对温度的测量，以 12 位转化为例：用 16 位符号扩展的二进制补码读数形式提供，以 0.0625℃/LSB 形式表达，其中 S 为符号位。

表 4.1　DS18B20 温度值格式表

	bit 7	bit 6	bit 5	bit 4	bit 3	bit 2	bit 1	bit 0
LS Byte	2^3	2^2	2^1	2^0	2^{-1}	2^{-2}	2^{-3}	2^{-4}
	bit 15	bit 14	bit 13	bit 12	bit 11	bit 10	bit 9	bit 8
MS Byte	S	S	S	S	S	2^6	2^5	2^4

表 4.1 是 12 位转化后得到的 12 位数据，存储在 DS18B20 的两个 8 比特的 RAM 中，二进制中的前面 5 位是符号位，用 S 表示。如果测得的温度大于 0，这 5 位为 0，只要将测到的数值乘于 0.0625 即可得到实际温度；如果温度小于 0，这 5 位为 1，测到的数值需要取反加 1 再乘以 0.0625，即可得到实际温度，例如+125℃的数字输出为 07D0h，+25.0625℃的数字输出为 0191h，−25.0625℃的数字输出为 FF6Fh，−55℃的数字输出为 FC90h 。具体详见表 4.2。

表 4.2　DS18B20 温度数据表

温度/℃	数字输出 (二进制)	数字输出 (Hex)
+125	0000 0111 1101 0000	07D0h
+85	0000 0101 0101 0000	0550h
+250.0625	0000 0001 1001 0001	0191h
+10.125	0000 0000 1010 0010	00A2h
+0.5	0000 0000 0000 1000	0008h
+0	0000 0000 0000 0000	0000h
-0.5	1111 1111 1111 1000	FFF8h
-10.125	1111 1111 0101 1110	FF5Eh
-25.0625	1111 1110 0110 1111	FE6Fh

续表

温度/℃	数字输出 (二进制)	数字输出 (Hex)
-55	1111 1100 1001 0000	FC90h

The power-on reset value of the temperature register is
+85℃（DS18B20 在上电复位时，其温度寄存器里的初始值是 85℃）

（3）DS18B20 温度传感器的存储器。DS18B20 温度传感器的内部存储器包括一个高速暂存 RAM 和一个非易失性的可电擦除的 EEPRAM，后者存放高温度和低温度触发器 TH、TL 和结构寄存器。

（4）配置寄存器。该字节各位的意义见表 4.3。

表 4.3 配置寄存器结构

TM	R1	R0	1	1	1	1	1

在表 4.3 中，低五位一直都是“1”，TM 是测试模式位，用于设置 DS18B20 在工作模式还是在测试模式。在 DS18B20 出厂时该位被设置为 0，用 户不要去改动。R1 和 R0 用来设置分辨力，见表 4.4（DS18B20 出厂时被设置为 12 位）。

表 4.4 温度分辨力设置表

R1	R0	分 辨 力	温度最大转换时间
0	0	9 位	93.75 ms
0	1	10 位	187.5 ms
1	0	11 位	375 ms
1	1	12 位	750 ms

4. 高速暂存存储器

高速暂存存储器由 9 个字节组成，其分配见表 4.5。当温度转换命令发布后，经转换所得的温度值以二字节补码形式存放在高速暂存存储器的第 0 和第 1 个字节。单片机可通过单线接口读到该数据，读取时低位在前，高位在后，数据格式见表 4.1。对应的温度计算：当符号位 S=0 时，直接将二进制位转换为十进制；当 S=1 时，先将补码变为原码，再计算十进制值。表 4.2 是对应的一部分温度值。第 9 个字节是冗余检验字节。

表 4.5 DS18B20 暂存寄存器分布

寄存器内容	字节地址
温度值低位 （LS Byte）	0
温度值高位 （MS Byte）	1
高温限值（TH）	2
低温限值（TL）	3
配置寄存器	4
保留	5
保留	6
保留	7
CRC 校验值	8

根据 DS18B20 的通讯协议，主机（单片机）控制 DS18B20 完成温度转换必须经过三个步骤：每一次读写之前都要对 DS18B20 进行复位操作，复位成功后发送一条 ROM 指令，最后发送 RAM 指令，这样才能对 DS18B20 进行预定的操作。复位要求主 CPU 将数据线下拉 500μs，然后释放，当 DS18B20 收到信号后等待 16～60μs 左右，后发出 60～240μs 的存在低脉冲，主 CPU 收到此信号表示复位成功。表 4.6 为 ROM 指令表，表 4.7 为 RAM 指令表。

表 4.6　ROM 指令表

指　　令	约定代码	功　　能
读 ROM	33H	读 DS18B20 温度传感器 ROM 中的编码（即 64 位地址）
符合 ROM	55H	发出此命令之后，接着发出 64 位 ROM 编码，访问单总线上与该编码相对应的 DS18B20 使之做出响应，为下一步对该 DS18B20 的读写作准备
搜索 ROM	0FOH	用于确定挂接在同一总线上 DS18B20 的个数和识别 64 位 ROM 地址。为操作各器件作好准备
跳过 ROM	0CCH	忽略 64 位 ROM 地址，直接向 DS18B20 发温度变换命令。适用于单片工作
告警搜索命令	0ECH	执行后只有温度超过设定值上限或下限的片子才做出响应

表 4.7　RAM 指令表

指　　令	约定代码	功　　能
温度变换	44H	启动 DS18B20 进行温度转换，12 位转换时最长为 750us（9 位为 93.75us）。结果存入内部 9 字节 RAM 中
读暂存器	0BEH	读内部 RAM 中 9 字节的内容
写暂存器	4EH	发出向内部 RAM 的 3、4 字节写上、下限温度数据命令，紧跟该命令之后，是传送两字节的数据
复制暂存器	48H	将 RAM 中第 3 、4 字节的内容复制到 EEPROM 中
重调 EEPROM	0B8H	将 EEPROM 中内容恢复到 RAM 中的第 3 、4 字节
读供电方式	0B4H	读 DS18B20 的供电模式。寄生供电时 DS18B20 发送“ 0 ”,外接电源供电 DS18B20 发送“ 1 ”

5. DS18B20 时序与数据读写

对于操作一个芯片而言，最重要的应该是如何根据它的时序图写入数据和读取数据。时序就是高低电平随时间的变化，和我们见到的波形随时间变化差不多。下面介绍如何往芯片里面写数据，如何从芯片里面读数据，如何让芯片复位（也就是让芯片开始工作）。

1）往芯片里写数据

因为芯片只识别 0 和 1，所以写数据无非就是往芯片里面写 0 和 1。那芯片又是如何识别 0 和 1 的呢？其实我们只要在特定的时间把控制线置为高电平或拉为低电平就可以了。如图 4.4 所示为写 0 和写 1 的时序图。

左半个图是往 DS18B20 中写 0 的时序图，右半个图是往 DS18B20 中写 1 的时序图。

2）从 DS18B20 中读取数据

如图 4.5 所示为读 0 和读 1 的时序图。

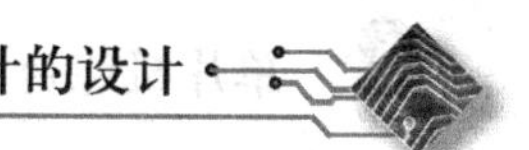

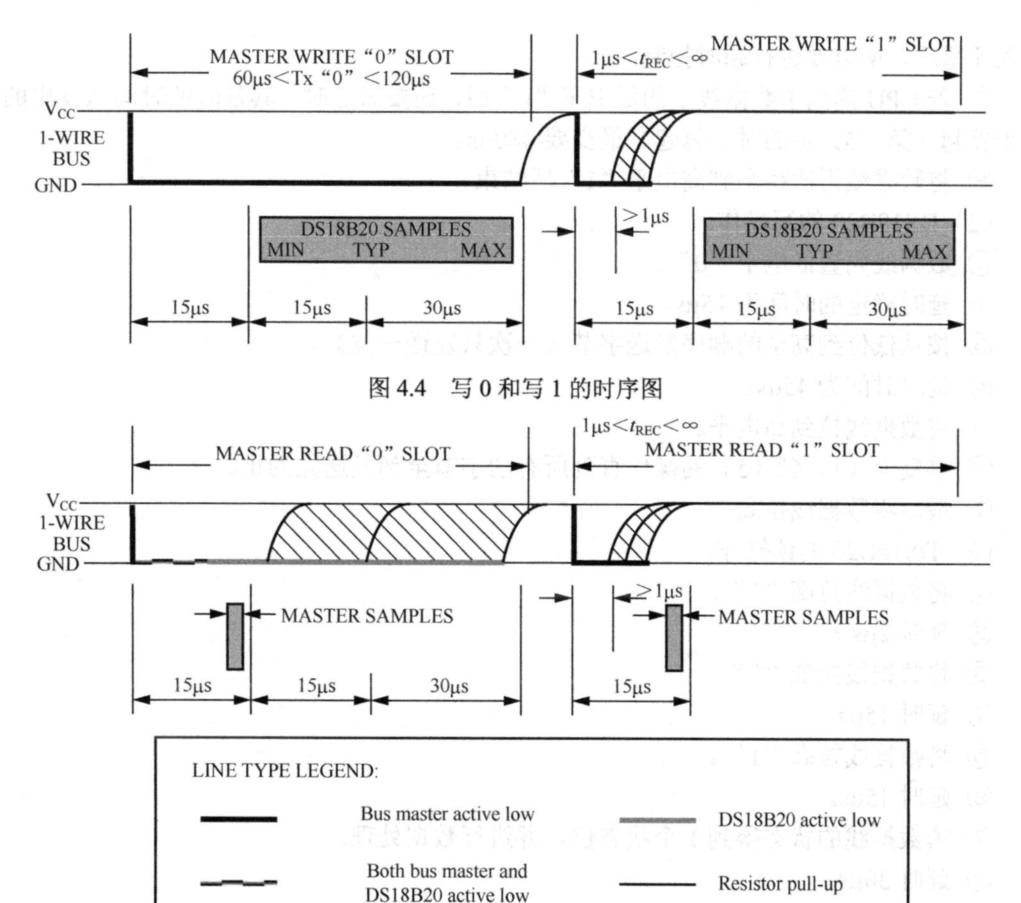

图 4.4　写 0 和写 1 的时序图

图 4.5　读 0 和读 1 的时序图

备注：黑色粗线表示单片机将总线拉低，灰色表示 DS18B20 将总线拉低，细黑线表示上拉电阻将总线拉高，斜线部分表示无效时间即没有任何操作起作用。左侧为读 0 的时序图，右侧为读 1 的时序图。

3）芯片复位

如图 4.6 所示为 DS18B20 复位时序图。

备注：黑色粗线表示单片机将总线拉低，灰色表示 DS18B20 将总线拉低，细黑线表示上拉电阻将总线拉高，斜线部分表示无效时间即没有任何操作起作用。

根据以上时序图对 DS18B20 数据采集需要以下操作：

（1）DS18B20 的初始化。

① 先将数据线置高电平“1”。

② 延时（该时间要求不是很严格，但是尽可能短一点）。

③ 数据线拉到低电平“0”。

④ 延时 750μs（该时间的时间范围可以从 480～960μs）。

⑤ 数据线拉到高电平“1”。

⑥ 等待（如果初始化成功则在 15～60ms 时间之内产生一个由 DS18B20 所返回的低电平“0”。据该状态可以来确定它的存在，但是应注意不能无限地进行等待，不然会使程序

进入死循环，所以要进行超时控制）。

⑦ 若 CPU 读到了数据线上的低电平“0”后，还要做延时，其延时的时间从发出的高电平算起（第（5）步的时间算起）最少要 480μs。

⑧ 将数据线再次拉高到高电平“1”后结束。

（2）DS18B20 的写操作。

① 数据线先置低电平“0”。

② 延时确定的时间为 15μs。

③ 按从低位到高位的顺序发送字节（一次只发送一位）。

④ 延时时间为 45μs。

⑤ 将数据线拉到高电平。

⑥ 重复上（1）到（5）的操作直到所有的字节全部发送完为止。

⑦ 最后将数据线拉高。

（3）DS18B20 的读操作。

① 将数据线拉高“1”。

② 延时 2μs。

③ 将数据线拉低“0”。

④ 延时 15μs。

⑤ 将数据线拉高“1”。

⑥ 延时 15us。

⑦ 读数据线的状态得到 1 个状态位，并进行数据处理。

⑧ 延时 30μs。

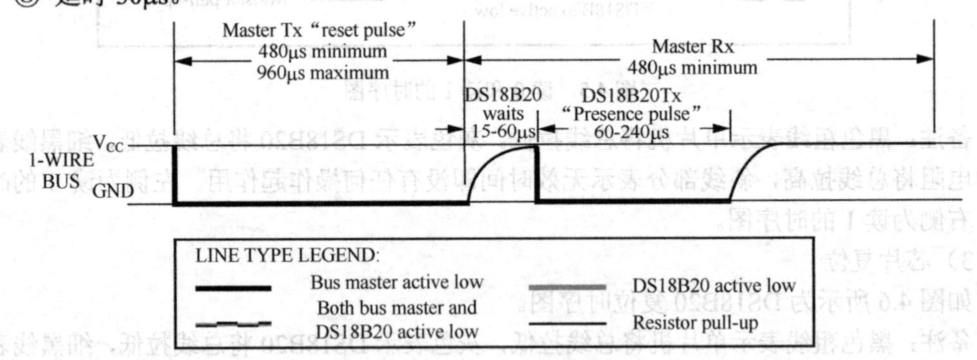

图 4.6　DS18B20 复位时序图

4.3　硬件电路设计

按照系统设计功能的要求，确定系统主要由 3 个模块组成：主控制器、测温电路、显示电路。数字温度计总体电路结构框图如图 4.7 所示。

图 4.7　数字温度计总体电路结构框图

以 AT89S51（或 AT89C51）为核心，温度信号由温度芯片 DS18B20 采集，并以数字信号的方式传送给单片机。单片机通过对信号进行相应处理，由数码管显示温度值，从而实现温度检测与显示的目的。具体电路如图 4.8 所示。

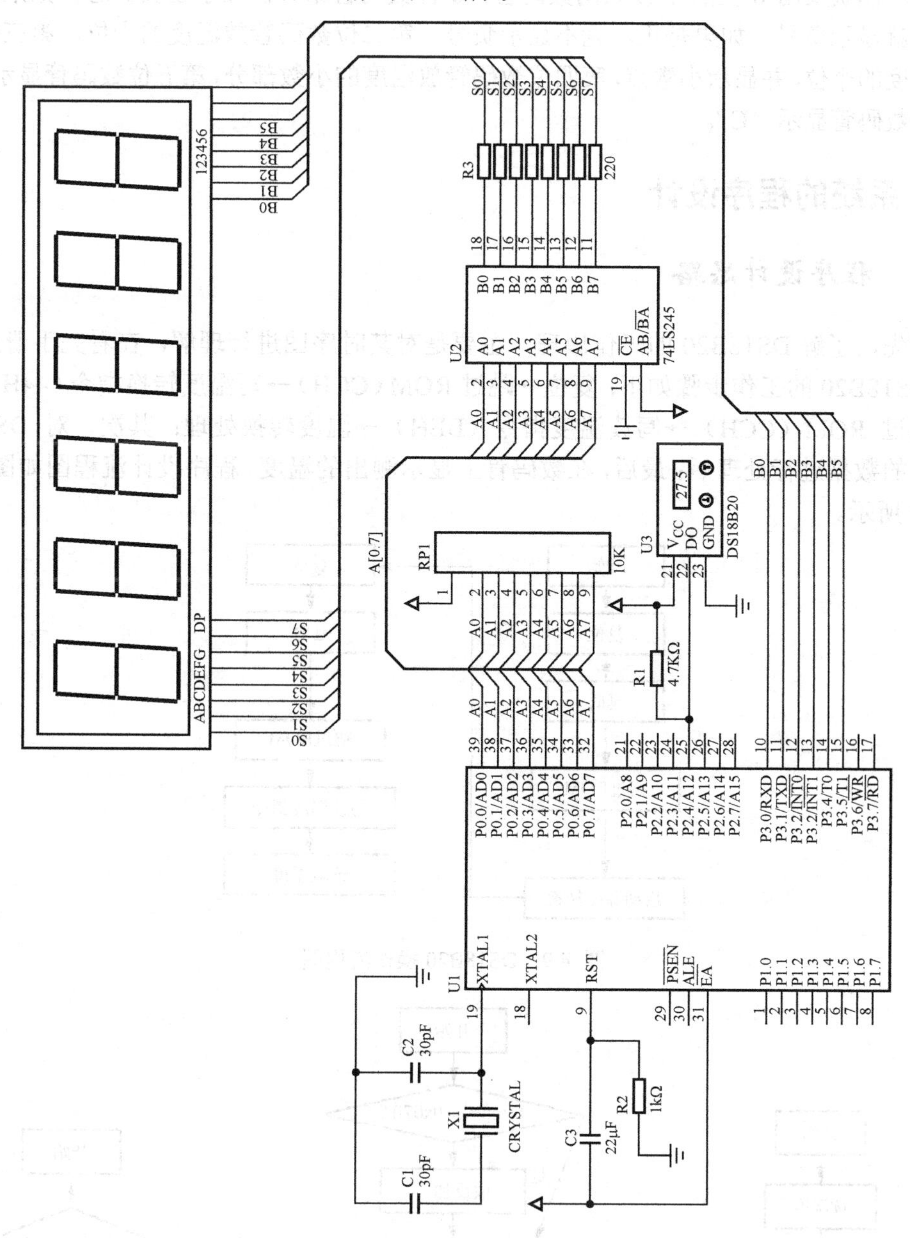

图 4.8　DS18B20 的测温系统电路

4.3.1　单片机最小系统模块

以 AT89C51 单片机为核心，外接 12MHz 晶振和 20pF 的电容。使其能够起振工作，然后复位电路，采用按键复位，因为按键复位在实际中很实用，实际工作中经常要复位，所以采用按键复位电路。

4.3.2 显示模块

显示模块采用 6 位的 7 段共阴数码管，6 位数码管第一位显示正负标志，如果为零下温度，就显示负号，如果是正，就不显示负号，第二位数码管放温度的十位，第三位数码管放温度的个位，并显示小数点，第四位数码管放温度的小数部分，第五位数码管显示“° ”，第六位数码管显示“C”。

4.4 系统的程序设计

4.4.1 程序设计思路

首先，了解 DS18B20 的工作原理，主要是对其时序图进行理解，在看完手册后，了解到 DS18B20 的工作步骤如下：复位→跳过 ROM（CCH）→写温度转换指令（44H）→ 复位→跳过 ROM（CCH）→写读温度指令（BEH）→温度转换处理；其次，对 DS18B20 转换后的数据进行处理后；最后，在数码管上显示测出的温度。程序设计流程图如图 4.9～图 4.12 所示。

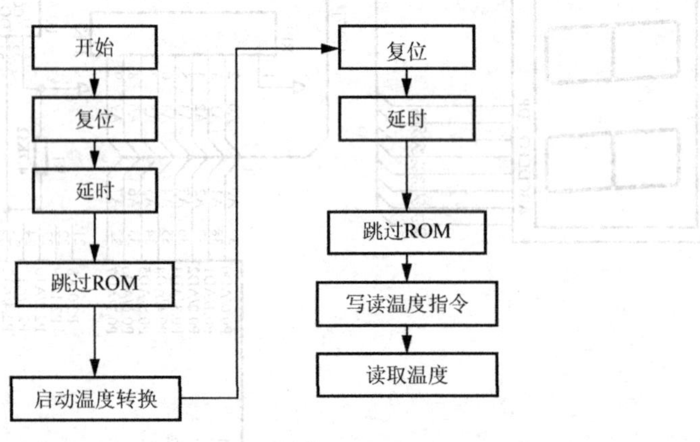

图 4.9 DS18B20 操作流程图

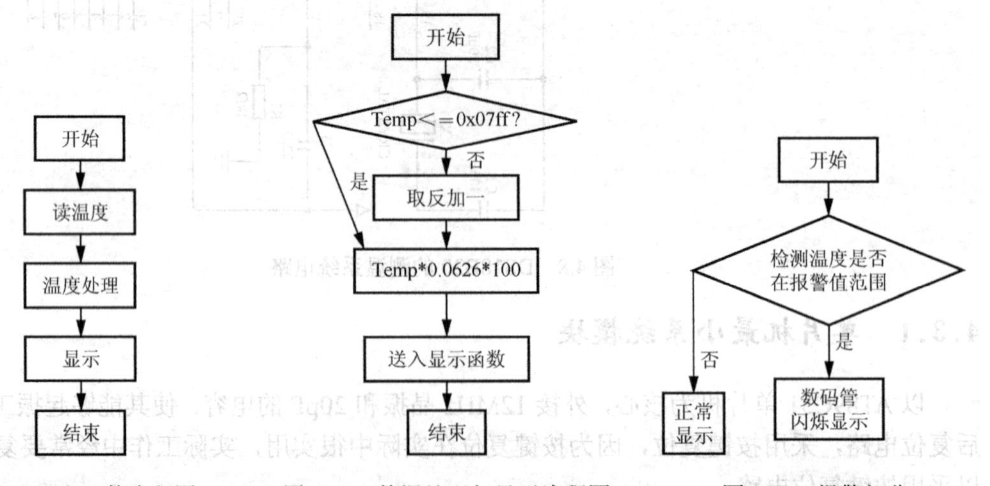

图 4.10 主函数流程图　　图 4.11 数据处理与显示流程图　　图 4.12 报警部分

4.4.2 系统参考程序

```
    #include <reg52.h>
    #define uchar unsigned char
    #define uint unsigned int
    sbit DS=P2^4;                    //数据输入脚定义
    uint temp;
    int tempnew;
    uchar a,b,test;                  //test 作为负数检验
    char num,temphigh=35,templow=1;
    uchar code s7_table[]={0x3f,0x06,0x5b,0x4f,0x66,0x6d,0x7d,0x07,0x7f,0x6
f,0x58,0x40};                        //0--9 和 c "小 c 为 0x58,大 C 为 0x39",负号"-";
    uchar        code        s7_table1[]={0xbf,0x86,0xdb,0xcf,0xe6,0xed,0xfd,
0x87,0xff,0xef};                     //0--9 带小数点段码
    uchar weishidisplay[]={0xfe,0xfd,0xfb,0xf7,0xef,0xdf,0xbf,0x7f};   // 数
码管位码
    uchar wendu[7];
    uchar wendu0[3];

    void shuzu();
    void display();
    void displaynew();
    void dsreset(void);
    void tmpchange(void);
    void tmpwritebyte(uchar dat);

    //==============================================
    void delay(uint count)
    {
      uint i;
      while(count)
      {
        i=200;
        while(i>0)
        i--;
        count--;
      }
    }
    //========================== 复位和初始化
    void dsreset(void)
    {
      uint i;
      DS=0;
      i=103;
      while(i>0)i--;
      DS=1;
      i=4;
      while(i>0)i--;
    }
```

```
//==============================================//读一个字节
bit tmpreadbit(void)
{
   uint i;
   bit dat;
   DS=0;i++;                  //i++ for delay
   DS=1;i++;i++;
   dat=DS;
   i=8;while(i>0)i--;
   return (dat);
}

uchar tmpread(void)           //read a byte date
{
  uchar i,j,dat;
  dat=0;
  for(i=1;i<=8;i++)
  {
    j=tmpreadbit();
    dat=(j<<7)|(dat>>1);     //读出的数据最低位在最前面，这样刚好一个字节在 DAT 里
  }
  return(dat);
}
//===================================//向 DS18B20 写数据 0 和 1
void tmpwritebyte(uchar dat)
{
  uint i;
  uchar j;
  bit testb;
  for(j=1;j<=8;j++)
  {
    testb=dat&0x01;
    dat=dat>>1;
    if(testb)     //写 1
    {
      DS=0;
      i++;i++;
      DS=1;
      i=8;while(i>0)i--;
    }
    else
    {
      DS=0;       //写 0
      i=8;while(i>0)i--;
      DS=1;
      i++;i++;
    }

  }
}
```

```
void tmpchange(void)                //DS18B20 温度变换
{
  dsreset();
  delay(1);
  tmpwritebyte(0xcc);               // 跳过 ROM 指令
  tmpwritebyte(0x44);               //  温度变换指令
}
 //===================================//获取温度
void tmp()
{
  float tt;
  uchar a,b;
  dsreset();
  delay(1);
  tmpwritebyte(0xcc);               //跳过 ROM 指令
  tmpwritebyte(0xbe);               //读暂存存储器指令
  a=tmpread();                      //  获取小数
  b=tmpread();                      //  获取整数
  temp=b;
  temp<<=8;
  temp=temp|a;                      //温度整数小数整合
  if(temp<=0x0fff)
    {    test=0;
     tt=temp*0.0625;
     tempnew=tt*100;
    }
  else {temp=~temp+1;tt=temp*0.0625;tempnew=tt*100;test=1;}   //test 作为
负数检验
}

//============================================== 数组调用
 void shuzu()
   {  uchar i,j;
     wendu0[0]=tempnew/100/100;
     wendu0[1]=tempnew/100%100;
     wendu0[2]=tempnew%100;
    // wendu0[3]=tempnew%100;          //若需要有四位小数，添加此句再更改:
                                         tempnew=tt*10000; //tempnew 定义
                                         为 long int
                                       //wendu0[0] wendu0[1] wendu0[2]每
                                         个算法加/100，数组定义 wendu0[4]，
                                         wendu[8]
                                       //还有显示处理函数中 num=tempnew/100;
                                         改为 num=tempnew/100/100;

     for(i=0,j=0;j<3;j++,i+=2)
     { wendu[i]=wendu0[j]/10;
       wendu[i+1]=wendu0[j]%10;
     } wendu[6]=10;                    //温度符号地址
}
```

```
//============================================= 数码管显示
  void display(uchar n)
   { uchar i,j;
     shuzu();
     for (j=0;j<=10;j++)     //对同一数据显示多次来避免温度更新过快导致看不清温度
     {
     for(i=n;i<=6;i++)
         { if(i==3||i==3)
             {P0=0x00;P3=0xff;
             P3=weishidisplay[i-1];
             P0=P0=s7_table1[wendu[i]];
             delay(1);
              }
         else
       {
         P0=0x00;P3=0xff;
        P3=weishidisplay[i-1];
         P0=P0=s7_table[wendu[i]];              //当 i=6 时，显示符号 'C'
         delay(1);
      if(test==1)                               //负数检验加负号
      {
       P0=0x00;P3=0xff;
       P3=weishidisplay[0];
       P0=P0=s7_table[11];
       delay(1);
       }
 }
 }
    }
    if(num>=29&&test==0) {P0=0x00;P3=0xff;delay(200); }    //高温报警并闪烁
   if(num>=1&&test==1) {P0=0x00;P3=0xff;delay(200);  }     //低温报警并闪烁
     }
    //=========================显示处理函数，对十位或百位为 0 的数据不显示的处理
      void displaynew()
      {
         num=tempnew/100;
          if(num>=0&&num<=9){display(3);}
          if(num>9&&num<=99){display(2);}
          if(num>99&&num<=125){display(1);}
      }
  //=============================================主函数
   void main()
   {
     while(1)
     { tmpchange();
         tmp();
           displaynew();
      }
      }
```

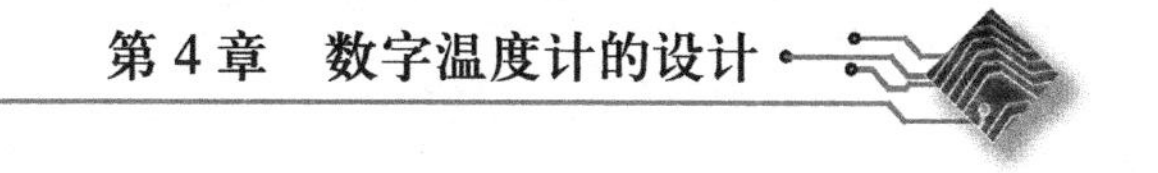

4.5　电路调试与功能扩展

1. 电路调试

系统的调试以程序调试为主。

硬件调试首先检查电路的焊接是否正确，然后可用万用表测试或通电检测。

由于 DS18B20 与单片机采用串行数据传送，因此，对 DS18B20 进行读/写编程时必须严格地保证读/写时序；否则将无法读取测量结果。本程序采用单片机 C 语言编写，用 Keil C51 编译器编程调试。

软件调试到能显示温度值，而且在有温度变化时（例如用手去接触）显示温度能改变，就基本完成。

性能测试可用制作的温度计和已有的成品温度计同时进行测量比较。由于 DS18B20 的精度很高，所以误差指标可以限制在±0.5℃以内。

2. 功能扩展

本设计给出了一个温度计的硬件电路及软件设计方法。读者可以对该设计进行功能扩展。例如：通过增加发光二极管和扬声器提高报警的效果；输出显示电路可以选用液晶模块；加入通信接口，实现单片机管理多个温度采集点等。

第 5 章　液晶多功能电子台历的设计

5.1　功能要求

该项目以单片机 STC89C54 为核心，结合单线数字温度传感器 DS18B20、时钟芯片 DS1302 和液晶显示器 12864 设计而成的液晶万能电子台历设计。系统中时钟模块主要由 DS1302 时钟芯片组成，为整个系统提供非常精确的时间数据；温度传感器模块主要由 DS18B20 芯片组成，该模块的主要作用就是获得周围环境的温度值；液晶显示模块主要由 12864 液晶显示器组成，用于显示日期、时间、温度等参数，也可以通过按键来调整各个参数。

设计的主要功能：

（1）显示年月日（含闰年）、时/分/秒、农历、生肖和节日等；

（2）具有闹钟，提醒节日功能；

（3）有温度显示功能；

（4）电子钟具备校时、定时功能。

5.2　主要器件介绍

1. 时钟芯片 DS1302 简介

DS1302 是 DALLAS 公司推出的涓流充电时钟芯片，内含一个实时时钟/日历和 31 字节静态 RAM，通过简单的串行接口与单片机为通信实时时钟/日历电路提供秒、分、时、日、月、年的信息。每月的天数和闰年的天数可自动调整。时钟操作可通过 AM / PM 指示决定采用 24h 或 12h 格式。DS1302 与单片机之间能简单地采用同步串行的方式进行通信，仅需要三个口线：复位 REST，I /O 数据线，SCLK 串行时钟进行数据的控制和传递。时钟/RAM 的读/写数据以一个字节或多达 31 个字节的字符组方式通信。通过备用电源可以让芯片在小于 1mW 的功率下运行。其主要性能指标如下：

（1）实时时钟具有能计算 2100 年之前的秒、分、时、日、星期、月、年的能力，还有闰年调整的能力。

（2）31×8 位的暂存数据寄存器 RAM。

（3）最少 I/O 引脚传输，通过三引脚控制。

（4）工作电压：2.0V～5.5V，工作电流小于 320nA。

（5）读/写时钟寄存器或内部 RAM（31×8 位的额外数据暂存寄存）可采用单字节传送和多字节传送（字符组方式）；

（6）8-pin Dip 封装或 8-pin SOICs，如图 5.1 所示；

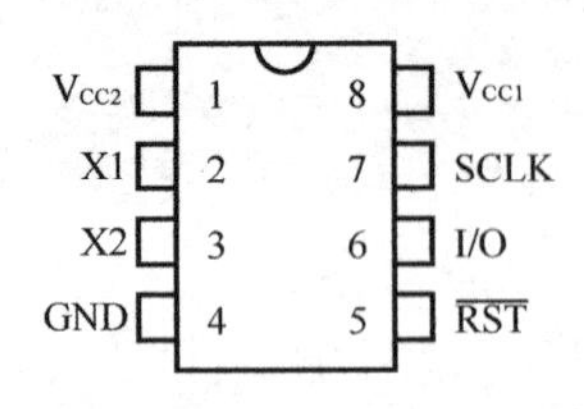

图 5.1　DS1302 的封装及引脚功能

（7）与 TTL 兼容（V_{CC}=5V）；

（8）可选的工业级别，工作温度-40～50℃。

时钟芯片 DS1302 的工作原理

DS1302 在每次进行读、写程序前都必须初始化，先将 SCLK 端置“0”，接着将 $\overline{RST}$ 端置“1”，最后给 SCLK 脉冲。“CH”是时钟暂停标志位，当该位为 1 时，时钟振荡器停止，DS1302 处于低功耗状态；当该位为 0 时，时钟开始运行。“WP”是写保护位，在任何对时钟和 RAM 的写操作之前，WP 必须为 0。当“WP”为 1 时，写保护位防止对任一寄存器的写操作。

在进行任何数据传输时，$\overline{RST}$ 必须被置高电平（虽然将其置为高电平，内部时钟还是在晶振作用下走时的，此时，允许外部读/写数据），在每个 SCLK 上升沿时数据被输入，下降沿时数据被输出，一次只能读写一位，是读还是写需要通过串行输入控制指令来实现，通过 8 个脉冲从而实现串行输入与输出。最初通过 8 个时钟周期载入控制字节到移位寄存器。如果控制指令选择的是单字节传送，连续的 8 个时钟脉冲可以进行 8 位数据的写和 8 位数据的读操作，在 SCLK 时钟的上升沿，数据被写入 DS1302；在 SCLK 脉冲的下降沿，读出 DS1302 的数据。8 个脉冲便可读写一个字节。在多字节传送时，也可以一次性读写 8～328 位 RAM 数据。

（1）DS1302 的控制指令。

DS1302 的控制字节见表 5.1。控制字节的高有效位（位 7）必须是逻辑“1”，若它为“0”，则不能把数据写入 DS1302。位 6 若为“0”，则表示对时钟/日历寄存器控制读写操作，若为“1”，则表示 RAM 数据的控制读写操作；位 5 至位 1 指示操作单元的地址；最低有效位（位 0）若为“0”，则表示要进行写操作，若为“1”，则表示进行读操作，控制字节总是从最低位开始输出。

表 5.1　DS1302 的控制字节

1	RAM/CK	A4	A3	A2	A1	A0	RD/WR

（2）数据输入/输出（I/O）。

在控制指令字输入后的下一个 SCLK 时钟的上升沿，数据被写入 DS1302，数据输入从低位即位 0 开始。同样，在紧跟 8 位控制指令字后的下一个 SCLK 脉冲的下降沿读出 DS1302 的数据，读出数据时从低位 0 到高位 7。

（3）DS1302 的数据读写。

无论是从 DS1302 中读一个数据还是写一个字节数据到 DS1302 中，都要先写一个命令字到 DS1302 中。即通过 SCLK 引脚向 DS1302 输入 8 个脉冲，将 I/O 引脚上的命令字写入 DS1302.为了启动数据传输，5 号引脚应为高电平。在将由 0 置 1 的过程中，SCLK 引脚必须为逻辑 0，然后才能进行读写操作。I/O 引脚上的数据在 SCLK 的上升沿串行输入，在 SCLK 的下降沿串行输出。

（4）DS1302 的寄存器。

DS1302 有 12 个寄存器，其中有 7 个寄存器与日历、时钟有关，存放的数据位为 BCD 码形式，其日历、时间寄存器及其控制字见表 5.2。

表 5.2 DS1302 的日历、时间寄存器

写寄存器	读寄存器	Bit7	Bit6	Bit5	Bit4	Bit3	Bit2	Bit1	Bit0
80H	81H	CH	10 秒			秒			
82H	83H		10 分			分			
84H	85H	12/24	0	10 / AM/PM	时	时			
86H	87H	0	0	10 日		日			
88H	89H	0	0	0	10 月	月			
8AH	8BH	0	0	0	0	0	星期		
8CH	8DH	10 年				年			
8EH	8FH	WP	0	0	0	0	0	0	0

2. LCD12864 显示器简介

带中文字库的 LCD12864 是一种具有 4 位/8 位并行、2 线或 3 线串行多种接口方式，内部含有国标一级、二级简体中文字库的点阵图形液晶显示模块；其显示分辨率为 128×64，内置 8192 个 16×16 点汉字和 128 个 16×8 点 ASCII 字符集。利用该模块灵活的接口方式和简单、方便的操作指令，可构成全中文人机交互图形界面。可以显示 8×4 行 16×16 点阵的汉字，也可完成图形显示。具有低电压、低功耗、硬件电路结构及显示程序简洁等特点。

其基本特性如下。

① 低电源电压（V_{DD}：+3.0 ～+5.5V）。

② 显示分辨力：128×64 点。

③ 内置汉字字库，提供 8192 个 16×16 点阵汉字（简繁体可选）。

④ 内置 128 个 16×8 点阵字符。

⑤ 2MHz 时钟频率。

⑥ 显示方式：STN、半透、正显。

⑦ 驱动方式：1/32DUTY，1/5BIAS。

⑧ 视角方向：6 点。

⑨ 背光方式：侧部高亮白色 LED，功耗仅为普通 LED 的 1/5～1/10。

⑩ 通信方式：串行、并口可选。

⑪ 内置 DC-DC 转换电路，无需外加负压。

⑫ 无需片选信号，简化软件设计。

⑬ 工作温度: 0～+55℃，存储温度：-20～+60℃。

LCD12864 的工作原理

（1）模块管脚是连接外部电路的纽带，在此模块中管脚主要由控制管脚和数据管脚等构成，其组成情况及相关功能介绍见表 5.3。

表 5.3 组成情况及相关功能介绍

管 脚 号	管脚名称	电 平	管脚功能描述
1	V_{SS}	0V	电源地极
2	V_{CC}	3.0+5V	电源正极

续表

管 脚 号	管脚名称	电　平	管脚功能描述
3	V_0	-	对比度（亮度）调整
4	RS(CS)	H/L	RS=“H”，表示 DB7～DB0 为显示数据 RS=“L”，表示 DB7～DB0 为显示指令数据
5	R/W(SID)	H/L	R/W=“H”，E=“H”，数据被读到 DB7～DB0 R/W=“L”，E=“H→L”，DB7～DB0 的数据被写到 IR 或 DR
6	E(SCLK)	H/L	使能信号
7～14	DB0～DB7	H/L	三态数据线
15	PSB	H/L	H：8 位或 4 位并口方式，L：串口方式
16	NC	–	空脚
17	/RESET	H/L	复位端，低电平有效
18	V_{OUT}	–	LCD 驱动电压输出端
19	A	V_{DD}	背光源正端
20	K	V_{SS}	背光源负端

（2）控制器控制着模块内部指令的发出与否，存储器则对指令和数据进行存储与更换，下面分别介绍控制器各接口及存储器的功能。

① RS、R/W 的配合选择决定控制界面的 4 种模式，见表 5.4。

表 5.4　RS、R/W 配合功能说明

RS	R/W	功能说明
L	L	MPU 写指令到指令暂存器（IR）
L	H	读出忙标志（BF）及地址计数器（AC）的状态
H	L	MPU 写入数据到数据暂存器（DR）
H	H	MPU 从数据暂存器（DR）中读出数据

② E 使能功能说明，见表 5.5。

表 5.5　E 使能功能说明

E 状态	执行动作	结果
高→低	I/O 缓冲→DR	配合/W 进行写数据或指令
高	DR→I/O 缓冲	配合 R 进行读数据或指令
低/低→高	无动作	

忙标志 BF：BF 标志提供内部工作情况。BF=1 表示模块在进行内部操作，此时模块不接受外部指令和数据。BF=0 时，模块为准备状态，随时可接受外部指令和数据。利用 STATUS RD 指令，可以将 BF 读到 DB7 总线，从而检验模块之工作状态。

字型产生 ROM（CGROM）：字型产生 ROM（CGROM）提供 8192（2^{13}）个汉字触发器是用于模块屏幕显示开和关的控制。DFF=1 为开显示（DISPLAY ON），DDRAM 的内容就显示在屏幕上，DFF=0 为关显示（DISPLAY OFF）。DFF 的状态是由指令 DISPLAY ON/OFF 和 RST 信号控制的。

显示数据 RAM（DDRAM）：模块内部显示数据 RAM 提供 64×2 个位元组的空间，最多可控制 4 行 16 字（64 个字）的中文字型显示，当写入显示数据 RAM 时，可分别显示 CGROM 与 CGRAM 的字型；此模块可显示三种字型，分别是半角英数字型（16×8）、

CGRAM 字型及 CGROM 的中文字型。三种字型的选择，由在 DDRAM 中写入的编码选择，在 0000H～0006H 的编码中（其代码分别是 0000、0002、0004、0006 共 4 个）将选择 CGRAM 的自定义字型，02H～7FH 的编码中将选择半角英数字的字型，至于 A1 以上的编码将自动地结合下一个位元组，组成两个位元组的编码形成中文字型的编码 BIG5（A140～D75F），GB（A1A0～F7FFH）。

字型产生 RAM（CGRAM）：字型产生 RAM 提供图像定义（造字）功能，可以提供四组 16×16 点的自定义图像空间，读者可以将内部字型没有提供的图像字型自行定义到 CGRAM 中，便可和 CGROM 中的定义一样地通过 DDRAM 显示在屏幕中。

地址计数器 AC：地址计数器是用来储存 DDRAM/CGRAM 之一的地址，它可由设定指令暂存器来改变，之后只要读取或是写入 DDRAM/CGRAM 的值时，地址计数器的值就会自动加 1，当 RS 为“0”而 R/W 为“1”时，地址计数器的值会被读取到 DB6～DB0 中。

光标/闪烁控制电路：此模块提供硬件光标及闪烁控制电路，由地址计数器的值来指定 DDRAM 中的光标或闪烁位置。

（3）模块控制芯片提供两套控制指令：基本指令和扩充指令，这些由各控制端口和寄存器组合而成的指令可对液晶显示器自身模式、状态、功能等进行设置，也可控制与其他芯片进行数据和指令的通信。其基本指令集见表 5.6。

表 5.6　基本指令集（RE=0）

指令	指令码										功能
	RS	R/W	D7	D6	D5	D4	D3	D2	D1	D0	
清除显示	0	0	0	0	0	0	0	0	0	1	将 DDRAM 填满“20H”，并且设定 DDRAM 的地址计数器（AC）到“00H”
地址归位	0	0	0	0	0	0	0	0	1	X	设定 DDRAM 的地址计数器（AC）到“00H”，并且将游标移到开头原点位置；这个指令不改变 DDRAM 的内容
显示状态开/关	0	0	0	0	0	0	1	D	C	B	D=1：整体显示 ON；C=1：游标 ON；B=1：游标位置反白允许
进入点设定	0	0	0	0	0	0	0	1	I/D	S	指定在数据的读取与写入时，设定游标的移动方向及指定显示的移位
游标或显示移位控制	0	0	0	0	0	1	S/C	R/L	X	X	设定游标的移动与显示的移位控制位；这个指令不改变 DDRAM 的内容
功能设定	0	0	0	0	1	DL	X	RE	X	X	DL=0/1：4/8 位数据；RE=1：扩充指令操作；RE=0：基本指令操作
设定 CGRAM 地址	0	0	0	1	AC5	AC4	AC3	AC2	AC1	AC0	设定 CGRAM 地址
设定 DDRAM 地址	0	0	1	0	AC5	AC4	AC3	AC2	AC1	AC0	设定 DDRAM 地址（显示位址） 第一行：80H～87H 第二行：90H～97H

续表

指令	指令码										功　能
	RS	R/W	D7	D6	D5	D4	D3	D2	D1	D0	
读取忙标志和地址	0	1	BF	AC6	AC5	AC4	AC3	AC2	AC1	AC0	读取忙标志（BF）可以确认内部动作是否完成，同时可以读出地址计数器（AC）的值
写数据到RAM	1	0	数据								将数据 D7～D0 写入到内部的 RAM（DDRAM/CGRAM/IRAM/GRAM）
读出RAM的值	1	1	数据								从内部 RAM 读取数据 D7～D0（DDRAM/CGRAM/IRAM/GRAM）

当 IC1 在接受指令前，微处理器必须先确认其内部处于非忙碌状态，即读取 BF 标志时，BF 需为零，方可接受新的指令；如果在送出一个指令前并不检查 BF 标志，那么在前一个指令和这个指令中间必须延长一段较长的时间，即是等待前一个指令确实执行完成。

（4）12864 液晶显示器不仅可以显示字符，而且还可以显示图形，因此可以满足不同使用者更多的要求，如显示一幅图画或者一个曲线图等。使用者在使用时可根据自身需求进行不同的显示。

① 字符显示：带中文字库的 128X64-0402B 每屏可显示 4 行 8 列共 32 个 16×16 点阵的汉字，每个显示 RAM 可显示 1 个中文字符或 2 个 16×8 点阵全高 ASCII 码字符，即每屏最多可实现 32 个中文字符或 64 个 ASCII 码字符的显示。带中文字库的 128X64-0402B 内部提供 128×2 字节的字符显示 RAM 缓冲区（DDRAM）。字符显示是通过将字符显示编码写入该字符显示 RAM 实现的。根据写入内容的不同，可分别在液晶屏上显示 CGROM（中文字库）、HCGROM（ASCII 码字库）及 CGRAM（自定义字形）的内容。三种不同字符/字型的选择编码范围为 0000～0006H（其代码分别是 0000、0002、0004、0006 共 4 个）显示自定义字型，02H～7FH 显示半宽 ASCII 码字符，A1A0H～F7FFH 显示 8192 种 GB2312 中文字库字形。字符显示 RAM 在液晶模块中的地址 80H～9FH。字符显示的 RAM 的地址与 32 个字符显示区域有着一一对应的关系。

② 图形显示：先设置垂直地址再设置水平地址（连续写入两个字节的资料来完成垂直与水平的坐标地址）。垂直地址范围 AC5…AC0，水平地址范围 AC3…AC0。绘图 RAM 的地址计数器（AC）只会对水平地址（X 轴）自动加 1，当水平地址=0FH 时会重新设为 00H，但并不会对垂直地址做进位自动加 1，故当连续写入多笔资料时，程序需自行判断垂直地址是否需要重新设定。扩展指令集见表 5.7。

表 5.7　扩展指令集（RE=1）

指令	指令码										功　能
	RS	R/W	D7	D6	D5	D4	D3	D2	D1	D0	
待命模式	0	0	0	0	0	0	0	0	0	1	进入待命模式，执行其他指令都将终止待命模式
卷动地址开关开启	0	0	0	0	0	0	0	0	1	SR	SR=1：允许输入垂直卷动地址 SR=0：允许输入 IRAM 和 CGRAM 地址

续表

指令	指令码										功能
	RS	R/W	D7	D6	D5	D4	D3	D2	D1	D0	
反白选择	0	0	0	0	0	0	0	1	R1	R0	选择2行中的任一行作反白显示，并可决定反白与否。初始值R1R0=00，第一次设定为反白显示，再次设定变回正常
睡眠模式	0	0	0	0	0	0	1	SL	X	X	SL=0：进入睡眠模式 SL=1：脱离睡眠模式
扩充功能设定	0	0	0	0	1	CL	X	RE	G	0	CL=0/1：4/8位数据 RE=1：扩充指令操作 RE=0：基本指令操作 G=1/0：绘图开关
设定绘图RAM地址	0	0	1	0 AC6	0 AC5	0 AC4	AC3 AC3	AC2 AC2	AC1 AC1	AC0 AC0	设定绘图RAM 先设定垂直（列）地址AC6AC5…AC0 再设定水平（行）地址AC3AC2AC1AC0 将以上16位地址连续写入即可

5.3 系统硬件电路设计

按照设计功能的要求，系统设计由STC89C54单片机主控模块、DS1302时钟模块、LCD12864显示模块、DS18B20温度采集模块、蜂鸣器声响模块和键盘接口模块组成，如图5.2所示。

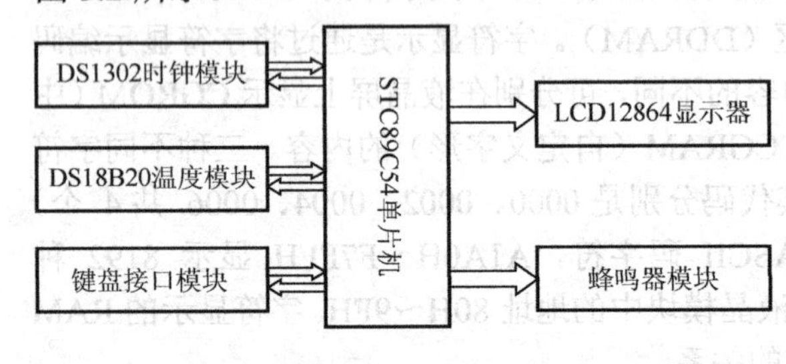

图5.2　系统设计框图

主控芯片采用STC89C54单片机。时钟芯片使用美国DALLAS公司推出的一种高性能、低功耗、带RAM的实时时钟芯片DS1302，采用DS1302作为计时芯片，可以做到计时准确。而且DS1302可以在很小电流的后备电源（2.5～5.5V电源，在2.5V时耗电小于300nA）下继续计时，DS1302还可以编程选择多种充电电流来对后备电源进行慢速充电，保证后备电源基本不耗电。温度测试采用数字式温度传感器DS18B20芯片，它具有测量精度高，电路连接简单的特点，且此类传感器仅需一条数据线进行数据传输。显示器选用带中文字库的液晶显示器LCD12864。

系统的硬件电路如图5.3所示。

图5.3中，STC89C54单片机为控制核心，可通过程序控制测温模块进行测温；测温模块主要是由DS18B20构成，它可以独立工作，在芯片内部将模拟信号转换成数字信号，并将数字信号储存在其内部的寄存器中，单片机通过单总线与它通信，可以处理9～12位的温度数字数据并送至显示。时钟数据由DS1302单独产生，并寄存在其内部的寄存器中，单片机可以通过三总线与它通信，不仅可以对它进行读取实时时钟数据，还可以对它进行编程，设置它的工作模式。单片机只是处理从DS1302读出来的数据并送至显示。且DS1302可以通过后备电池继续工作，内部的时钟还在走动，下次启动后不用去调整时钟。单片机调用程序，读取DS1302内寄存器，可以得到电子台历的时间数据，经过程序处理就可以输出到LCD

上；键盘接口模块可对实时日历进行调整；蜂鸣器可以在闹钟定时中，作为声音提醒。

5.3.1　温度采集模块

温度传感器 DS18B20 简介（具体参考第 4 章）。温度传感器 DS18B20 仅需一条数据线进行数据传输，电路中使用 P2.0 与 DS18B20 的 I/O 口（2 口）连接，加一个上拉电阻，V_{CC}（3 口）接电源，V_{SS}（1 口）接地。因为 DS18B20 是单总线温度传感器，必须得有外接的上拉电阻才能正常的工作，如图 5.4 所示：

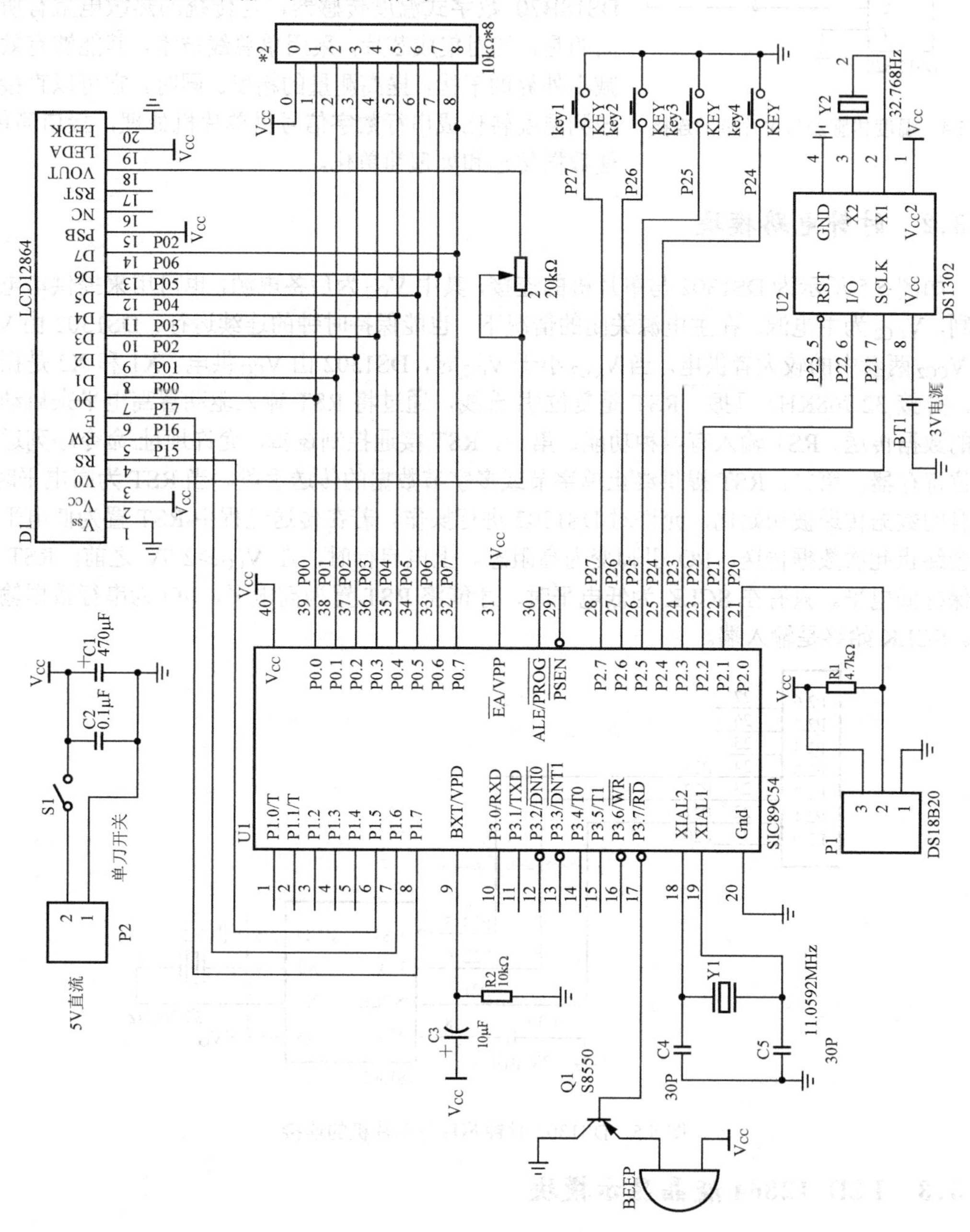

图 5.3　系统硬件电路

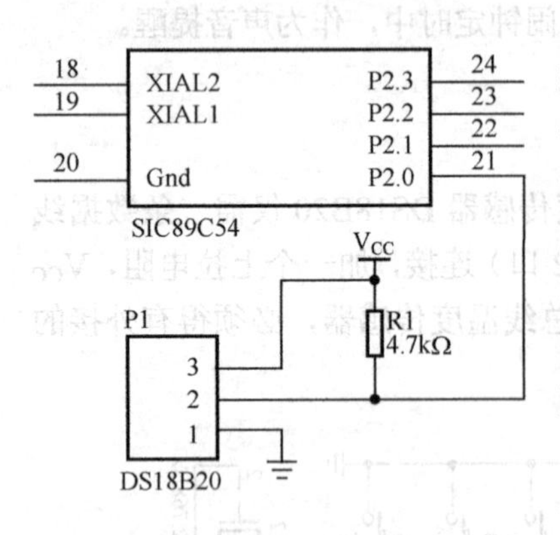

图 5.4　温度传感器与单片机的连接

单总线采用单根信号线，既可传输数据，并且数据传输是双向的，CPU 只需一根端口线就能与诸多单总线器件通信，占用微处理器的端口较少，可节省大量的引线和逻辑电路。主机或从机通过一个漏极开路或三态端口连至数据线，以允许设备在不发送数据时能够释放总线，而让其他设备使用总线。单总线通常要求外接一个约为 4.7kΩ 的上拉电阻，这样，当总线闲置时其状态为高电平。DS18B20 数字式温度传感器，与传统的热敏电阻有所不同的是，使用集成芯片，采用单总线技术，其能够有效地减小外界的干扰，提高测量的精度。同时，它可以直接将被测温度转化成串行数字信号供单片机处理，接口简单，使数据传输和处理简单化。

5.3.2　时钟电路模块

如图 5.5 所示为 DS1302 与单片机的连接，其中 V_{CC} 为后备电源，也可用来提供单电源控制，V_{CC2} 为主电源。在主电源关闭的情况下，也能保持时钟的连续运行。DS1302 由 V_{CC} 或 V_{CC2} 两者中的较大者供电。当 V_{CC2} 小于 V_{CC} 时，DS1302 由 V_{CC} 供电。X1 和 X2 是振荡源，外接 32.768KHz 晶振。RST 是复位/片选线，通过将 RST 输入驱动置高电平来启动所有的数据传送。RST 输入有两种功能：第一，RST 接通控制逻辑，允许地址/命令序列送入移位寄存器；第二，RST 提供终止单字节或多字节数据的传送手段。当 RST 为高电平时，所有的数据传送被初始化，允许对 DS1302 进行操作。若在传送过程中 RST 置为低电平，则会终止此次数据传送，I/O 引脚变为高阻态。上电启行时，在 $V_{CC}\geqslant 2.5V$ 之前，RST 必须保持低电平。只有在 SCLK 为低电平时，才能将 RST 置为高电平，I/O 为串行数据输入端。SCLK 始终是输入端。

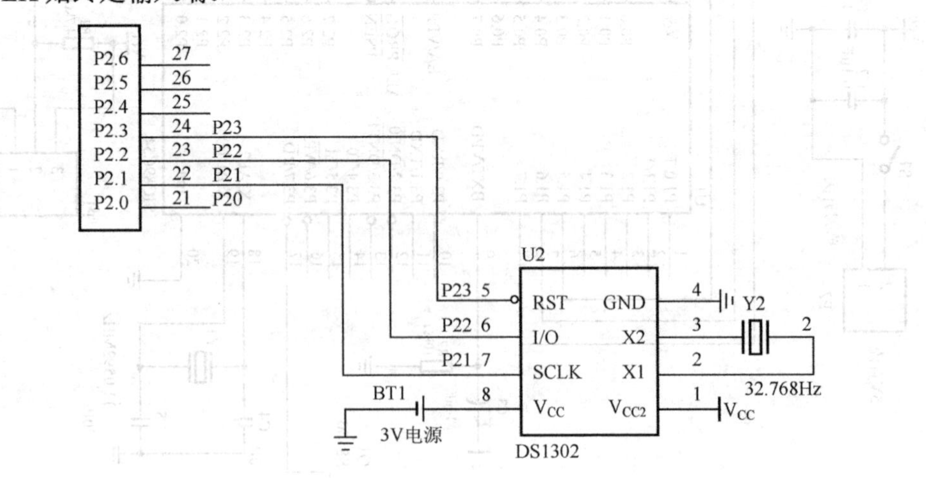

图 5.5　DS1302 时钟芯片与单片机的连接

5.3.3　LCD 12864 液晶显示模块

LCD12864 液晶显示屏是根据其读写的时序模拟总线的方式与单片机进行数据的通信。

首先将数据从 I/O 口读入或送出，再选择 R/W 和 RS 的电平进行不同的操作，在使能端 E 下降沿时触发数据的读入或送出。单片机的引脚 P1.5 接 LCD12864 的 RS，P1.6 接 RW，P1.7 接 E。RS 为寄存器选择，高电平时选择数据寄存器、低电平时选择指令寄存器。RW 为读写信号线，高电平时进行读操作，低电平时进行写操作。当 RS 和 RW 为高电平时可以读忙信号，当 RS 为高电平、RW 为低电平时可以写入数据。并且 P0 口要接排阻，如图 5.6 所示。

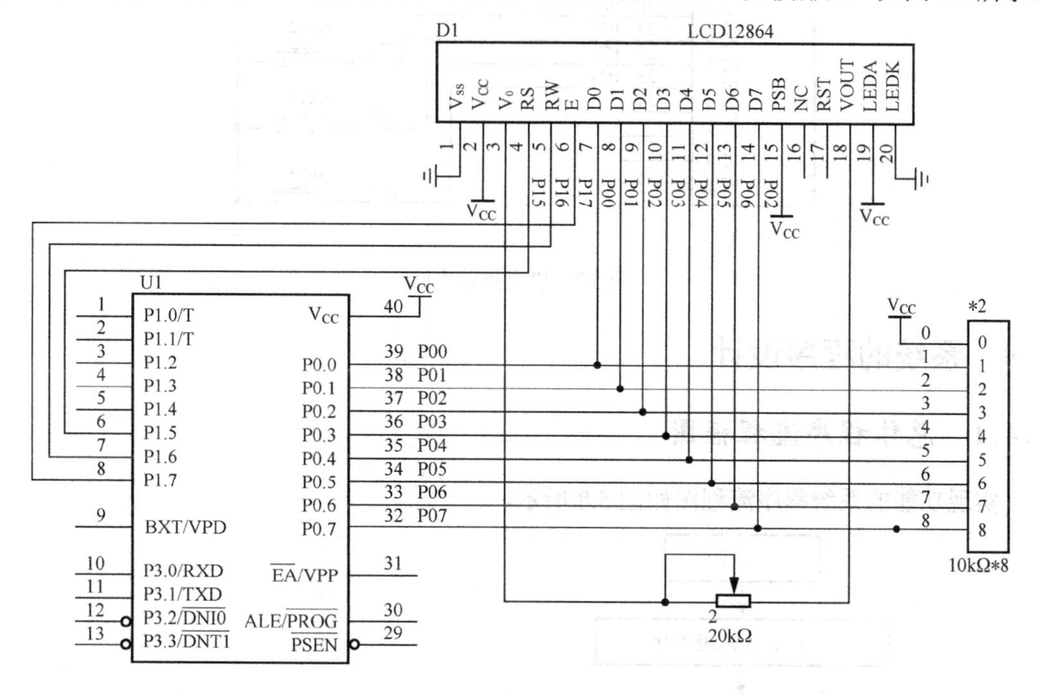

图 5.6　LCD12864 液晶显示屏与单片机的连接

单片机 P0 口作为 I/O 口输出的时候，输出低电平为 0，输出高电平为高阻态（并非 5V，相当于悬空状态）。也就是说 P0 口不能真正地输出高电平给所接的负载提供电流，因此必须接上拉电阻，由电源通过这个上拉电阻给负载提供电流。对于驱动 TTL 集成电路，上拉电阻的阻值要选择 1～10 kΩ 之间的，故选择的是 10 kΩ 上拉电阻。

5.3.4　键盘接口模块

电子台历设置 4 个按键，且每个按键都有复用功能，通过持续控制来完成电子台历的启、停及时间调整。其功能如下：Key1 键用于确认操作；Key2 键用于在进入模式调整的时候增 1 的功能，还有是进入调整闹钟模式并且时加 1 的功能；Key3 键用于进入模式调整状态，或者在进入闹钟调整模式中起开/关作用；Key4 键用于在进入模式调整时减 1 的功能，此外，还有进入调整闹钟模式时减 1 的功能。

以单片机 P2.4～P2.7 口线作为键盘接口。当按钮被按下时，该按钮对应的 I/O 口被拉为低电平。松开时，按钮对应的 I/O 口由内部的上拉电阻将该 I/O 口拉为高电平。每一个键就是一个机械开关，键按下时，开关闭合；键松开时，开关断开。

为了保证对按键仅做一次处理，应消除抖动，通常措施有硬、软两种。本次设计采用的是软件除去抖动影响，即在检测到有键按下，执行一个延时程序后再确认该键电平是否

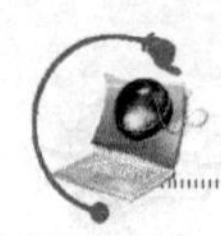

仍保持着闭合的状态电平，若保持闭合状态电平，则确认为真正有键按下，从而消除抖动影响。如图 5.7 所示。

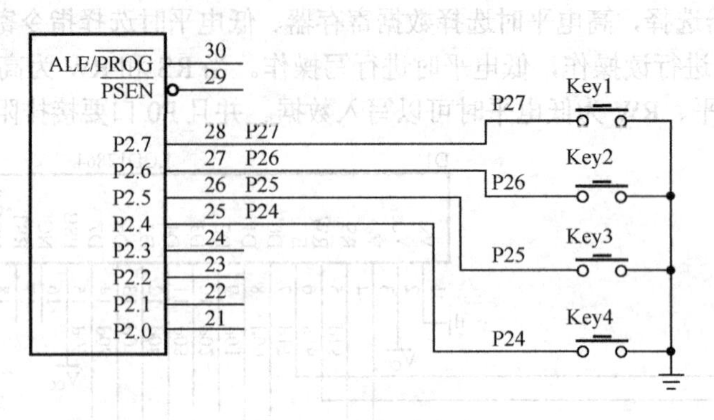

图 5.7　键盘接口电路

5.4　系统的程序设计

5.4.1　总体程序流程框图

实现功能的系统程序流程图如图 5.8 所示。

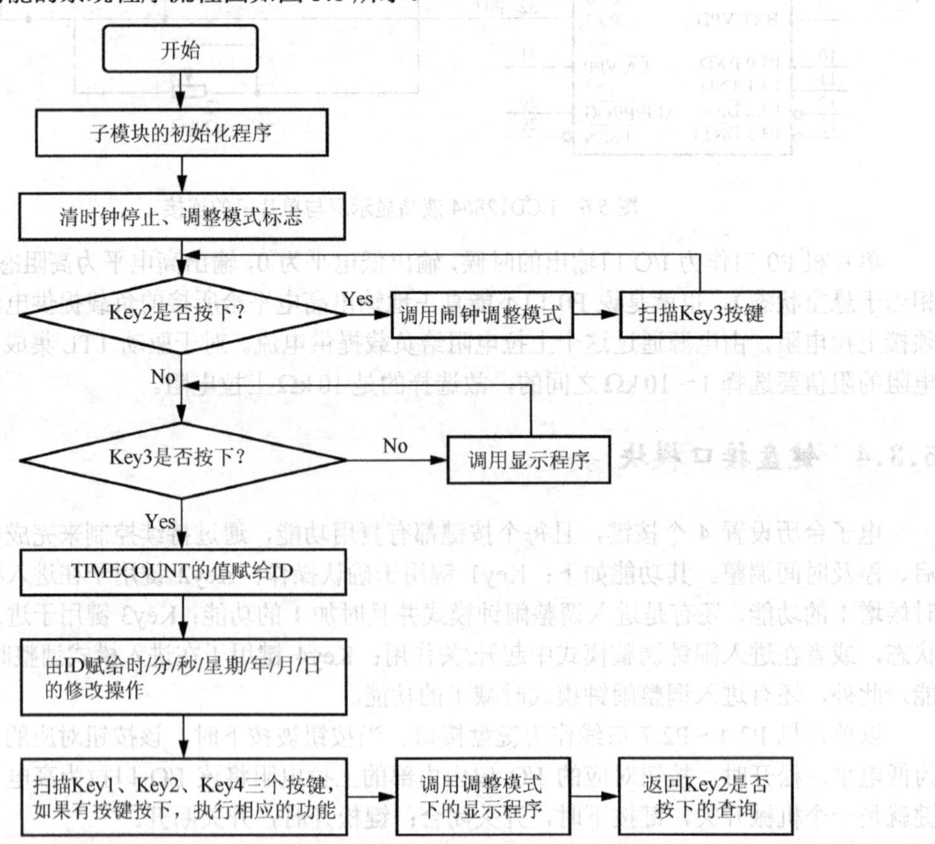

图 5.8　总体程序流程框图

本次设计的液晶万能电子台历的最大特点是所有功能模块均由软件控制以完成各自的功能，总体上可分为四大模块，分别是 DS1302 时钟模块，DS18B20 温度模块，LCD12864 液晶显示模块和功能按钮模块。

单片机先对各模块进行初始化，清时钟停止、调整模式标志，通过判断 Key2 键是否按下，进行闹钟调整模式。若不是，则判断 Key3 键是否按下进入调整状态。如果进入，就赋给年/月/日/星期/时/分/秒的修改操作，然后调用调模式下的显示程序，返回判断 Key2 是否按下的查询；反之，直接调用显示程序。

5.4.2　时钟调整时间的流程图

设计中对于时钟的调整程序首先扫描按键，判断 Key3 是否按下，一旦按下，通过计算按键的次数（ID）来判断进入的是年/月/日/星期/时/分/秒的哪个修改操作，例如当按键次数为 1 时，即进入了年的调整，通过扫描 Key2 和 Key4 两个按键的按键次数来判断其数值改变的大小（其中 Key2 控制每按一次加 1，Key4 每按一次减 1，流程图如图 5.9 所示。

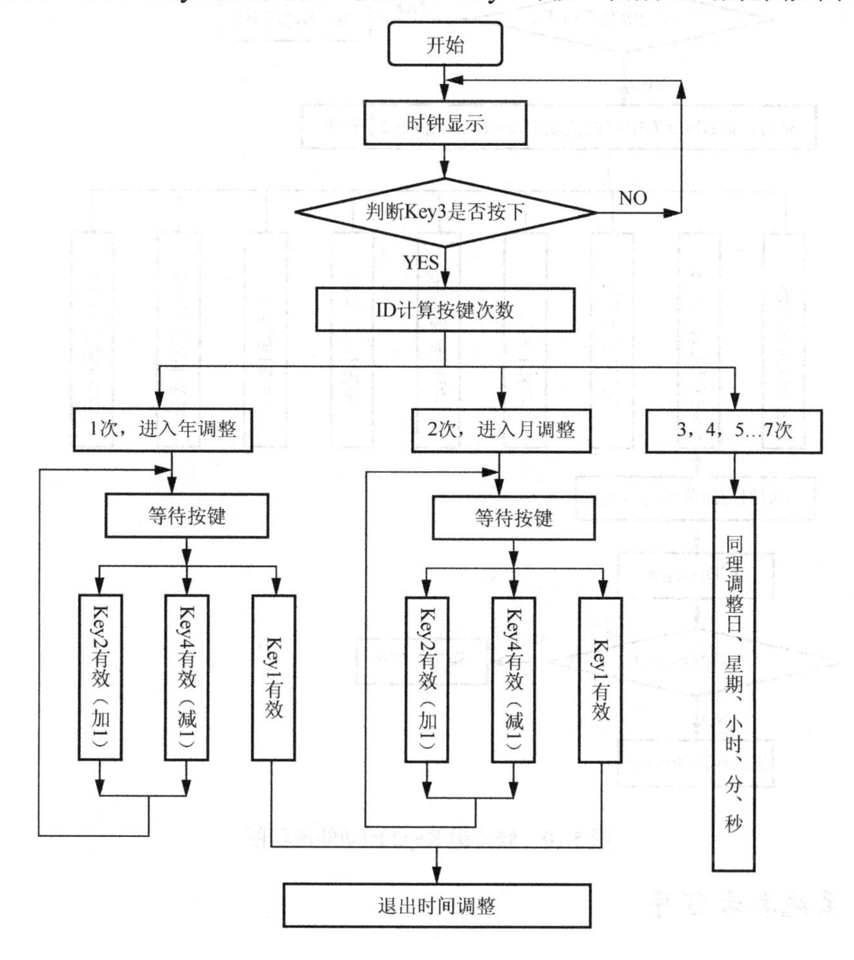

图 5.9　时钟调整时间流程图

5.4.3　修改键“Key2”的程序流程图

修改键“Key2”的程序流程图如图 5.10 所示。修改键“Key2”具有复用功能：当“Key3”未曾按下而“Key2”键按下时就进入了闹钟调时功能；当“Key3”键按下且“Key2”键也按下时就进入调整模式，通过将 TIMECOUNT 的值赋给 Key2，然后调用 Key2 子程序进行调时功能。

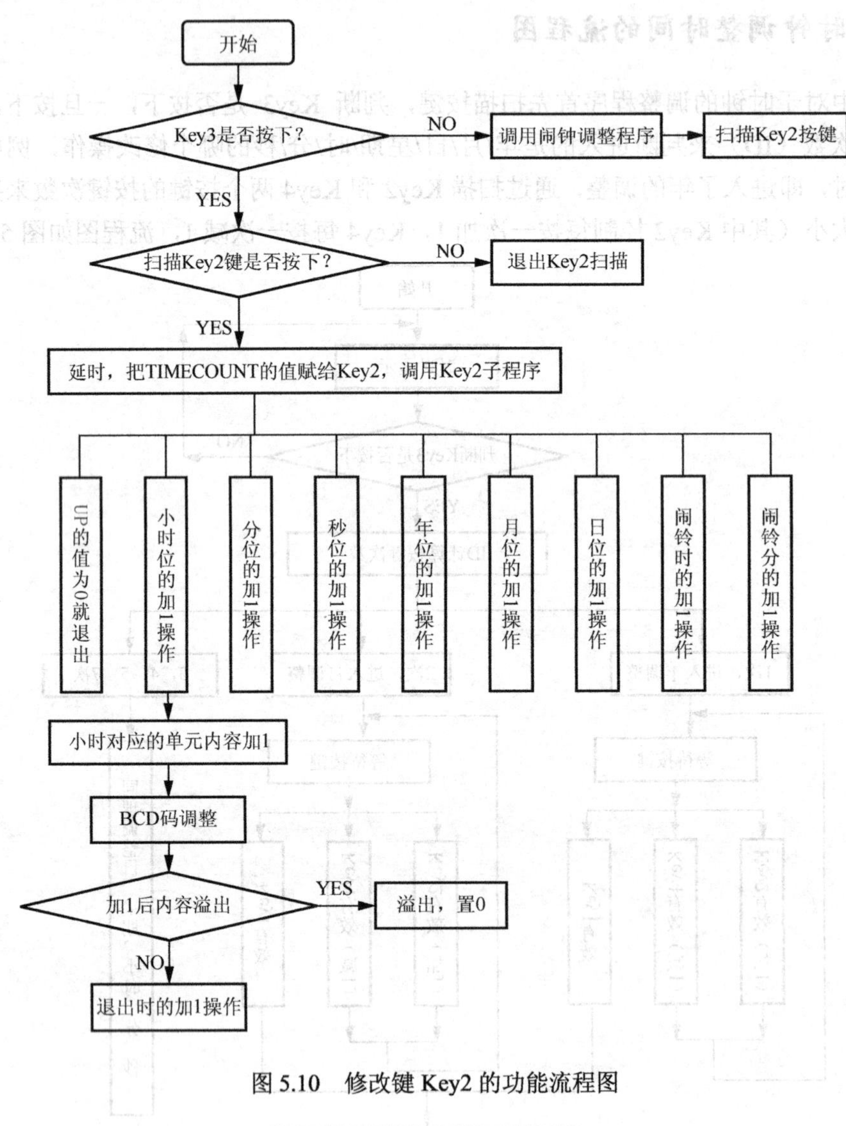

图 5.10　修改键 Key2 的功能流程图

5.4.4　系统参考程序

```
#include <AT89X52.h>
#include <string.h>
#include <intrins.h>
```

```
    #include "SoundPlay.h"                              //音乐文件
    #define uchar unsigned char
    #define uint unsigned int
/***************************************************************************/
                                                        //扬声器定义
    sbit   beep   = P3^7;                               //扬声器
/***************************************************************************/
                                                        //温度传感器定义
    sbit DQ = P2 ^ 0;                                   //ds18B20
    uint tvalue;                                        //温度值
    uchar tflag, flagdat, t, hh1;                       //温度正负标志
/***************************************************************************/
    //键盘引脚定义
    //sbit KEY_1 = P2^7;                                //左上
    sbit KEY_2 = P2^6;                                  //左下
    sbit KEY_3 = P2^5;                                  //右上
    sbit KEY_4 = P2^4;                                  //右下
/***************************************************************************/
    //LCD 接口定义
    sbit RS = P1^5;                                     //模式位，为 0 输入指令，为 1 输入数据
    sbit RW = P1^6;                                     //读写位，为 0 读，为 1 写
    sbit E = P1^7;                                      //使能位
    #define Lcd_Bus P0                                  //数据总线
/***************************************************************************/
    //定义 DS1302 时钟接口
    sbit clock_clk = P2 ^ 1;                            //ds1302_clk（时钟线）
    sbit clock_dat = P2 ^ 2;                            //ds1302_dat（数据线）
    sbit clock_Rst = P2 ^ 3;                            //ds1302_Rst（复位线）
    //定义累加器 A 中的各位
    sbit a0   = ACC ^ 0;
    sbit a1   = ACC ^ 1;
    sbit a2   = ACC ^ 2;
    sbit a3   = ACC ^ 3;
    sbit a4   = ACC ^ 4;
    sbit a5   = ACC ^ 5;
    sbit a6   = ACC ^ 6;
    sbit a7   = ACC ^ 7;
/***************************************************************************/
    //定义全局变量
    unsigned char yy, mo, dd, xq, hh, mm, ss, n, n1, n2, hh1, mm1, year, year1;//
定义时间映射全局变量（专用寄存器）
    unsigned char shi, ge, sec_temp, min_temp, hour_temp, secl, selx, e=0;
    bit w = 0;                                          //调时标志位
    static unsigned char timecount = 0;                 //定义静态软件计数器变量
/***************************************************************************/
/***************************************************************************/
    //LCD 驱动（DY12864CBL 液晶显示屏并口驱动程序）
/***************************************************************************/
    void chk_busy()
    {                                                   //检查忙位（底层）
```

```
    RS=0;
    RW=1;
    E=1;
    Lcd_Bus=0xff;
    while((Lcd_Bus&0x80)==0x80);
    E=0;
  }
/*************************************************************************/
  void write_com(unsigned char cmdcode)
  {                                                        //写命令到LCD（底层）
     chk_busy();
     RS=0;
     RW=0;
     E=1;
     Lcd_Bus=cmdcode;
     E=0;
  }
/*************************************************************************/
  void write_data(unsigned char Dispdata){          //写数据到LCD（底层）
     chk_busy();
     RS=1;
     RW=0;
     E=1;
     Lcd_Bus=Dispdata;
     E=0;
  }
/*************************************************************************/
  void lcm_init()
  {                                                    //初始化LCD屏（被调用层）
    write_com(0x30);                                   //选择8bit数据流
    write_com(0x0c);                                   //开显示（无游标、不反白）
    write_com(0x01);                                   //清除显示，并且设定地址指针为00H
  }
/*************************************************************************/
  void lcm_w_word(unsigned char *s)
  {                               //向LCM发送一个字符串，长度64字符之内（被调用层）。
     while(*s>0)
  {                               //应用: lcm_w_word("您好！");
     write_data(*s);
     s++;
    }
  }
/*************************************************************************/
  void write_data1(unsigned char Dispdata)
  {                               //写数据到LCD（底层）
     chk_busy();
     RS=1;
     RW=0;
     E=1;
     Lcd_Bus=Dispdata;
```

```
        DelayM(40);
        E=0;
    }
/*************************************************************************/
    void lcm_w_word1(unsigned char *s)
    {                               //向 LCM 发送一个字符串，长度 64 字符之内（被调用层）。
        while(*s>0)
        {                           //应用: lcm_w_word("您好! ");
        write_data1(*s);
        s++;
      }
    }
/***********************************************************************/
    void lcm_w_test(bit i, unsigned char word)
    {                                   //写指令或数据（被调用层）
        if(i == 0)
    {
            write_com(word);            //写指令或数据（0，指令）
        }else{
            write_data(word);           //写指令或数据（1，数据）
        }
    }
/***********************************************************************/
    void lcm_clr(void)
    {                                   //清屏函数
        lcm_w_test(0, 0x01);
    }
    /************************清理图片缓冲区************************/
    void clear_img()
    {
        uchar i, j;
        for(i=0;i<32;i++)
        {
            write_com(0x80+i);
            write_com(0x80);
            for(j=0;j<16;j++)
            {
                write_data(0x00);
            }
        }
        for(i=0;i<32;i++)
        {
            write_com(0x80+i);
            write_com(0x88);
            for(j=0;j<16;j++)
            {
                write_data(0x00);
            }
        }
    }
```

```
/************************************************************************************/
    unsigned char code BMP1[]={
    /*--  一幅图像 KISS- 正向取模，字节正序*/
    /*--  宽度 x 高度=128x64  --*/
    0x00, 0x00, 0x00, 0x00, 0x00, 0x00, 0x00, 0x00, 0x00, 0x00, 0x00, 0x00, 0x00,
0x00, 0x00, 0x00,
    0xFF, 0xFF, 0xFF, 0x9F, 0x00, 0x00, 0x0F, 0x0E, 0x00, 0x00, 0x00, 0x00, 0x19,
0xFF, 0xFF, 0xFF,
    0x00, 0x00, 0x00, 0x00, 0x00, 0x00, 0x1F, 0xBF, 0x80, 0x00, 0x00, 0x00, 0x00,
0x00, 0x00, 0x00,
    0x00, 0x00, 0x00, 0x00, 0x00, 0x00, 0x1F, 0xFD, 0x80, 0x00, 0x00, 0x00, 0x00,
0x00, 0x00, 0x00,
    0xFF, 0xFF, 0xF3, 0xE0, 0x00, 0x00, 0x1F, 0xFD, 0x80, 0x00, 0x00, 0x00, 0x00,
0x3F, 0xFF, 0xFF,
    0x00, 0x00, 0x00, 0x00, 0x00, 0x00, 0x0F, 0xFA, 0x00, 0x00, 0x00, 0x00, 0x01,
0x80, 0x00, 0x00,
    0x00, 0x00, 0x00, 0x00, 0x00, 0x00, 0x07, 0xF4, 0x00, 0x00, 0x00, 0x00, 0x00,
0x00, 0x00, 0x00,
    0xFF, 0xFF, 0xF0, 0x00, 0x00, 0x00, 0x03, 0xF8, 0x01, 0xFF, 0xFF, 0xE0, 0x00,
0x07, 0xFF, 0xFF,
    0x00, 0x00, 0x00, 0x0F, 0xFF, 0xFC, 0x00, 0xF0, 0x3F, 0xFF, 0xFF, 0xFE, 0x00,
0x30, 0x00, 0x00,
    0x00, 0x00, 0x00, 0x7F, 0xFF, 0xFF, 0x80, 0x41, 0xFF, 0xFF, 0xFF, 0xFF, 0xC0,
0x00, 0x00, 0x00,
    0xFF, 0xFF, 0x01, 0xFF, 0xFF, 0xFF, 0xF0, 0x02, 0x7F, 0xFF, 0xFF, 0xFF, 0xE0,
0x03, 0xFF, 0xFF,
    0x00, 0x00, 0x03, 0xFF, 0xFF, 0xFF, 0xF8, 0x04, 0x3F, 0xFF, 0xFF, 0xFF, 0xF0,
0x00, 0x00, 0x00,
    0x00, 0x00, 0x1F, 0xFF, 0xFF, 0xFF, 0xFC, 0x08, 0x73, 0xFF, 0xFF, 0xFF, 0xF8,
0x00, 0x00, 0x00,
    0xFF, 0xE4, 0x3F, 0x7F, 0xFF, 0xFF, 0xFF, 0x30, 0x2F, 0xFF, 0xFF, 0xFF, 0xFE,
0x00, 0x7F, 0xFF,
    0x00, 0x00, 0xFE, 0x9F, 0xFF, 0xFF, 0xFF, 0xB0, 0x1D, 0xFF, 0xFF, 0xFF, 0x3F,
0x00, 0x00, 0x00,
    0x00, 0x00, 0xFF, 0x7F, 0xFF, 0xFF, 0xFF, 0xC2, 0x23, 0x3F, 0xFF, 0xFE, 0x1F,
0x80, 0x00, 0x00,

    0xFF, 0xE1, 0xFF, 0xFF, 0xFF, 0xFF, 0xFC, 0xC5, 0x92, 0xFF, 0xB7, 0xB8, 0xC9,
0x80, 0x7F, 0xFF,
    0x00, 0x03, 0xFF, 0xFF, 0xFF, 0xFF, 0xFC, 0x4F, 0xEF, 0x3F, 0xC8, 0x1A, 0x20,
0xC0, 0x00, 0x00,
    0x00, 0x03, 0xFF, 0xFF, 0xFF, 0xFF, 0xF8, 0x7F, 0xFF, 0xFF, 0x75, 0x86, 0xF6,
0xC0, 0x00, 0x00,
    0xFF, 0x03, 0xEF, 0x9F, 0xFB, 0xFF, 0xF8, 0x7F, 0xFF, 0xFF, 0xFB, 0xDF, 0xFE,
0xC0, 0x7F, 0xFF,
    0x00, 0x07, 0xDE, 0x7F, 0xC7, 0xFF, 0xF0, 0x7E, 0x7F, 0xFF, 0xFF, 0xFF, 0xFF,
0xC0, 0x00, 0x00,
    0x00, 0x07, 0x1C, 0xF7, 0x9F, 0xDF, 0xF0, 0x7E, 0x7F, 0xFF, 0xFF, 0xFF, 0xFF,
0xC0, 0x00, 0x00,
    0xFC, 0x07, 0x00, 0x8C, 0x1F, 0xBF, 0xE7, 0x3C, 0x3F, 0xFF, 0xFF, 0xFF, 0xFF,
```

```
0xC0，0x7F，0xFF，
    0x00，0x07，0x00，0x08，0x1C，0x3F，0x88，0x3C，0x7F，0xFF，0xFF，0xFF，0xFF，
0xC0，0x00，0x00，
    0x00，0x06，0x0C，0x08，0x98，0x7F，0x80，0x0D，0x9F，0xFF，0xFF，0xFF，0xFF，
0xC0，0x00，0x00，
    0xFC，0x06，0x1C，0xE3，0x99，0xFF，0x00，0x0C，0x0F，0xFF，0xFF，0xFF，0xFF，
0xC0，0x5F，0xFF，
    0x00，0x06，0xF1，0xE3，0x83，0xFE，0x00，0x08，0x03，0xDF，0xFF，0xFF，0xFF，
0xC0，0x00，0x00，
    0x00，0x06，0xF1，0xF7，0xC7，0xFE，0x00，0x08，0x01，0xCF，0xFF，0xFF，0xFF，
0xC0，0x00，0x00，
    0xFC，0x06，0xF3，0xF7，0xC7，0xFC，0x03，0x08，0x00，0x01，0xFF，0xFF，0xFF，
0xC0，0xBF，0xFF，
    0x00，0x07，0xF3，0xFF，0xE7，0xF0，0x03，0x09，0x80，0x00，0xFF，0xFF，0xFF，
0xC0，0x00，0x00，
    0x00，0x07，0xFF，0xFF，0xFF，0xE0，0x03，0x09，0x80，0x00，0x3F，0xFF，0xFF，
0x80，0x00，0x00，
    0xFC，0x07，0xFF，0xFF，0xFF，0xC0，0x03，0x09，0x80，0x00，0x0F，0xFF，0xFF，
0x83，0xFF，0xFF，

    0x00，0x07，0xFF，0xE0，0xFE，0x00，0x03，0x09，0x80，0x00，0x07，0xFF，0xFF，
0x80，0x00，0x00，
    0x00，0x07，0xFF，0x80，0x7C，0x00，0x07，0xB1，0x80，0x00，0x07，0x83，0xFF，
0x00，0x00，0x00，
    0xFF，0x07，0xFF，0x0C，0x00，0x00，0x7F，0xB3，0xC0，0x00，0x06，0x01，0xFE，
0x03，0xFF，0xFF，
    0x00，0x07，0xFF，0x03，0x00，0x00，0x1F，0x43，0xFC，0x00，0x06，0x38，0xFE，
0x00，0x00，0x00，
    0x00，0x07，0xFF，0x03，0x00，0x00，0x00，0x81，0xF0，0x00，0x04，0x40，0xF8，
0x00，0x00，0x00，
    0xFC，0x87，0xFF，0x00，0x00，0x00，0x00，0x80，0x00，0x00，0x04，0x40，0xF0，
0x07，0xFF，0xFF，
    0x00，0x07，0xFF，0x80，0x00，0x2C，0x00，0x80，0x00，0x00，0x00，0x00，0xE0，
0x00，0x00，0x00，
    0x00，0x07，0xFF，0x80，0x00，0x52，0x00，0x40，0x00，0x00，0x00，0x01，0xE0，
0x00，0x00，0x00，
    0xFF，0x83，0xFF，0xF0，0x80，0x2C，0x00，0x40，0x00，0x00，0x00，0x01，0xC0，
0x7F，0xFF，0xFF，
    0x00，0x03，0xFF，0xFF，0x80，0x00，0x00，0x30，0x00，0x00，0x01，0x86，0x00，
0x00，0x00，0x00，
    0x00，0x03，0xFF，0xFF，0x80，0x00，0x00，0x38，0x00，0x00，0x01，0xF8，0x00，
0x00，0x00，0x00，
    0xFF，0xA3，0xFF，0xFF，0x80，0x00，0x00，0x44，0x00，0x00，0x01，0xFF，0x00，
0x7F，0xFF，0xFF，
    0x00，0x03，0xFF，0xFF，0x80，0x00，0x03，0x82，0x00，0x00，0x01，0xC0，0xC0，
0x00，0x00，0x00，
    0x00，0x03，0xFF，0xFF，0x80，0x00，0x1C，0x01，0xC0，0x00，0x00，0x78，0xC0，
0x00，0x00，0x00，
    0xFF，0x81，0xFF，0xFF，0xC0，0x3F，0xE0，0x00，0x3C，0x00，0x07，0x80，0x20，
0x7F，0xFF，0xFF，
```

```
    0x00, 0x01, 0xFF, 0xFF, 0xE0, 0x40, 0x00, 0x00, 0x03, 0xFE, 0x78, 0x00, 0x20,
0x00, 0x00, 0x00,

    0x00, 0x01, 0xFF, 0xFF, 0xF8, 0x40, 0x00, 0x00, 0x00, 0x21, 0x80, 0x00, 0x10,
0x00, 0x00, 0x00,
    0xFF, 0xC1, 0xFF, 0xFF, 0xFC, 0x40, 0x00, 0x00, 0x00, 0x2E, 0x00, 0x00, 0x10,
0x4F, 0xFF, 0xFF,
    0x00, 0x01, 0xFF, 0xFF, 0xFE, 0x20, 0x00, 0x00, 0x00, 0x30, 0x00, 0x00, 0x30,
0x00, 0x00, 0x00,
    0x00, 0x00, 0xFF, 0xFF, 0xFF, 0xA0, 0x00, 0x00, 0x00, 0xC0, 0x00, 0x01, 0xF8,
0x00, 0x00, 0x00,
    0xFF, 0xE0, 0xFF, 0xFF, 0xFB, 0xE0, 0x00, 0x00, 0x00, 0xC0, 0x00, 0x03, 0xFE,
0x07, 0xFF, 0xFF,
    0x00, 0x00, 0xFF, 0xFF, 0xFD, 0xE0, 0x00, 0x00, 0x00, 0xC0, 0x00, 0x1F, 0xFF,
0x00, 0x00, 0x00,
    0x00, 0x00, 0xFF, 0xFF, 0xFE, 0x70, 0x00, 0x00, 0x01, 0xE0, 0x00, 0x3F, 0xFF,
0x80, 0x00, 0x00,
    0xFF, 0xC0, 0xFF, 0xFF, 0xFF, 0xB0, 0x00, 0x00, 0x01, 0xE0, 0x00, 0x7F, 0xFF,
0xC0, 0x3F, 0xFF,
    0x00, 0x00, 0xFF, 0xFF, 0xFF, 0xDC, 0x00, 0x00, 0x03, 0xF7, 0x81, 0xFF, 0xFF,
0xF0, 0x00, 0x00,
    0x00, 0x01, 0xFF, 0x80, 0x7F, 0xDC, 0x00, 0x00, 0x0F, 0xFF, 0xC3, 0xFF, 0xFF,
0xF8, 0x00, 0x00,
    0xFF, 0x01, 0xFF, 0x00, 0x1F, 0xEE, 0x00, 0x00, 0x13, 0xFF, 0xF7, 0xFF, 0xFF,
0xFC, 0x07, 0xFF,
    0x00, 0x01, 0xFE, 0x00, 0x07, 0xEF, 0x00, 0x00, 0x1F, 0xFF, 0xFF, 0xFF, 0xFF,
0xFF, 0x00, 0x00,
    0x00, 0x01, 0xFC, 0x00, 0x03, 0xF3, 0x00, 0x00, 0x13, 0xFF, 0xBF, 0xFF, 0xFF,
0xFF, 0x80, 0x00,
    0xFF, 0x01, 0xFC, 0x00, 0x01, 0xF3, 0x80, 0x00, 0x1F, 0xFF, 0xBF, 0xFF, 0xFF,
0xFF, 0x83, 0xFF,
    0x00, 0x01, 0xF0, 0x00, 0x01, 0xFD, 0x80, 0x00, 0x0F, 0xFF, 0x7F, 0xFF, 0xFF,
0xFF, 0xC0, 0x00,
    0x00, 0x03, 0xF0, 0x00, 0x00, 0x72, 0xE0, 0x00, 0x03, 0xFE, 0xFF, 0xFF, 0xFF,
0xFF, 0xC0, 0x00
    };
    uchar code tab[12][64]={
        {// 图片数字 0
         0x00, 0x00, 0x3F, 0xFC, 0x5F, 0xFA, 0x6F, 0xF6, 0x70, 0x0E, 0x70, 0x0E,
0x70, 0x0E, 0x70, 0x0E,
         0x70, 0x0E, 0x70, 0x0E, 0x70, 0x0E, 0x70, 0x0E, 0x70, 0x0E, 0x60, 0x06,
0x40, 0x02, 0x00, 0x00,
         0x40, 0x02, 0x60, 0x06, 0x70, 0x0E, 0x70, 0x0E, 0x70, 0x0E, 0x70, 0x0E,
0x70, 0x0E, 0x70, 0x0E,
         0x70, 0x0E, 0x70, 0x0E, 0x70, 0x0E, 0x6F, 0xF6, 0x5F, 0xFA, 0x3F, 0xFC,
0x00, 0x00, 0x00, 0x00},

        {// 图片数字 1
         0x00, 0x00, 0x00, 0x20, 0x00, 0x60, 0x00, 0xE0, 0x00, 0xE0, 0x00, 0xE0,
0x00, 0xE0, 0x00, 0xE0,
```

```
    0x00, 0xE0, 0x00, 0xE0, 0x00, 0xE0, 0x00, 0xE0, 0x00, 0x60, 0x00, 0x20,
0x00, 0x00, 0x00, 0x20,
    0x00, 0x60, 0x00, 0xE0, 0x00, 0xE0, 0x00, 0xE0, 0x00, 0xE0, 0x00, 0xE0,
0x00, 0xE0, 0x00, 0xE0,
    0x00, 0xE0, 0x00, 0xE0, 0x00, 0xE0, 0x00, 0x60, 0x00, 0x20, 0x00, 0x00,
0x00, 0x00, 0x00, 0x00},

   {// 图片数字 2
    0x00, 0x00, 0x3F, 0xFC, 0x1F, 0xFA, 0x0F, 0xF6, 0x00, 0x0E, 0x00, 0x0E,
0x00, 0x0E, 0x00, 0x0E,
    0x00, 0x0E, 0x00, 0x0E, 0x00, 0x0E, 0x00, 0x0E, 0x00, 0x0E, 0x00, 0x06,
0x1F, 0xFA, 0x3F, 0xFC,
    0x5F, 0xF8, 0x60, 0x00, 0x70, 0x00, 0x70, 0x00, 0x70, 0x00, 0x70, 0x00,
0x70, 0x00, 0x70, 0x00,
    0x70, 0x00, 0x70, 0x00, 0x70, 0x00, 0x6F, 0xF8, 0x5F, 0xFC, 0x3F, 0xFE,
0x00, 0x00, 0x00, 0x00},

   {// 图片数字 3
    0x00, 0x00, 0x7F, 0xFC, 0x3F, 0xFA, 0x1F, 0xF6, 0x00, 0x0E, 0x00, 0x0E,
0x00, 0x0E, 0x00, 0x0E,
    0x00, 0x0E, 0x00, 0x0E, 0x00, 0x0E, 0x00, 0x0E, 0x00, 0x0E, 0x00, 0x06,
0x1F, 0xFA, 0x3F, 0xFC,
    0x1F, 0xFA, 0x00, 0x06, 0x00, 0x0E, 0x00, 0x0E, 0x00, 0x0E, 0x00, 0x0E,
0x00, 0x0E, 0x00, 0x0E,
    0x00, 0x0E, 0x00, 0x0E, 0x00, 0x0E, 0x1F, 0xF6, 0x3F, 0xFA, 0x7F, 0xFC,
0x00, 0x00, 0x00, 0x00},

   {// 图片数字 4
    0x00, 0x00, 0x40, 0x02, 0x60, 0x06, 0x70, 0x0E, 0x70, 0x0E, 0x70, 0x0E,
0x70, 0x0E, 0x70, 0x0E,
    0x70, 0x0E, 0x70, 0x0E, 0x70, 0x0E, 0x70, 0x0E, 0x70, 0x0E, 0x60, 0x06,
0x5F, 0xFA, 0x3F, 0xFC,
    0x1F, 0xFA, 0x00, 0x06, 0x00, 0x0E, 0x00, 0x0E, 0x00, 0x0E, 0x00, 0x0E,
0x00, 0x0E, 0x00, 0x0E,
    0x00, 0x0E, 0x00, 0x0E, 0x00, 0x0E, 0x00, 0x0E, 0x00, 0x06, 0x00, 0x02,
0x00, 0x00, 0x00, 0x00},

   {// 图片数字 5
    0x00, 0x00, 0x3F, 0xFC, 0x5F, 0xF8, 0x6F, 0xF0, 0x70, 0x00, 0x70, 0x00,
0x70, 0x00, 0x70, 0x00,
    0x70, 0x00, 0x70, 0x00, 0x70, 0x00, 0x70, 0x00, 0x70, 0x00, 0x60, 0x00,
0x5F, 0xF8, 0x3F, 0xFC,
    0x1F, 0xFA, 0x00, 0x06, 0x00, 0x0E, 0x00, 0x0E, 0x00, 0x0E, 0x00, 0x0E,
0x00, 0x0E, 0x00, 0x0E,
    0x00, 0x0E, 0x00, 0x0E, 0x00, 0x0E, 0x0F, 0xF6, 0x1F, 0xFA, 0x3F, 0xFC,
0x00, 0x00, 0x00, 0x00},

   {// 图片数字 6
    0x00, 0x00, 0x3F, 0xFC, 0x5F, 0xF8, 0x6F, 0xF0, 0x70, 0x00, 0x70, 0x00,
0x70, 0x00, 0x70, 0x00,
```

```
    0x70, 0x00, 0x70, 0x00, 0x70, 0x00, 0x70, 0x00, 0x70, 0x00, 0x60, 0x00,
0x5F, 0xF8, 0x3F, 0xFC,
    0x5F, 0xFA, 0x60, 0x06, 0x70, 0x0E, 0x70, 0x0E, 0x70, 0x0E, 0x70, 0x0E,
0x70, 0x0E, 0x70, 0x0E,
    0x70, 0x0E, 0x70, 0x0E, 0x70, 0x0E, 0x6F, 0xF6, 0x5F, 0xFA, 0x3F, 0xFC,
0x00, 0x00, 0x00, 0x00},

  {// 图片数字 7
    0x00, 0x00, 0x7F, 0xFC, 0x3F, 0xFA, 0x1F, 0xF6, 0x00, 0x0E, 0x00, 0x0E,
0x00, 0x0E, 0x00, 0x0E,
    0x00, 0x0E, 0x00, 0x0E, 0x00, 0x0E, 0x00, 0x0E, 0x00, 0x0E, 0x00, 0x06,
0x00, 0x02, 0x00, 0x00,
    0x00, 0x02, 0x00, 0x06, 0x00, 0x0E, 0x00, 0x0E, 0x00, 0x0E, 0x00, 0x0E,
0x00, 0x0E, 0x00, 0x0E,
    0x00, 0x0E, 0x00, 0x0E, 0x00, 0x0E, 0x00, 0x0E, 0x00, 0x06, 0x00, 0x02,
0x00, 0x00, 0x00, 0x00},

  {// 图片数字 8
    0x00, 0x00, 0x3F, 0xFC, 0x5F, 0xFA, 0x6F, 0xF6, 0x70, 0x0E, 0x70, 0x0E,
0x70, 0x0E, 0x70, 0x0E,
    0x70, 0x0E, 0x70, 0x0E, 0x70, 0x0E, 0x70, 0x0E, 0x70, 0x0E, 0x60, 0x06,
0x5F, 0xFA, 0x3F, 0xFC,
    0x5F, 0xFA, 0x60, 0x06, 0x70, 0x0E, 0x70, 0x0E, 0x70, 0x0E, 0x70, 0x0E,
0x70, 0x0E, 0x70, 0x0E,
    0x70, 0x0E, 0x70, 0x0E, 0x70, 0x0E, 0x6F, 0xF6, 0x5F, 0xFA, 0x3F, 0xFC,
0x00, 0x00, 0x00, 0x00},

  {// 图片数字 9
    0x00, 0x00, 0x3F, 0xFC, 0x5F, 0xFA, 0x6F, 0xF6, 0x70, 0x0E, 0x70, 0x0E,
0x70, 0x0E, 0x70, 0x0E,
    0x70, 0x0E, 0x70, 0x0E, 0x70, 0x0E, 0x70, 0x0E, 0x70, 0x0E, 0x60, 0x06,
0x5F, 0xFA, 0x3F, 0xFC,
    0x1F, 0xFA, 0x00, 0x06, 0x00, 0x0E, 0x00, 0x0E, 0x00, 0x0E, 0x00, 0x0E,
0x00, 0x0E, 0x00, 0x0E,
    0x00, 0x0E, 0x00, 0x0E, 0x00, 0x0E, 0x1F, 0xF6, 0x3F, 0xFA, 0x7F, 0xFC,
0x00, 0x00, 0x00, 0x00},

  {// 图片":"
    0x00, 0x00, 0x00, 0x00, 0x00, 0x00, 0x00, 0x00, 0x00, 0x00, 0x00, 0x00,
0x00, 0x00, 0x00, 0x00,
    0x03, 0xC0, 0x03, 0xC0, 0x03, 0xC0, 0x03, 0xC0, 0x00, 0x00, 0x00, 0x00,
0x00, 0x00, 0x00, 0x00,
    0x00, 0x00, 0x00, 0x00, 0x00, 0x00, 0x00, 0x00, 0x03, 0xC0, 0x03, 0xC0,
0x03, 0xC0, 0x03, 0xC0,
    0x00, 0x00, 0x00, 0x00, 0x00, 0x00, 0x00, 0x00, 0x00, 0x00, 0x00, 0x00,
0x00, 0x00, 0x00, 0x00},
   {// 图片" "
    0x00, 0x00, 0x00, 0x00, 0x00, 0x00, 0x00, 0x00, 0x00, 0x00, 0x00, 0x00,
0x00, 0x00, 0x00, 0x00,
    0x00, 0x00, 0x00, 0x00, 0x00, 0x00, 0x00, 0x00, 0x00, 0x00, 0x00, 0x00,
```

```
0x00, 0x00, 0x00, 0x00,
        0x00, 0x00, 0x00, 0x00, 0x00, 0x00, 0x00, 0x00, 0x00, 0x00, 0x00, 0x00,
0x00, 0x00, 0x00, 0x00,
        0x00, 0x00, 0x00, 0x00, 0x00, 0x00, 0x00, 0x00, 0x00, 0x00, 0x00, 0x00,
0x00, 0x00, 0x00, 0x00},
                };

    /**************************************************************************
***/
    /*
    公历年对应的农历数据，每年三字节，
    格式第一字节 BIT7-4 位表示闰月月份，值为 0 为无闰月，BIT3-0 对应农历第 1-4 月的大小
    第二字节 BIT7-0 对应农历第 5-12 月大小，第三字节 BIT7 表示农历第 13 个月大小
    月份对应的位为 1 表示本农历月大(30 天)，为 0 表示小(29 天)
    第三字节 BIT6-5 表示春节的公历月份，BIT4-0 表示春节的公历日期
    */
    code uchar year_code[] = {
    0x0C, 0x96, 0x45,  //2000
    0x4d, 0x4A, 0xB8,  //2001
    0x0d, 0x4A, 0x4C,  //2002
    0x0d, 0xA5, 0x41,  //2003
    0x25, 0xAA, 0xB6,  //2004
    0x05, 0x6A, 0x49,  //2005
    0x7A, 0xAd, 0xBd,  //2006
    0x02, 0x5d, 0x52,  //2007
    0x09, 0x2d, 0x47,  //2008
    0x5C, 0x95, 0xBA,  //2009
    0x0A, 0x95, 0x4e,  //2010
    0x0B, 0x4A, 0x43,  //2011
    0x4B, 0x55, 0x37,  //2012
    0x0A, 0xd5, 0x4A,  //2013
    0x95, 0x5A, 0xBf,  //2014
    0x04, 0xBA, 0x53,  //2015
    0x0A, 0x5B, 0x48,  //2016
    0x65, 0x2B, 0xBC,  //2017
    0x05, 0x2B, 0x50,  //2018
    0x0A, 0x93, 0x45,  //2019
    0x47, 0x4A, 0xB9,  //2020
    0x06, 0xAA, 0x4C,  //2021
    0x0A, 0xd5, 0x41,  //2022
    0x24, 0xdA, 0xB6,  //2023
    0x04, 0xB6, 0x4A,  //2024
    0x69, 0x57, 0x3d,  //2025
    0x0A, 0x4e, 0x51,  //2026
    0x0d, 0x26, 0x46,  //2027
    0x5e, 0x93, 0x3A,  //2028
    0x0d, 0x53, 0x4d,  //2029
    0x05, 0xAA, 0x43,  //2030
    0x36, 0xB5, 0x37,  //2031
    0x09, 0x6d, 0x4B,  //2032
```

```
0xB4, 0xAe, 0xBf,  //2033
0x04, 0xAd, 0x53,  //2034
0x0A, 0x4d, 0x48,  //2035
0x6d, 0x25, 0xBC,  //2036
0x0d, 0x25, 0x4f,  //2037
0x0d, 0x52, 0x44,  //2038
0x5d, 0xAA, 0x38,  //2039
0x0B, 0x5A, 0x4C,  //2040
0x05, 0x6d, 0x41,  //2041
0x24, 0xAd, 0xB6,  //2042
0x04, 0x9B, 0x4A,  //2043
0x7A, 0x4B, 0xBe,  //2044
0x0A, 0x4B, 0x51,  //2045
0x0A, 0xA5, 0x46,  //2046
0x5B, 0x52, 0xBA,  //2047
0x06, 0xd2, 0x4e,  //2048
0x0A, 0xdA, 0x42,  //2049
0x35, 0x5B, 0x37,  //2050
0x09, 0x37, 0x4B,  //2051
0x84, 0x97, 0xC1,  //2052
0x04, 0x97, 0x53,  //2053
0x06, 0x4B, 0x48,  //2054
0x66, 0xA5, 0x3C,  //2055
0x0e, 0xA5, 0x4f,  //2056
0x06, 0xB2, 0x44,  //2057
0x4A, 0xB6, 0x38,  //2058
0x0A, 0xAe, 0x4C,  //2059
0x09, 0x2e, 0x42,  //2060
0x3C, 0x97, 0x35,  //2061
0x0C, 0x96, 0x49,  //2062
0x7d, 0x4A, 0xBd,  //2063
0x0d, 0x4A, 0x51,  //2064
0x0d, 0xA5, 0x45,  //2065
0x55, 0xAA, 0xBA,  //2066
0x05, 0x6A, 0x4e,  //2067
0x0A, 0x6d, 0x43,  //2068
0x45, 0x2e, 0xB7,  //2069
0x05, 0x2d, 0x4B,  //2070
0x8A, 0x95, 0xBf,  //2071
0x0A, 0x95, 0x53,  //2072
0x0B, 0x4A, 0x47,  //2073
0x6B, 0x55, 0x3B,  //2074
0x0A, 0xd5, 0x4f,  //2075
0x05, 0x5A, 0x45,  //2076
0x4A, 0x5d, 0x38,  //2077
0x0A, 0x5B, 0x4C,  //2078
0x05, 0x2B, 0x42,  //2079
0x3A, 0x93, 0xB6,  //2080
0x06, 0x93, 0x49,  //2081
0x77, 0x29, 0xBd,  //2082
```

```
0x06, 0xAA, 0x51,  //2083
0x0A, 0xd5, 0x46,  //2084
0x54, 0xdA, 0xBA,  //2085
0x04, 0xB6, 0x4e,  //2086
0x0A, 0x57, 0x43,  //2087
0x45, 0x27, 0x38,  //2088
0x0d, 0x26, 0x4A,  //2089
0x8e, 0x93, 0x3e,  //2090
0x0d, 0x52, 0x52,  //2091
0x0d, 0xAA, 0x47,  //2092
0x66, 0xB5, 0x3B,  //2093
0x05, 0x6d, 0x4f,  //2094
0x04, 0xAe, 0x45,  //2095
0x4A, 0x4e, 0xB9,  //2096
0x0A, 0x4d, 0x4C,  //2097
0x0d, 0x15, 0x41,  //2098
0x2d, 0x92, 0xB5,  //2099
};
//月份数据表
code uchar day_code1[9]={0x0, 0x1f, 0x3b, 0x5a, 0x78, 0x97, 0xb5, 0xd4, 0xf3};
code uint day_code2[3]={0x111, 0x130, 0x14e};
/*
函数功能:输入BCD阳历数据, 输出BCD阴历数据(只允许1901—2099年)
调用函数示例:Conversion(c_sun, year_sun, month_sun, day_sun)
如:计算2004年10月16日Conversion(0, 0x4, 0x10, 0x16);
c_sun, year_sun, month_sun, day_sun 均为BCD数据, c_sun为世纪标志位, c_sun=0
为21世纪, c_sun=1为19世纪
调用函数后, 原有数据不变, 读c_moon, year_moon, month_moon, day_moon得出阴历BCD
数据
*/
bit c_moon;
data uchar year_moon, month_moon, day_moon, week;
/*子函数, 用于读取数据表中农历月的大月或小月, 如果该月为大返回1, 为小返回0*/
bit get_moon_day(uchar month_p, uint table_addr)
{
uchar temp;
switch (month_p)
{
case 1:{temp=year_code[table_addr]&0x08;
if (temp==0)return(0);else return(1);}
case 2:{temp=year_code[table_addr]&0x04;
if (temp==0)return(0);else return(1);}
case 3:{temp=year_code[table_addr]&0x02;
if (temp==0)return(0);else return(1);}
case 4:{temp=year_code[table_addr]&0x01;
if (temp==0)return(0);else return(1);}
case 5:{temp=year_code[table_addr+1]&0x80;
if (temp==0) return(0);else return(1);}
case 6:{temp=year_code[table_addr+1]&0x40;
if (temp==0)return(0);else return(1);}
```

```
case 7:{temp=year_code[table_addr+1]&0x20;
if (temp==0)return(0);else return(1);}
case 8:{temp=year_code[table_addr+1]&0x10;
if (temp==0)return(0);else return(1);}
case 9:{temp=year_code[table_addr+1]&0x08;
if (temp==0)return(0);else return(1);}
case 10:{temp=year_code[table_addr+1]&0x04;
if (temp==0)return(0);else return(1);}
case 11:{temp=year_code[table_addr+1]&0x02;
if (temp==0)return(0);else return(1);}
case 12:{temp=year_code[table_addr+1]&0x01;
if (temp==0)return(0);else return(1);}
case 13:{temp=year_code[table_addr+2]&0x80;
if (temp==0)return(0);else return(1);}
}
}
/*
函数功能:输入BCD阳历数据，输出BCD阴历数据(只允许1901—2099年)
调用函数示例:Conversion(c_sun，year_sun，month_sun，day_sun)
如:计算2004年10月16日Conversion(0，0x4，0x10，0x16);
c_sun，year_sun，month_sun，day_sun 均为BCD数据，c_sun为世纪标志位，c_sun=0
为21世
纪，c_sun=1为19世纪
调用函数后，原有数据不变，读c_moon，year_moon，month_moon，day_moon得出阴历BCD
数据
*/
void Conversion(bit c，uchar year，uchar month，uchar day)
{ //c=0 为21世纪，c=1 为19世纪 输入输出数据均为BCD数据
uchar temp1，temp2，temp3，month_p;
uint temp4，table_addr;
bit flag2，flag_y;
temp1=year/16; //BCD->hex 先把数据转换为十六进制
temp2=year%16;
year=temp1*10+temp2;
temp1=month/16;
temp2=month%16;
month=temp1*10+temp2;
temp1=day/16;
temp2=day%16;
day=temp1*10+temp2;
//定位数据表地址
if(c==0)
{
table_addr=(year)*0x3;
}
//else
//{
//table_addr=(year-1)*0x3;
//}
//定位数据表地址完成
```

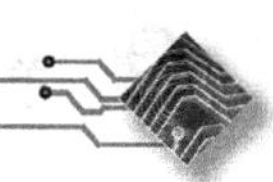

```
//取当年春节所在的公历月份
temp1=year_code[table_addr+2]&0x60;
temp1=_cror_(temp1, 5);
//取当年春节所在的公历月份完成
//取当年春节所在的公历日
temp2=year_code[table_addr+2]&0x1f;
//取当年春节所在的公历日完成
// 计算当年春节离当年元旦的天数，春节只会在公历 1 月或 2 月
if(temp1==0x1)
{
temp3=temp2-1;
}
else
{
temp3=temp2+0x1f-1;
}
// 计算当年春节离当年元旦的天数完成
//计算公历日离当年元旦的天数，为了减少运算，用了两个表
//day_code1[9], day_code2[3]
//如果公历月在九月或前，天数会少于 0xff，用表 day_code1[9],
//在九月后，天数大于 0xff，用表 day_code2[3]
//如输入公历日为 8 月 10 日，则公历日离元旦天数为 day_code1[8-1]+10-1
//如输入公历日为 11 月 10 日，则公历日离元旦天数为 day_code2[11-10]+10-1
if (month<10)
{
temp4=day_code1[month-1]+day-1;
}
else
{
temp4=day_code2[month-10]+day-1;
}
if ((month>0x2)&&(year%0x4==0))
{ //如果公历月大于 2 月并且该年的 2 月为闰月，天数加 1
temp4+=1;
}
//计算公历日离当年元旦的天数完成
//判断公历日在春节前还是春节后
if (temp4>=temp3)
{                    //公历日在春节后或就是春节当日使用下面代码进行运算
temp4-=temp3;
month=0x1;
month_p=0x1;  //month_p 为月份指向，公历日在春节前或就是春节当日 month_p 指向首月
flag2=get_moon_day(month_p, table_addr);
//检查该农历月为大月还是小月，大月返回 1，小月返回 0
flag_y=0;
if(flag2==0)temp1=0x1d;           //小月 29 天
else temp1=0x1e;                  //大小 30 天
temp2=year_code[table_addr]&0xf0;
temp2=_cror_(temp2, 4);           //从数据表中取该年的闰月月份，如为 0 则该年无闰月
while(temp4>=temp1)
```

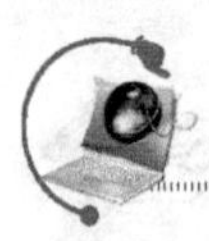


```
{
temp4-=temp1;
month_p+=1;
if(month==temp2)
{
flag_y=~flag_y;
if(flag_y==0)
month+=1;
}
else month+=1;
flag2=get_moon_day(month_p, table_addr);
if(flag2==0)temp1=0x1d;
else temp1=0x1e;
}
day=temp4+1;
}
else
{                                    //公历日在春节前使用下面代码进行运算
temp3-=temp4;
if (year==0x0)
{
year=0x63;c=1;
}
else year-=1;
table_addr-=0x3;
month=0xc;
temp2=year_code[table_addr]&0xf0;
temp2=_cror_(temp2, 4);
if (temp2==0)
month_p=0xc;
else
month_p=0xd; //
/*month_p为月份指向，如果当年有闰月，一年有十三个月，月指向13，无闰月指向12*/
flag_y=0;
flag2=get_moon_day(month_p, table_addr);
if(flag2==0)temp1=0x1d;
else temp1=0x1e;
while(temp3>temp1)
{
temp3-=temp1;
month_p-=1;
if(flag_y==0)month-=1;
if(month==temp2)flag_y=~flag_y;
flag2=get_moon_day(month_p, table_addr);
if(flag2==0)temp1=0x1d;
else temp1=0x1e;
}
day=temp1-temp3+1;
}
c_moon=c;                          //HEX->BCD ，运算结束后，把数据转换为BCD数据
```

```
    temp1=year/10;
    temp1=_crol_(temp1, 4);
    temp2=year%10;
    year_moon=temp1|temp2;
    temp1=month/10;
    temp1=_crol_(temp1, 4);
    temp2=month%10;
    month_moon=temp1|temp2;
    temp1=day/10;
    temp1=_crol_(temp1, 4);
    temp2=day%10;
    day_moon=temp1|temp2;
    }
    /*函数功能:输入 BCD 阳历数据，输出 BCD 星期数据(只允许 1901-2099 年)
    调用函数示例:Conver_week(c_sun, year_sun, month_sun, day_sun)
    如:计算 2004 年 10 月 16 日 Conversion(0, 0x4, 0x10, 0x16);
    c_sun, year_sun, month_sun, day_sun 均为 BCD 数据, c_sun 为世纪标志位, c_sun=0
为 21 世
    纪, c_sun=1 为 19 世纪
    调用函数后，原有数据不变，读 week 得出阴历 BCD 数据
    */
    code uchar table_week[12]={0, 3, 3, 6, 1, 4, 6, 2, 5, 0, 3, 5}; //月修正数据表
    /*
    算法:日期+年份+所过闰年数+月较正数之和除 7 的余数就是星期但如果是在
    闰年又不到 3 月份上述之和要减一天再除 7
    星期数为 0
    */
    /*void Conver_week(bit c, uchar year, uchar month, uchar day)
    {//c=0 为 21 世纪, c=1 为 19 世纪 输入输出数据均为 BCD 数据
    uchar temp1, temp2;
    temp1=year/16; //BCD->hex 先把数据转换为十六进制
    temp2=year%16;
    year=temp1*10+temp2;
    temp1=month/16;
    temp2=month%16;
    month=temp1*10+temp2;
    temp1=day/16;
    temp2=day%16;
    day=temp1*10+temp2;
    if (c==0){year+=0x64;}           //如果为 21 世纪，年份数加 100
    temp1=year/0x4;                  //所过闰年数只算 1900 年之后的
    temp2=year+temp1;
    temp2=temp2%0x7;                 //为节省资源，先进行一次取余，避免数大于 0xff，避免使
用整型数据
    temp2=temp2+day+table_week[month-1];
    if (year%0x4==0&&month<3)temp2-=1;
    week=temp2%0x7;
    }*/
    //test
    uchar c_sun, year_sun, month_sun, day_sun;
```

```
/***************************************************************************
*************************************************
    函数功能：二十四节气数据库
    入口参数：unsigned char(yy，mo，dd) 对应 年月日
    出口参数：unsigned char(0-24) 1-24对应二十四节气
    作者    ：TOTOP
    二十四节气数据库（1901--2050）
    数据格式说明：
    如1901年的节气为
      1月    2月     3月     4月        5月        6月     7月      8月       9月      10月
11月    12月
    [ 6，21][ 4，19][ 6，21][ 5，21][ 6，22][ 6，22][ 8，23][ 8，24][ 8，24][ 8，
24][ 8，23][ 8，22]
    [ 9， 6][11， 4][ 9， 6][10， 6][ 9， 7][ 9， 7][ 7， 8][ 7， 9][ 7， 9][ 7，
9][ 7， 8][ 7，15]
    上面第一行数据为每月节气对应公历日期，15减去每月第一个节气，每月第二个节气减去15得第
二
    行，这样每月两个节气对应数据都小于16，每月用一个字节存放，高位存放第一个节气数据，低位
存
    放第二个节气的数据，可得下表
    ***************************************************************************
*****************************************************/
    uchar code jieqi_code[]=
    {
    0x96，0xB4，0xA5，0xB5，0xA6，0xA6，0x87，0x88，0x88，0x78，0x87，0x86，     //2000
    0xA5，0xB3，0xA5，0xA5，0xA6，0xA6，0x88，0x88，0x88，0x78，0x87，0x87，     //2001
    0xA5，0xB4，0x96，0xA5，0x96，0x96，0x88，0x78，0x78，0x78，0x87，0x87，     //2002
    0x95，0xB4，0x96，0xA5，0x96，0x97，0x88，0x78，0x78，0x69，0x78，0x87，     //2003
    0x96，0xB4，0xA5，0xB5，0xA6，0xA6，0x87，0x88，0x88，0x78，0x87，0x86，     //2004
    0xA5，0xB3，0xA5，0xA5，0xA6，0xA6，0x88，0x88，0x88，0x78，0x87，0x87，     //2005
    0xA5，0xB4，0x96，0xA5，0xA6，0x96，0x88，0x88，0x78，0x78，0x87，0x87，     //2006
    0x95，0xB4，0x96，0xA5，0x96，0x97，0x88，0x78，0x78，0x69，0x78，0x87，     //2007
    0x96，0xB4，0xA5，0xB5，0xA6，0xA6，0x87，0x88，0x87，0x78，0x87，0x86，     //2008
    0xA5，0xB3，0xA5，0xB5，0xA6，0xA6，0x88，0x88，0x88，0x78，0x87，0x87，     //2009
    0xA5，0xB4，0x96，0xA5，0xA6，0x96，0x88，0x88，0x78，0x78，0x87，0x87，     //2010
    0x95，0xB4，0x96，0xA5，0x96，0x97，0x88，0x78，0x78，0x79，0x78，0x87，     //2011
    0x96，0xB4，0xA5，0xB5，0xA5，0xA6，0x87，0x88，0x87，0x78，0x87，0x86，     //2012
    0xA5，0xB3，0xA5，0xB5，0xA6，0xA6，0x87，0x88，0x88，0x78，0x87，0x87，     //2013
    0xA5，0xB4，0x96，0xA5，0xA6，0x96，0x88，0x88，0x78，0x78，0x87，0x87，     //2014
    0x95，0xB4，0x96，0xA5，0x96，0x97，0x88，0x78，0x78，0x79，0x77，0x87，     //2015
    0x95，0xB4，0xA5，0xB4，0xA5，0xA6，0x87，0x88，0x87，0x78，0x87，0x86，     //2016
    0xA5，0xC3，0xA5，0xB5，0xA6，0xA6，0x87，0x88，0x88，0x78，0x87，0x87，     //2017
    0xA5，0xB4，0xA6，0xA5，0xA6，0x96，0x88，0x88，0x78，0x78，0x87，0x87，     //2018
    0xA5，0xB4，0x96，0xA5，0x96，0x96，0x88，0x78，0x78，0x79，0x77，0x87，     //2019
    0x95，0xB4，0xA5，0xB4，0xA5，0xA6，0x97，0x87，0x87，0x78，0x87，0x86，     //2020
    0xA5，0xC3，0xA5，0xB5，0xA6，0xA6，0x87，0x88，0x88，0x78，0x87，0x86，     //2021
    0xA5，0xB4，0xA5，0xA5，0xA6，0x96，0x88，0x88，0x88，0x78，0x87，0x87，     //2022
    0xA5，0xB4，0x96，0xA5，0x96，0x96，0x88，0x78，0x78，0x79，0x77，0x87，     //2023
    0x95，0xB4，0xA5，0xB4，0xA5，0xA6，0x97，0x87，0x87，0x78，0x87，0x96，     //2024
    0xA5，0xC3，0xA5，0xB5，0xA6，0xA6，0x87，0x88，0x88，0x78，0x87，0x86，     //2025
```

```
0xA5, 0xB3, 0xA5, 0xA5, 0xA6, 0xA6, 0x88, 0x88, 0x88, 0x78, 0x87, 0x87,    //2026
0xA5, 0xB4, 0x96, 0xA5, 0x96, 0x96, 0x88, 0x78, 0x78, 0x78, 0x87, 0x87,    //2027
0x95, 0xB4, 0xA5, 0xB4, 0xA5, 0xA6, 0x97, 0x87, 0x87, 0x78, 0x87, 0x96,    //2028
0xA5, 0xC3, 0xA5, 0xB5, 0xA6, 0xA6, 0x87, 0x88, 0x88, 0x78, 0x87, 0x86,    //2029
0xA5, 0xB3, 0xA5, 0xA5, 0xA6, 0xA6, 0x88, 0x88, 0x88, 0x78, 0x87, 0x87,    //2030
0xA5, 0xB4, 0x96, 0xA5, 0x96, 0x96, 0x88, 0x78, 0x78, 0x78, 0x87, 0x87,    //2031
0x95, 0xB4, 0xA5, 0xB4, 0xA5, 0xA6, 0x97, 0x87, 0x87, 0x78, 0x87, 0x96,    //2032
0xA5, 0xC3, 0xA5, 0xB5, 0xA6, 0xA6, 0x88, 0x88, 0x88, 0x78, 0x87, 0x86,    //2033
0xA5, 0xB3, 0xA5, 0xA5, 0xA6, 0xA6, 0x88, 0x78, 0x88, 0x78, 0x87, 0x87,    //2034
0xA5, 0xB4, 0x96, 0xA5, 0xA6, 0x96, 0x88, 0x88, 0x78, 0x78, 0x87, 0x87,    //2035
0x95, 0xB4, 0xA5, 0xB4, 0xA5, 0xA6, 0x97, 0x87, 0x87, 0x78, 0x87, 0x96,    //2036
0xA5, 0xC3, 0xA5, 0xB5, 0xA6, 0xA6, 0x87, 0x88, 0x88, 0x78, 0x87, 0x86,    //2037
0xA5, 0xB3, 0xA5, 0xA5, 0xA6, 0xA6, 0x88, 0x88, 0x88, 0x78, 0x87, 0x87,    //2038
0xA5, 0xB4, 0x96, 0xA5, 0xA6, 0x96, 0x88, 0x88, 0x78, 0x78, 0x87, 0x87,    //2039
0x95, 0xB4, 0xA5, 0xB4, 0xA5, 0xA6, 0x97, 0x87, 0x87, 0x78, 0x87, 0x96,    //2040
0xA5, 0xC3, 0xA5, 0xB5, 0xA5, 0xA6, 0x87, 0x88, 0x87, 0x78, 0x87, 0x86,    //2041
0xA5, 0xB3, 0xA5, 0xB5, 0xA6, 0xA6, 0x88, 0x88, 0x88, 0x78, 0x87, 0x87,    //2042
0xA5, 0xB4, 0x96, 0xA5, 0xA6, 0x96, 0x88, 0x88, 0x78, 0x78, 0x87, 0x87,    //2043
0x95, 0xB4, 0xA5, 0xB4, 0xA5, 0xA6, 0x97, 0x87, 0x87, 0x88, 0x87, 0x96,    //2044
0xA5, 0xC3, 0xA5, 0xB4, 0xA5, 0xA6, 0x87, 0x88, 0x87, 0x78, 0x87, 0x86,    //2045
0xA5, 0xB3, 0xA5, 0xB5, 0xA6, 0xA6, 0x87, 0x88, 0x88, 0x78, 0x87, 0x87,    //2046
0xA5, 0xB4, 0x96, 0xA5, 0xA6, 0x96, 0x88, 0x88, 0x78, 0x78, 0x87, 0x87,    //2047
0x95, 0xB4, 0xA5, 0xB4, 0xA5, 0xA5, 0x97, 0x87, 0x87, 0x88, 0x86, 0x96,    //2048
0xA4, 0xC3, 0xA5, 0xA5, 0xA5, 0xA6, 0x97, 0x87, 0x87, 0x78, 0x87, 0x86,    //2049
0xA5, 0xC3, 0xA5, 0xB5, 0xA6, 0xA6, 0x87, 0x88, 0x78, 0x78, 0x87, 0x87,    //2050
};
uchar jieqi (uchar y2, m2, d2)
{
uchar temp, d, y, y1, m;
uint addr;
d=d2/16*10+d2%16;
m=m2/16*10+m2%16;
y1=y2/16*10+y2%16+2000;
y=y1-2000;
addr=y*12+m-1;
if(d<15)
{
temp=15-d;
if((jieqi_code[addr]>>4)==temp) return (m*2-1);
else return (0);
}
if(d==15) return (0);
if(d>15)
{
temp=d-15;
if((jieqi_code[addr]&0x0f)==temp) return (m*2);
else return (0);
}
}
```

```
/****************************************************************************/
/
  //公历节日数据库表
/****************************************************************************/
/
  void days ()                                //公历节日数据库
      {
       uchar j;
       j=jieqi(yy, mo, dd);
        lcm_w_test(0, 0x98);                  //在屏幕第四行
        //家人生日，纪念日
        if(t/2%2==0)//设置变化的时间，默认是 2s
        {
  if ( month_moon== 0x06 && day_moon== 0x02 ){ lcm_w_word("后天是   的生日"); }
  if ( month_moon== 0x06 && day_moon== 0x03 ){ lcm_w_word("明天是   的生日"); }
  if ( month_moon== 0x06 && day_moon== 0x04 ){ lcm_w_word("今天是   的生日"); }
  if ( month_moon== 0x10 && day_moon== 0x07 ){ lcm_w_word("后天是   的生日"); }
  if ( month_moon== 0x10 && day_moon== 0x08 ){ lcm_w_word("明天是   的生日"); }
  if ( month_moon== 0x10 && day_moon== 0x09 ){ lcm_w_word("今天是   的生日"); }
  if ( month_moon== 0x08 && day_moon== 0x01 ){ lcm_w_word("后天是    生日！"); }
  if ( month_moon== 0x08 && day_moon== 0x02 ){ lcm_w_word("明天是    生日！"); }
  if ( month_moon== 0x08 && day_moon== 0x03 ){ lcm_w_word("今天是    生日！"); }

  //农历节日
  else if ( month_moon== 0x12 && day_moon== 0x29 ){ lcm_w_word("    明天大年
"); }
   if ( month_moon== 0x12 && day_moon== 0x30 ){ lcm_w_word("   今天大年  "); }
   if ( month_moon== 0x05 && day_moon== 0x05 ){ lcm_w_word(" 今天是端午节"); }
   if ( month_moon== 0x08 && day_moon== 0x15 ){ lcm_w_word(" 今天是中秋节"); }
   if ( month_moon== 0x01 && day_moon== 0x15 ){ lcm_w_word(" 今天是元宵节"); }
   if ( month_moon== 0x02 && day_moon== 0x02 ){ lcm_w_word(" 今天是龙抬头"); }
   if ( month_moon== 0x07 && day_moon== 0x07 ){ lcm_w_word(" 今天是七夕  "); }
   if ( month_moon== 0x07 && day_moon== 0x15 ){ lcm_w_word("   今天是鬼节"); }
   if ( month_moon== 0x09 && day_moon== 0x09 ){ lcm_w_word(" 今天是重阳节"); }
   if ( month_moon== 0x12 && day_moon== 0x08 ){ lcm_w_word(" 今天是腊八节"); }
        //二十四节气
     else if (j==1){ lcm_w_word("    今天小寒    "); }
         if (j==2){ lcm_w_word("    今天大寒    "); }
         if (j==3){ lcm_w_word("    今天立春    "); }
         if (j==4){ lcm_w_word("    今天雨水    "); }
         if (j==5){ lcm_w_word("    今天惊蛰    "); }
         if (j==6){ lcm_w_word("    今天春分    "); }
         if (j==7){ lcm_w_word("    今天清明    "); }
         if (j==8){ lcm_w_word("    今天谷雨    "); }
         if (j==9){ lcm_w_word("    今天立夏    "); }
         if (j==10){ lcm_w_word("    今天小满    "); }
         if (j==11){ lcm_w_word("    今天芒种    "); }
         if (j==12){ lcm_w_word("    今天夏至    "); }
         if (j==13){ lcm_w_word("    今天小暑    "); }
         if (j==14){ lcm_w_word("    今天大暑    "); }
```

```
        if (j==15){ lcm_w_word("    今天立秋    "); }
        if (j==16){ lcm_w_word("    今天处暑    "); }
        if (j==17){ lcm_w_word("    今天白露    "); }
        if (j==18){ lcm_w_word("    今天秋分    "); }
        if (j==19){ lcm_w_word("    今天寒露    "); }
        if (j==20){ lcm_w_word("    今天霜降    "); }
        if (j==21){ lcm_w_word("    今天立冬    "); }
        if (j==22){ lcm_w_word("    今天小雪    "); }
        if (j==23){ lcm_w_word("    今天大雪    "); }
        if (j==24){ lcm_w_word("    今天冬至    "); }
        //国立节日
    else if ( mo == 0x01 && dd == 0x01 ){ lcm_w_word("新年快乐！"); }//1月
        if ( mo == 0x01 && dd == 0x28 ){ lcm_w_word("今天是世界麻风日"); }

        if ( mo == 0x02 && dd == 0x02 ){ lcm_w_word("今天是世界湿地日"); }//2月

        if ( mo == 0x02 && dd == 0x13 ){ lcm_w_word("明天情人节了"); }

        if ( mo == 0x02 && dd == 0x14 ){ lcm_w_word("今天是情人节"); }

        if ( mo == 0x03 && dd == 0x01 ){ lcm_w_word("今天是国际海豹日"); }//3月

        if ( mo == 0x03 && dd == 0x03 ){ lcm_w_word("今天是全国爱耳日"); }

        if ( mo == 0x03 && dd == 0x08 ){ lcm_w_word("今天是3.8 妇女节"); }

        if ( mo == 0x03 && dd == 0x12 ){ lcm_w_word("今天是植树节"); }

        if ( mo == 0x03 && dd == 0x14 ){ lcm_w_word("今天是国际警察日"); }

        if ( mo == 0x03 && dd == 0x15 ){ lcm_w_word("今天消费者权益日"); }

        if ( mo == 0x03 && dd == 0x17 ){ lcm_w_word("今天是国际航海日"); }

        if ( mo == 0x03 && dd == 0x21 ){ lcm_w_word("今天是世界森林日"); }

        if ( mo == 0x03 && dd == 0x22 ){ lcm_w_word("今天是世界水日！"); }

        if ( mo == 0x03 && dd == 0x23 ){ lcm_w_word("今天是世界气象日"); }

        if ( mo == 0x03 && dd == 0x24 ){ lcm_w_word("世界防治结核病日"); }

        if ( mo == 0x04 && dd == 0x01 ){ lcm_w_word("愚人节，小心上当"); }//4月

        if ( mo == 0x04 && dd == 0x07 ){ lcm_w_word("今天是世界卫生日"); }

        if ( mo == 0x04 && dd == 0x08 ){ lcm_w_word("今天复活节"); }

        if ( mo == 0x04 && dd == 0x13 ){ lcm_w_word("黑色星期五"); }
```

```
if ( mo == 0x05 && dd == 0x01 ){ lcm_w_word("今天是劳动节"); }//5月

if ( mo == 0x05 && dd == 0x04 ){ lcm_w_word("今天是五四青年节"); }

if ( mo == 0x05 && dd == 0x08 ){ lcm_w_word("今天世界红十字日"); }

if ( mo == 0x05 && dd == 0x12 ){ lcm_w_word("今天是国际护士节"); }

if ( mo == 0x05 && dd == 0x05 ){ lcm_w_word("近日注意母亲节"); }

if ( mo == 0x05 && dd == 0x15 ){ lcm_w_word("今天是国际家庭日"); }
if ( mo == 0x05 && dd == 0x31 ){ lcm_w_word("今天是世界无烟日"); }

if ( mo == 0x06 && dd == 0x01 ){ lcm_w_word("今天是国际儿童节"); }//6月

if ( mo == 0x06 && dd == 0x05 ){ lcm_w_word("今天是世界环境日"); }

if ( mo == 0x06 && dd == 0x26 ){ lcm_w_word("今天是国际禁毒日"); }

if ( mo == 0x06 && dd == 0x06 ){ lcm_w_word("今天是全国爱眼日"); }

if ( mo == 0x06 && dd == 0x13 ){ lcm_w_word("近日注意父亲节"); }
if ( mo == 0x06 && dd == 0x15 ){ lcm_w_word("近日注意父亲节"); }

if ( mo == 0x07 && dd == 0x01 ){ lcm_w_word("香港回归记念日"); }//7月

if ( mo == 0x07 && dd == 0x07 ){ lcm_w_word("抗日战争记念日"); }
if ( mo == 0x07 && dd == 0x11 ){ lcm_w_word("今天是世界人口日"); }

if ( mo == 0x08 && dd == 0x01 ){ lcm_w_word("今天是八一建军节"); }//8月
if ( mo == 0x08 && dd == 0x08 ){ lcm_w_word("今天是中国男子节"); }
if ( mo == 0x08 && dd == 0x15 ){ lcm_w_word("抗战胜利记念日！"); }

if ( mo == 0x09 && dd == 0x10 ){ lcm_w_word("今天是教师节"); }//9月
if ( mo == 0x09 && dd == 0x18 ){ lcm_w_word("九·一八事变记念"); }
if ( mo == 0x09 && dd == 0x20 ){ lcm_w_word("今天是国际爱牙日"); }
if ( mo == 0x09 && dd == 0x27 ){ lcm_w_word("今天是世界旅游日"); }

if ( mo == 0x10 && dd == 0x01 ){ lcm_w_word("今天是国庆节"); }//10月
if ( mo == 0x10 && dd == 0x04 ){ lcm_w_word("今天是世界动物日"); }
if ( mo == 0x10 && dd == 0x24 ){ lcm_w_word("今天是联合国日！"); }
if ( mo == 0x10 && dd == 0x12 ){ lcm_w_word("明天国际教师节！"); }
if ( mo == 0x10 && dd == 0x13 ){ lcm_w_word("今天是国际教师节"); }

if ( mo == 0x11 && dd == 0x10 ){ lcm_w_word("今天是世界青年节"); }//11月
if ( mo == 0x11 && dd == 0x17 ){ lcm_w_word("今天是世界学生节"); }

if ( mo == 0x12 && dd == 0x01 ){ lcm_w_word("今天世界艾滋病日"); }//12月
if ( mo == 0x12 && dd == 0x06 ){ lcm_w_word("阳历生日快乐"); }
```

```
        if ( mo == 0x12 && dd == 0x23 ){ lcm_w_word("明晚平安夜"); }
        if ( mo == 0x12 && dd == 0x24 ){ lcm_w_word("今晚平安夜"); }
        if ( mo == 0x12 && dd == 0x25 ){ lcm_w_word("圣诞快乐"); }
        if ( mo == 0x12 && dd == 0x31 ){ lcm_w_word("明日新年"); }
        }
        else{//非节日时显示时晨信息

          if ( hh >= 0x04 && hh <  0x06 ){ lcm_w_word("  凌晨  点  分  ");
           lcm_w_test(0, 0x9b);
           if(hh1/10 != 0){lcm_w_test(1, (hh1/10)+0x30);} //十位消隐
           else{lcm_w_test(1, 0x20);}//同上
           lcm_w_test(1, hh1%10+0x30);
           lcm_w_test(0, 0x9d);  //":"
        if(mm/16 != 0){lcm_w_test(1, (mm/16)+0x30);}    //十位消隐
           else{lcm_w_test(1, 0x20);}//同上
          lcm_w_test(1, mm%16+0x30); }
           if ( hh >= 0x06 && hh <  0x08 ){ lcm_w_word("  早晨  点  分  ");
           lcm_w_test(0, 0x9b);
           if(hh1/10 != 0){lcm_w_test(1, (hh1/10)+0x30);} //十位消隐
           else{lcm_w_test(1, 0x20);}//同上
           lcm_w_test(1, hh1%10+0x30);
           lcm_w_test(0, 0x9d);  //":"
        if(mm/16 != 0){lcm_w_test(1, (mm/16)+0x30);}    //十位消隐
           else{lcm_w_test(1, 0x20);}//同上
          lcm_w_test(1, mm%16+0x30); }
           if ( hh >= 0x08 && hh <  0x12 ){ lcm_w_word("  上午  点  分  ");
           lcm_w_test(0, 0x9b);
           if(hh1/10 != 0){lcm_w_test(1, (hh1/10)+0x30);} //十位消隐
           else{lcm_w_test(1, 0x20);}//同上
           lcm_w_test(1, hh1%10+0x30);
           lcm_w_test(0, 0x9d);  //":"
        if(mm/16 != 0){lcm_w_test(1, (mm/16)+0x30);}    //十位消隐
           else{lcm_w_test(1, 0x20);}//同上
          lcm_w_test(1, mm%16+0x30); }
           if ( hh == 0x12)                 { lcm_w_word("  中午  点  分  ");
           lcm_w_test(0, 0x9b);
           if(hh1/10 != 0){lcm_w_test(1, (hh1/10)+0x30);} //十位消隐
           else{lcm_w_test(1, 0x20);}//同上
           lcm_w_test(1, hh1%10+0x30);
           lcm_w_test(0, 0x9d);  //":"
        if(mm/16 != 0){lcm_w_test(1, (mm/16)+0x30);}    //十位消隐
           else{lcm_w_test(1, 0x20);}//同上
          lcm_w_test(1, mm%16+0x30); }
           if ( hh >= 0x13 && hh <  0x18 ){ lcm_w_word("  下午  点  分  ");
           lcm_w_test(0, 0x9b);
           if(hh1/10 != 0){lcm_w_test(1, (hh1/10)+0x30);} //十位消隐
           else{lcm_w_test(1, 0x20);}//同上
           lcm_w_test(1, hh1%10+0x30);
           lcm_w_test(0, 0x9d);  //":"
        if(mm/16 != 0){lcm_w_test(1, (mm/16)+0x30);}    //十位消隐
```

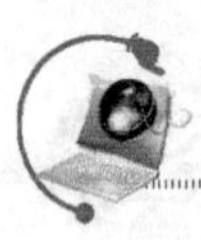


```
            else{lcm_w_test(1, 0x20);}//同上
          lcm_w_test(1, mm%16+0x30); }
            if ( hh >= 0x18 && hh <  0x22 ){ lcm_w_word("  晚上  点  分  ");
            lcm_w_test(0, 0x9b);
            if(hh1/10 != 0){lcm_w_test(1, (hh1/10)+0x30);} //十位消隐
            else{lcm_w_test(1, 0x20);}//同上
           lcm_w_test(1, hh1%10+0x30);
           lcm_w_test(0, 0x9d);   //":"
        if(mm/16 != 0){lcm_w_test(1, (mm/16)+0x30);}    //十位消隐
            else{lcm_w_test(1, 0x20);}//同上
          lcm_w_test(1, mm%16+0x30); }
            if ( hh >= 0x22 && hh <= 0x23 ){ lcm_w_word("  夜里  点  分  ");
            lcm_w_test(0, 0x9b);
            if(hh1/10 != 0){lcm_w_test(1, (hh1/10)+0x30);} //十位消隐
            else{lcm_w_test(1, 0x20);}//同上
           lcm_w_test(1, hh1%10+0x30);
           lcm_w_test(0, 0x9d);   //":"
        if(mm/16 != 0){lcm_w_test(1, (mm/16)+0x30);}    //十位消隐
            else{lcm_w_test(1, 0x20);}//同上
          lcm_w_test(1, mm%16+0x30); }
            if ( hh >= 0x00 && hh <  0x04 ){ lcm_w_word("  深夜  点  分  ");
            lcm_w_test(0, 0x9b);
            if(hh1/10 != 0){lcm_w_test(1, (hh1/10)+0x30);} //十位消隐
            else{lcm_w_test(1, 0x20);}//同上
           lcm_w_test(1, hh1%10+0x30);
           lcm_w_test(0, 0x9d);   //":"
        if(mm/16 != 0){lcm_w_test(1, (mm/16)+0x30);}    //十位消隐
            else{lcm_w_test(1, 0x20);}//同上
          lcm_w_test(1, mm%16+0x30); }

        }
}
/******************ds1820程序***************************************/
void delay_18B20(unsigned int i)                    //延时1μs
{
  while(i--);
}
void ds1820rst()//ds1820复位*
{ unsigned char x=0;
DQ = 1;                                             //DQ复位
delay_18B20(4);                                     //延时
DQ = 0;                                             //DQ拉低
delay_18B20(100);                                   //精确延时大于480μs
DQ = 1;                                             //拉高
delay_18B20(40);
  }

  unsigned char ds1820rd()                          //读数据
{ unsigned char i=0;
unsigned char dat = 0;
```

```
for (i=8;i>0;i--)
{   DQ = 0; //给脉冲信号
    dat>>=1;
    DQ = 1; //给脉冲信号
    if(DQ)
    dat|=0x80;
    delay_18B20(10);
}
   return(dat);
}
void ds1820wr(uchar wdata)                               //写数据
{unsigned char i=0;
    for (i=8; i>0; i--)
   { DQ = 0;
     DQ = wdata&0x01;
     delay_18B20(10);
     DQ = 1;
     wdata>>=1;
   }
}
read_temp()                                              //读取温度值并转换
{uchar a, b;
ds1820rst();
ds1820wr(0xcc);                                          //跳过读序列号
ds1820wr(0x44);                                          //启动温度转换
ds1820rst();
ds1820wr(0xcc);                                          //跳过读序列号
ds1820wr(0xbe);                                          //读取温度
a=ds1820rd();
b=ds1820rd();
tvalue=b;
tvalue<<=8;
tvalue=tvalue|a;
    if(tvalue<0x0fff)
   tflag=0;
    else
   {tvalue=~tvalue+1;
tflag=1;
   }
tvalue=tvalue*(0。625);                                  //温度值扩大 10 倍，精确到 1 位小数
return(tvalue);
}
/***********************************************************************
**/
//声明（当各函数的排列适当时可不用声明）
void lcm_w_ss(void);void lcm_w_mm(void);
void lcm_w_hh(void);void lcm_w_dd(void);
void lcm_w_mo(void);void lcm_w_yy(void);
void lcm_w_xq(void);
unsigned char clock_in(void);
```

```
void clock_out(unsigned char dd);
void Init_1302(void);
unsigned char read_clock(unsigned char ord);
void read_clockS(void);
void Set_time(unsigned char sel);
void write_clock(unsigned char ord, unsigned char dd);
void updata (void);
void lcmnongli();
void lcmjieqi();
void lcmshengxiao();
/****************************农历显示*********************************/
void lcmnongli()
{
 uchar yue, ri;
year_sun=yy;
month_sun=mo;
day_sun=dd;
Conversion(c_sun, year_sun, month_sun, day_sun);
yue=(month_moon/16)*10+month_moon%16;
year1=yue;
ri=(day_moon/16)*10+day_moon%16;
lcm_w_test(0, 0x90);                              //显示农历月
  if(yue==1){  lcm_w_word("正");}
  if(yue==2){  lcm_w_word("二");}
  if(yue==3){  lcm_w_word("三");}
  if(yue==4){  lcm_w_word("四");}
  if(yue==5){  lcm_w_word("五");}
  if(yue==6){  lcm_w_word("六");}
  if(yue==7){  lcm_w_word("七");}
  if(yue==8){  lcm_w_word("八");}
  if(yue==9){  lcm_w_word("九");}
  if(yue==10){  lcm_w_word("十");}
  if(yue==11){  lcm_w_word("冬");}
  if(yue==12){  lcm_w_word("腊");}
  lcm_w_test(0, 0x91);
  lcm_w_word("月");
  lcm_w_test(0, 0x92);                            //显示农历日
  if(ri<=10)
   {
    if(ri==1){  lcm_w_word("初一");}
    if(ri==2){  lcm_w_word("初二");}
    if(ri==3){  lcm_w_word("初三");}
    if(ri==4){  lcm_w_word("初四");}
    if(ri==5){  lcm_w_word("初五");}
    if(ri==6){  lcm_w_word("初六");}
    if(ri==7){  lcm_w_word("初七");}
    if(ri==8){  lcm_w_word("初八");}
    if(ri==9){  lcm_w_word("初九");}
    if(ri==10){  lcm_w_word("初十");}
   }
```

```
  else
  {
   if(ri==11){  lcm_w_word("十一");}
   if(ri==12){  lcm_w_word("十二");}
   if(ri==13){  lcm_w_word("十三");}
   if(ri==14){  lcm_w_word("十四");}
   if(ri==15){  lcm_w_word("十五");}
   if(ri==16){  lcm_w_word("十六");}
   if(ri==17){  lcm_w_word("十七");}
   if(ri==18){  lcm_w_word("十八");}
   if(ri==19){  lcm_w_word("十九");}
   if(ri==20){  lcm_w_word("二十");}
   if(ri==21){  lcm_w_word("廿一");}
   if(ri==22){  lcm_w_word("廿二");}
   if(ri==23){  lcm_w_word("廿三");}
   if(ri==24){  lcm_w_word("廿四");}
   if(ri==25){  lcm_w_word("廿五");}
   if(ri==26){  lcm_w_word("廿六");}
   if(ri==27){  lcm_w_word("廿七");}
   if(ri==28){  lcm_w_word("廿八");}
   if(ri==29){  lcm_w_word("廿九");}
   if(ri==30){  lcm_w_word("三十");}
  }
 }
/*****************************************************************************
 void lcmjieqi()
 {
  uchar j;
  j=jieqi(yy, mo, dd);
  lcm_w_test(0, 0x9e);                              //在屏幕第 2 行
  if (j==1){ lcm_w_word("小寒"); }
  if (j==2){ lcm_w_word("大寒"); }
  if (j==3){ lcm_w_word("立春"); }
  if (j==4){ lcm_w_word("雨水"); }
  if (j==5){ lcm_w_word("惊蛰"); }
  if (j==6){ lcm_w_word("春分"); }
  if (j==7){ lcm_w_word("清明"); }
  if (j==8){ lcm_w_word("谷雨"); }
  if (j==9){ lcm_w_word("立夏"); }
  if (j==10){ lcm_w_word("小满"); }
  if (j==11){ lcm_w_word("芒种"); }
  if (j==12){ lcm_w_word("夏至"); }
  if (j==13){ lcm_w_word("小暑"); }
  if (j==14){ lcm_w_word("大暑"); }
  if (j==15){ lcm_w_word("立秋"); }
  if (j==16){ lcm_w_word("处暑"); }
  if (j==17){ lcm_w_word("白露"); }
  if (j==18){ lcm_w_word("秋分"); }
  if (j==19){ lcm_w_word("寒露"); }
  if (j==20){ lcm_w_word("霜降"); }
```

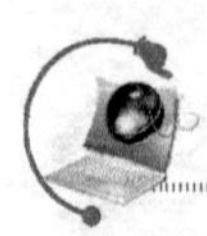


```
 if (j==21){ lcm_w_word("立冬"); }
 if (j==22){ lcm_w_word("小雪"); }
 if (j==23){ lcm_w_word("大雪"); }
 if (j==24){ lcm_w_word("冬至"); }

}
/******************************十二生肖显示**********************************/
void lcmshengxiao()
{
 uint y3;
y3=(yy/16*10+yy%16+2000-1900)%12;
if(year<6 & year1>6) y3--;
 switch(y3)
 {
  case 0: lcm_w_test(0, 0x86);lcm_w_word("子鼠");
        break;
  case 1: lcm_w_test(0, 0x86);lcm_w_word("丑牛");
        break;
  case 2: lcm_w_test(0, 0x86);lcm_w_word("寅虎");
        break;
  case 3: lcm_w_test(0, 0x86);lcm_w_word("卯兔");
        break;
  case 4: lcm_w_test(0, 0x86);lcm_w_word("辰龙");
        break;
  case 5: lcm_w_test(0, 0x86);lcm_w_word("巳蛇");
        break;
  case 6: lcm_w_test(0, 0x86);lcm_w_word("午马");
        break;
  case 7: lcm_w_test(0, 0x86);lcm_w_word("未羊");
        break;
  case 8: lcm_w_test(0, 0x86);lcm_w_word("申猴");
        break;
  case 9: lcm_w_test(0, 0x86);lcm_w_word("酉鸡");
        break;
  case 10: lcm_w_test(0, 0x86);lcm_w_word("戌狗");
        break;
  case 11: lcm_w_test(0, 0x86);lcm_w_word("亥猪");
        break;
 }
}
/************************* DS1302时钟芯片驱动程序*********************/
//常用时钟数据读取
void read_clockS(void){
    ss = read_clock(0x81);//读取秒数据
    mm = read_clock(0x83);//读取分钟数据
    hh = read_clock(0x85);//小时
    dd = read_clock(0x87);//日
    mo = read_clock(0x89);//月
    xq = read_clock(0x8b);//星期
    yy = read_clock(0x8d);//年
```

```
}
/************************************************************************/
//调时用加 1 程序
void Set_time(unsigned char sel)//根据选择调整的相应项目加 1 并写入 DS1302
{
  signed char address, item;
  signed char max, mini;
  lcm_w_test(0, 0x9a);
  lcm_w_word("调整");
  if(sel==6)  {lcm_w_word("秒");address=0x80; max=59;mini=0;}     //秒 7
  if(sel==5)  {lcm_w_word("分");address=0x82; max=59;mini=0;}    //分 6
  if(sel==4)  {lcm_w_word("时");address=0x84; max=23;mini=0;}    //时 5
  if(sel==3)  {lcm_w_word("星期");address=0x8a; max=7;mini=1;}    //星期 4
  if(sel==2)  {lcm_w_word("日期");address=0x86; max=31;mini=1;}   //日 3
  if(sel==1)  {lcm_w_word("月份");address=0x88; max=12;mini=1;}   //月 2
  if(sel==0)  {lcm_w_word("年份");address=0x8c; max=99; mini=0;}    //年 1
  //读取 1302 某地址上的数值转换成 10 进制赋给 item
  item=((read_clock(address+1))/16)*10 + (read_clock(address+1))%16;
  if(KEY_2 == 0)
  {
    item++;//数加 1
  }
  if(KEY_4 == 0)
  {
    item--;//数减 1
  }
  if(item>max) item=mini;//查看数值有效范围
  if(item<mini) item=max;
  write_clock(0x8e, 0x00);//允许写操作
  write_clock(address, (item/10)*16+item%10);//转换成 16 进制写入 1302
  write_clock(0x8e, 0x80);//写保护，禁止写操作

}
/************************************************************************/
//设置 1302 的初始时间（自动初始化）
void Init_1302(void){//-设置 1302 的初始时间（2007 年 1 月 1 日 00 时 00 分 00 秒星期
一)
    unsigned char f;
    if(read_clock(0xc1) != 0xaa){
        write_clock(0x8e, 0x00);//允许写操作
        write_clock(0x8c, 0x07);//年
        write_clock(0x8a, 0x01);//星期
        write_clock(0x88, 0x01);//月
        write_clock(0x86, 0x01);//日
        write_clock(0x84, 0x00);//时
        write_clock(0x82, 0x00);//分
        write_clock(0x80, 0x00);//秒
        write_clock(0x90, 0xa5);//充电
        write_clock(0xc0, 0xaa);//写入初始化标志 RAM（第 00 个 RAM 位置）
        for(f=0;f<60;f=f+2){//清除闹钟 RAM 位为 0
```

```
            write_clock(0xc2+f, 0x00);
        }
        write_clock(0x8e, 0x80);//禁止写操作
    }
}
/*********************************************************************/
//DS1302写数据（底层协议）
void write_clock(unsigned char ord,  unsigned char dd){
    clock_clk=0;
    clock_Rst=0;
    clock_Rst=1;
    clock_out(ord);
    clock_out(dd);
    clock_Rst=0;
    clock_clk=1;
}
/*********************************************************************/
//1302驱动程序（底层协议）
void clock_out(unsigned char dd){
    ACC=dd;
    clock_dat=a0; clock_clk=1; clock_clk=0;
    clock_dat=a1; clock_clk=1; clock_clk=0;
    clock_dat=a2; clock_clk=1; clock_clk=0;
    clock_dat=a3; clock_clk=1; clock_clk=0;
    clock_dat=a4; clock_clk=1; clock_clk=0;
    clock_dat=a5; clock_clk=1; clock_clk=0;
    clock_dat=a6; clock_clk=1; clock_clk=0;
    clock_dat=a7; clock_clk=1; clock_clk=0;
}
/*********************************************************************/
//DS1302写入字节（底层协议）
unsigned char clock_in(void){
    clock_dat=1;
    a0=clock_dat;
    clock_clk=1; clock_clk=0; a1=clock_dat;
    clock_clk=1; clock_clk=0; a2=clock_dat;
    clock_clk=1; clock_clk=0; a3=clock_dat;
    clock_clk=1; clock_clk=0; a4=clock_dat;
    clock_clk=1; clock_clk=0; a5=clock_dat;
    clock_clk=1; clock_clk=0; a6=clock_dat;
    clock_clk=1; clock_clk=0; a7=clock_dat;
    return(ACC);
}
/*********************************************************************/
//DS1302读数据（底层协议）
unsigned char read_clock(unsigned char ord){
    unsigned char dd=0;
    clock_clk=0;
    clock_Rst=0;
    clock_Rst=1;
```

```
    clock_out(ord);
    dd=clock_in();
    clock_Rst=0;
    clock_clk=1;
    return(dd);
}
/*************************************************************************/
//扬声器驱动程序（闹钟音乐）
/*************************************************************************/
void Beep(void)
{                                    //BELL-扬声器——整点报时
    unsigned char a;                 //定义变量用于发声的长度设置
    for(a=60;a>0;a--)
    {                                //第一个声音的长度
        beep = ~beep;                //取反扬声器驱动口，以产生音频
        Delay(100);                  //音调设置延时
    }
    for(a=100;a>0;a--)
    {                                //同上
        beep = ~beep;
        Delay(80);
    }
    for(a=100;a>0;a--)
    {                                //同上
        beep = ~beep;
        Delay(30);
    }
    beep = 1;                        //音乐结束后扬声器拉高关闭
}
/*************************************************************************/
void Beep_set(void)
{                                    //BELL-扬声器——确定设置
    unsigned char a;                 //定义变量用于发声的长度设置
    for(a=50;a>0;a--)
    {                                //第一个声音的长度
        beep = ~beep;                //取反扬声器驱动口，以产生音频
        Delay(100);                  //音调设置延时
    }
    for(a=100;a>0;a--)
    {                      //同上
        beep = ~beep;
        Delay(50);
    }
    for(a=50;a>0;a--)
    {                      //同上
        beep = ~beep;
        Delay(100);
    }
    beep = 1;              //音乐结束后扬声器拉高关闭
}
```

```
/**************************************************************************/
void Beep_key(void)
{                         //-扬声器——按键音
    unsigned char a;           //定义变量用于发声的长度设置
    for(a=100;a>0;a--)
    {                                   //声音的长度
        beep = ~beep;
        Delay(50);                  //音调设置延时
    }
    beep = 1;                //音乐结束后扬声器拉高关闭
}
/**************************************************************************/
//电子钟应用层程序设计
/**************************************************************************/
//向 LCM 中填写 年 数据
void lcm_w_yy(void){
        if(read_clock(0x8d) != yy){
        yy = read_clock(0x8d);
        lcm_w_test(0, 0x80);
        lcm_w_word("20");
        if(w==1&&e==0)
        {
         if(t/1%2==0)
         {
            lcm_w_test(0, 0x81);
        lcm_w_test(1, (yy/16)+0x30);
        lcm_w_test(1, yy%16+0x30);
         }
         else
         {
         lcm_w_test(0, 0x81);
         lcm_w_test(1, 0x20);
         lcm_w_test(1, 0x20);
         }
        }
        else
        {
        lcm_w_test(0, 0x81);
        lcm_w_test(1, (yy/16)+0x30);
        lcm_w_test(1, yy%16+0x30);
        }
 }   //}
/**************************************************************************/
//向 LCM 中填写 月 数据
void lcm_w_mo(void){
if(read_clock(0x89) != mo){
        mo = read_clock(0x89);
        if(w==1&&e==1)
        {
         if(t/1%2==0)
```

```
            {
               lcm_w_test(0, 0x82);
               lcm_w_test(1, 0x2f);
               lcm_w_test(1, (mo/16)+0x30);      //十位消隐
              lcm_w_test(1, mo%16+0x30);
               lcm_w_test(1, 0x2f);
            }
            else
            {
               lcm_w_test(0, 0x82);
               lcm_w_test(1, 0x2f);
               lcm_w_test(1, 0x20);      //十位消隐
              lcm_w_test(1, 0x20);
               lcm_w_test(1, 0x2f);
            }
          }
          else
          {
              lcm_w_test(0, 0x82);
               lcm_w_test(1, 0x2f);
               lcm_w_test(1, (mo/16)+0x30);      //十位消隐
              lcm_w_test(1, mo%16+0x30);
               lcm_w_test(1, 0x2f);
          }
               year=(mo/16*10)+mo%16;
}   //}
/*************************************************************************/
//星期处理并送入 LCM 的指定区域
void lcm_w_xq(void){
    if(read_clock(0x8b) != xq){
    xq = read_clock(0x8b);
    selx = (read_clock(0x8b))%16;       //字节低 4 位的 BCD 码放入 selx
    if(w==1&&e==3)
          {
           if(t/1%2==0)
           {
          lcm_w_test(0, 0x97);//写入指定区域（97H 第二行第 8 个字）
          if(selx==7)  {lcm_w_word("日");}   //
          if(selx==6)  {lcm_w_word("六");}   //
          if(selx==5)  {lcm_w_word("五");}   //
          if(selx==4)  {lcm_w_word("四");}   //
          if(selx==3)  {lcm_w_word("三");}   //
          if(selx==2)  {lcm_w_word("二");}   //
          if(selx==1)  {lcm_w_word("一");}   //星期一
           }
           else
           {
          lcm_w_test(0, 0x97);          //写入指定区域（97H 第二行第 8 个字）
          lcm_w_word("  ");
           }
```

```
        }
        else
        {
        lcm_w_test(0, 0x97);//写入指定区域（97H 第二行第 8 个字）
        if(selx==7)  {lcm_w_word("日");}    //
        if(selx==6)  {lcm_w_word("六");}    //
        if(selx==5)  {lcm_w_word("五");}    //
        if(selx==4)  {lcm_w_word("四");}    //
        if(selx==3)  {lcm_w_word("三");}    //
        if(selx==2)  {lcm_w_word("二");}    //
        if(selx==1)  {lcm_w_word("一");}    //星期一
        }
    lcm_w_test(0, 0x95);
    lcm_w_word("星期");
}   //}
/***************************************************************************/
//向 LCM 中填写 日 数据
void lcm_w_dd(void){
//  if(read_clock(0x87) != dd){
        dd = read_clock(0x87);
        if(w==1&&e==2)
        {
         if(t/1%2==0)
         {
        lcm_w_test(0, 0x84);
        lcm_w_test(1, (dd/16)+0x30);     //十位消隐
        lcm_w_test(1, dd%16+0x30);
         }
         else
         {
        lcm_w_test(0, 0x84);
        lcm_w_test(1, 0x20);            //十位消隐
        lcm_w_test(1, 0x20);
         }
        }
        else
        {
        lcm_w_test(0, 0x84);
        lcm_w_test(1, (dd/16)+0x30);    //十位消隐
        lcm_w_test(1, dd%16+0x30);
        }
}   //}
/***************************************************************************/
//向 LCM 中填写 小时 数据
void lcm_w_hh(void){
    if(read_clock(0x85) != hh){
        hh = read_clock(0x85);
            if (hh > 0x07 && hh < 0x22 && w == 0){
                Beep();//整点报时音
            }
```

```
        }
        if(w==1&&e==4)
        {
         if(t/1%2==0)
         {
        lcm_w_test(0, 0x88);
        lcm_w_test(1, (hh/16)+0x30);
        lcm_w_test(1, hh%16+0x30);
        hh1=hh/16*10+hh%16;
         }
         else
         {
        lcm_w_test(0, 0x88);
        lcm_w_test(1, 0x20);
        lcm_w_test(1, 0x20);
        hh1=hh/16*10+hh%16;
         }
        }
        else
        {
        lcm_w_test(0, 0x88);
        lcm_w_test(1, (hh/16)+0x30);
        lcm_w_test(1, hh%16+0x30);
        hh1=hh/16*10+hh%16;
        }

}
/*************************************************************************/
//向 LCM 中填写 分钟 数据
void lcm_w_mm(void){
    if(read_clock(0x83) != mm)
       {
        mm = read_clock(0x83);
       }
        if(w==1&&e==5)
        {
         if(t/1%2==0)
         {
        lcm_w_test(0, 0x89);
        lcm_w_test(1, 0x3a);            //":"
        lcm_w_test(1, 0x20);
        lcm_w_test(1, 0x20);
        lcm_w_test(1, 0x3a);            //":"
         }
         else
         {
        lcm_w_test(0, 0x89);
        lcm_w_test(1, 0x3a);             //":"
        lcm_w_test(1, (mm/16)+0x30);
        lcm_w_test(1, mm%16+0x30);
```

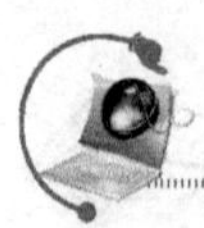


```
        lcm_w_test(1, 0x3a);          //":"
         }
        }
        if(w==1&&e!=5)
        {
        lcm_w_test(0, 0x89);
        lcm_w_test(1, 0x3a);             //":"
        lcm_w_test(1, (mm/16)+0x30);
        lcm_w_test(1, mm%16+0x30);
        lcm_w_test(1, 0x3a);             //":"
        }
        if(w!=1)
        {
        lcm_w_test(0, 0x89);
        if(t/1%2==0) lcm_w_test(1, 0x3a);    //":"
        else{lcm_w_test(1, 0x20);}
        lcm_w_test(1, (mm/16)+0x30);
        lcm_w_test(1, mm%16+0x30);
        if(t/1%2==0) lcm_w_test(1, 0x3a);    //":"
        else{lcm_w_test(1, 0x20);}
        }
}
void disp_temper()                                  //温度值显示
{
    uint temper;
    uchar temper_ge, temper_shi, temper_bai;
    temper=read_temp();                             //读取温度
    temper_ge=temper%10+0x30;
    temper_shi=temper%100/10+0x30;
    temper_bai=temper/100+0x30;
    if(tflag==1)
    {
        write_com(0x8c);
        lcm_w_word(" -");
    }
    if(temper_bai==0x30) temper_bai=0x20;
    write_com(0x8d);
    write_data(temper_bai);
    write_data(temper_shi);
    write_data('。');
    write_data(temper_ge);

    lcm_w_word("℃");
   }
/*------------------显示图片------------------------*/
void Disp_Img(unsigned char code *img)
{  unsigned int j=0;
   unsigned char x, y, i;
      for(i=0;i<9;i+=8)
      for(y=0;y<32;y++)/*原来 为 y<26 ，上下两个半屏不能正常对接显示，导致显示的
```

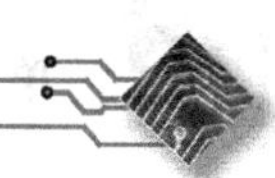

```
图片中间有空隙*/
         for(x=0;x<8;x++)
         {  write_com(0x36);//功能设置——8BIT 控制界面，扩充指令集
            write_com(y+0x80);              //行地址
            write_com(x+0x80+i);            //列地址
            write_com(0x30);
            write_data(img[j++]);           //写数据还要回到基本指令集
            write_data(img[j++]);
         }

   }
   /***************************处理显示函数(被调用层)***************************/
   void deal(uchar sfm)
   {
      shi=sfm/16;
      ge=sfm%16;
   }
   /*******************12864 显示时分秒函数(被调用层)***********************/
   void display(uchar add, uchar dat)
   {
      uchar i, j=0;
      for(i=16;i<32;i++)
      {
         write_com(0x80+i);
         write_com(0x90+add);
         write_data(tab[dat][j++]);
         write_data(tab[dat][j++]);
      }
      for(i=0;i<16;i++)
      {
         write_com(0x80+i);
         write_com(0x88+add);
         write_data(tab[dat][j++]);
         write_data(tab[dat][j++]);
      }
   }
   /************************初始化函数(被调用层) **************************/
   void init_dz()
   {
      write_com(0x30);                             //选择 8bit 数据流，基本指令集
      write_com(0x0c);                             //开显示(无游标、不反白)
      write_com(0x01);                             //清除显示，并且设定地址指针为
00H
      write_com(0x82);                             //设置指针
      lcm_w_word("年  月  日");
      write_com(0x98);                             //设置指针
      lcm_w_word("星期");
      write_com(0x81);                              //处理年，并显示
      yy = read_clock(0x8d);
      deal(yy);
```

```
    write_data(shi+0x30);
    write_data(ge+0x30);
                                                       //处理月，并显示
    write_com(0x83);
    mo = read_clock(0x89);
    deal(mo);
    write_data(shi+0x30);
    write_data(ge+0x30);

    write_com(0x85);                                   //处理日，并显示
    dd = read_clock(0x87);
    deal(dd);
    write_data(shi+0x30);
    write_data(ge+0x30);

    write_com(0x9a);                                   //处理星期，并显示
    xq = read_clock(0x8b);
    switch(xq)
    {
        case 1:lcm_w_word("一");break;
        case 2:lcm_w_word("二");break;
        case 3:lcm_w_word("三");break;
        case 4:lcm_w_word("四");break;
        case 5:lcm_w_word("五");break;
        case 6:lcm_w_word("六");break;
        case 7:lcm_w_word("日");break;
        default:break;
    }
    write_com(0x9f);
    lcm_w_word("℃");

    write_com(0x36);                                   //启动扩充指令集，启动绘图模式
    clear_img();                                       //清理图片缓冲区

    hh = read_clock(0x85);                             //处理小时，并显示
    deal(hh);
    display(0, shi);
    display(1, ge);
    display(2, 10);
    mm = read_clock(0x83);                             //处理分，并显示
    deal(mm);
    display(3, shi);
    display(4, ge);
    display(5, 10);
    ss = read_clock(0x81);                             //处理秒，并显示
    deal(ss);
    display(6, shi);
    display(7, ge);
}
/****************************在12864上显示时间**************************/
```

```
    void disp_sfm()
    {
        uint temper;
        uchar temper_ge, temper_shi, temper_bai, day_temp, date_temp, month_temp,
year_temp;
        write_com(0x36);                                    //启动扩充指令集，启动绘图模式
        ss = read_clock(0x81);                              //更新数据
        if(sec_temp!=ss)                                    //读取秒，只要有改变液晶显示也改变
        {
            sec_temp=ss;
            deal(sec_temp);
            if(secl!=shi)
            {
                secl=shi;
                display(6, secl);
            }
            display(7, ge);
        }
        mm = read_clock(0x83);                          //读取分，只要有改变，液晶显示也改变
        if(min_temp!=mm)
        {
            min_temp=mm;
            deal(mm);
            display(3, shi);
            display(4, ge);
        }
        hh = read_clock(0x85);                          //读取小时，只要有改变，液晶显示也改变
        if(hour_temp!=hh)
        {
            hour_temp=hh;
            deal(hh);
            display(0, shi);
            display(1, ge);
        }

        if(ge/1%2==0)
        {
        display(2, 10);
        display(5, 10);
        }
        else
        {
        display(2, 11);
        display(5, 11);
        }

        write_com(0x30);
        dd = read_clock(0x87);                          //读取日，只要有改变，液晶显示也改变
        if(date_temp!=dd)
        {
```

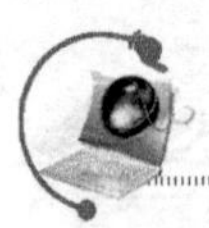


```
        date_temp=dd;
        //write_com(0x30);
        deal(dd);
        write_com(0x85);
        write_data(shi+0x30);
        write_data(ge+0x30);
        //write_com(0x36);
    }
    mo = read_clock(0x89);                  //读取月，只要有改变，液晶显示也改变
    if(month_temp!=mo)
    {
        month_temp=mo;
        //write_com(0x30);
        write_com(0x83);
        deal(mo);
        write_data(shi+0x30);
        write_data(ge+0x30);
        //write_com(0x36);
    }
    yy = read_clock(0x8d);                  //读取年，只要有改变，液晶显示也改变
    if(year_temp!=yy)
    {
        year_temp=yy;
        //write_com(0x30);
        write_com(0x81);
        deal(yy);
        write_data(shi+0x30);
        write_data(ge+0x30);
        //write_com(0x36);
    }
        xq = read_clock(0x8b);            //读取星期，只要有改变，液晶显示也改变
    if(day_temp!=xq)
    {
        day_temp=xq;
        //write_com(0x30);
        write_com(0x9a);
        switch(xq)
    {
        case 1:lcm_w_word("一");break;
        case 2:lcm_w_word("二");break;
        case 3:lcm_w_word("三");break;
        case 4:lcm_w_word("四");break;
        case 5:lcm_w_word("五");break;
        case 6:lcm_w_word("六");break;
        case 7:lcm_w_word("日");break;
        default:break;
        }
    }
    temper=read_temp();                 //读取温度
    temper_ge=temper%10+0x30;
```

```
        temper_shi=temper%100/10+0x30;
        temper_bai=temper/100+0x30;
        if(tflag==1)
        {
            write_com(0x9c);
            lcm_w_word(" -");
        }
        //else
        //{
         //write_com(0x9c);
         //lcm_w_word(" +");
        //}
        if(temper_bai==0x30) temper_bai=0x20;
        write_com(0x9d);
        write_data(temper_bai);
        write_data(temper_shi);
        write_data('。');
        write_data(temper_ge);

        write_com(0x36);

    }
    /***********************************************************************/
    //闹钟
    void naozhong (void)
    {
      lcm_clr();//清屏
      lcm_w_test(0, 0x80);
        lcm_w_word("   闹钟设置    闹钟        ");

//----------|-------1-------|-------3-------|-------2-------|-------4-------
|-----//标尺
      if(n==0)  {lcm_w_test(0, 0x8f);lcm_w_word("关");}       //
      if(n==1)  {lcm_w_test(0, 0x8f);lcm_w_word("开");}       //
       while(1)
       {
       if (KEY_3 == 0)                                        // 设置时间
           {
           DelayM(20);                                        //去抖
           if(KEY_3 == 0 && w == 0)
             {
              Beep_key();                                     //按键音
              n++;
              if (n >= 2 ){n = 0;}
             if(n==0)  {lcm_w_test(0, 0x8f);lcm_w_word("关");}    //
             if(n==1)  {lcm_w_test(0, 0x8f);lcm_w_word("开");}    //
            while(KEY_3 == 0);//等待键松开
             }
           }
        if (KEY_2 == 0)                             //
```

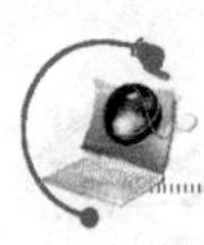


```
        {
         DelayM(20);                                   //去抖
         if(KEY_2 == 0 && w == 0)
            {
            Beep_key();                                //按键音
            while(KEY_2 == 0);                         //等待键松开
            n1++;
            if (n1 >= 24 ){n1 = 0;}
            }
        }
    if (KEY_4 == 0) //
        {
         DelayM(20);                                   //去抖
         if(KEY_4 == 0 && w == 0)
            {
            Beep_key();                                    //按键音
            while(KEY_4 == 0);                             //等待键松开
            n2++;
            if (n2>= 60 ){n2 = 0;}
            }
        }
    lcm_w_test(0, 0x8b);
    lcm_w_test(1, (n1/10)+0x30);
    lcm_w_test(1, n1%10+0x30);
    lcm_w_test(1, 0x3a);                                   //":"
    lcm_w_test(1, (n2/10)+0x30);
    lcm_w_test(1, n2%10+0x30);
    if(KEY_1 == 0 && w == 0)
                        {
                          Beep_key();                      //按键音
                          while(KEY_1 == 0);               //等待键松开
                        lcm_clr();                         //清屏
                      break;
                      }

    }

}
/***********************************************************************/
//刷新数据
void updata (void){
        lcm_w_ss();//刷新 秒
         lcm_w_mm();//刷新 分
         lcm_w_hh();//刷新 小时
         lcm_w_dd();//刷新 日
         lcm_w_xq();//更新星期值
         lcm_w_mo();//刷新 月
         lcm_w_yy();//刷新 年
         ss = read_clock(0x81);                           //更新数据
         t=ss/16*10+ss%16;
         lcmnongli();
```

```
        lcmshengxiao();
        disp_temper();
         if(w == 0)
         {
            days ();                                //节日显示
         }
         if (n==1)
            {
            lcm_w_test(0, 0x85);                    //秒值在 LCM 上的写入位置
            lcm_w_test(1, 0x20);
           lcm_w_test(1, 0x0e);
            }
         else{
            lcm_w_test(0, 0x85);                    //秒值在 LCM 上的写入位置
             lcm_w_test(1, 0x20);
            lcm_w_test(1, 0x20);
            }
    }
/**********************************************************************/
//向 LCM 中填写 秒 数据
void lcm_w_ss(void)
{
    unsigned int i=0;
    unsigned char a=0, b=0, c=0;
    if(read_clock(0x81) != ss){                     //判断是否需要更新
        ss = read_clock(0x81);                      //更新数据
        if(w==1&&e==6)
        {
         if(t/1%2==0)
         {
        lcm_w_test(0, 0x8b);                        //秒值在 LCM 上的写入位置
        lcm_w_test(1, (ss/16)+0x30);                //写十位
        lcm_w_test(1, ss%16+0x30);                  //写个位
         }
         else
         {
        lcm_w_test(0, 0x8b);                        //秒值在 LCM 上的写入位置
        lcm_w_test(1, 0x20);                        //写十位
        lcm_w_test(1, 0x20);                        //写个位
         }
        }
        else
        {
        lcm_w_test(0, 0x8b);                        //秒值在 LCM 上的写入位置
        lcm_w_test(1, (ss/16)+0x30);                //写十位
        lcm_w_test(1, ss%16+0x30);                  //写个
        }
    }
}
/**********************************************************************/
```

```
void welcome(void){
    lcm_w_word1("12864液晶多功能万年历  ");

//----------|-------1-------|-------3-------|-------2-------|--------4-------
|-----//标尺
}
/***********************************************************************/
void Delay1ms(unsigned int count)
{
    unsigned int i, j;
    for(i=0;i<count;i++)
    for(j=0;j<120;j++);
}

//****************************Music***********************************/
//我和你
unsigned char code Music_wo[]={  0x17, 0x02,  0x19, 0x02,  0x15, 0x01,  0x16,
0x02,  0x17, 0x02,
                                 0x0F, 0x01,  0x15, 0x02,  0x16, 0x02,  0x17, 0x02,
0x19, 0x02,
                                 0x16, 0x00,  0x17, 0x02,  0x19, 0x02,  0x15, 0x01,
0x16, 0x02,
                                 0x17, 0x02,  0x10, 0x01,  0x16, 0x02,  0x0F, 0x02,
0x16, 0x02,
                                0x17, 0x02,  0x15, 0x00,  0x1A, 0x01,  0x19, 0x01,
0x1A, 0x01,
                                 0x15, 0x01,  0x17, 0x02,  0x10, 0x02,  0x17, 0x66,
0x19, 0x03,
                                 0x16, 0x00,  0x17, 0x02,  0x19, 0x02,  0x15, 0x01,
0x16, 0x02,
                                 0x17, 0x02,  0x10, 0x01,  0x16, 0x02,  0x0F, 0x02,
0x16, 0x02,
                                  0x17, 0x02,  0x15, 0x00,  0x00, 0x00 };
unsigned char code Music_lz[]={ 0x0F, 0x03,  0x0F, 0x03,  0x10, 0x02,  0x0F,
0x02,  0x15, 0x02,
                                 0x11, 0x01,  0x0F, 0x03,  0x0F, 0x03,  0x10, 0x02,
0x0F, 0x02,
                                 0x16, 0x02,  0x15, 0x01,  0x0F, 0x03,  0x0F, 0x03,
0x19, 0x02,
                                 0x17, 0x02,  0x15, 0x02,  0x11, 0x02,  0x10, 0x02,
0x18, 0x03,
                                 0x18, 0x03,  0x17, 0x02,  0x15, 0x02,  0x16, 0x02,
0x15, 0x01,
                                  0x00, 0x00 };
/***********************************************************************/
//---主程序---//
/***********************************************************************/
main()
{
    KEY_1 = 1;KEY_2 = 1;KEY_3 = 1;KEY_4 = 1;                        //初始键盘
```

```
    yy=0xff;mo=0xff;dd=0xff;xq=0xff;hh=0xff;mm=0xff;ss=0xff; //各数据刷新
    Beep();
    InitialSound();
    Init_1302();
    lcm_init();                          //初始化液晶显示器
    lcm_clr();                           //清屏
    welcome() ;                          //显示欢迎信息
    DelayM(500);                         //显示等留 1s
    lcm_clr();                           //清屏
    Disp_Img(BMP1);
    Play(Music_lz, 0, 3, 360);
    lcm_clr();                           //清屏
    c_sun=0;
/***********************************************************************/
    while(1)
       {//主循环
      updata ();                                 //刷新数据

//-------------------------------------------------------------------
        if (KEY_3 == 0)                          // 设置时间
                 {
                DelayM(20);                      //去抖
            if(KEY_3 == 0 && w == 1)             //当是调时状态 本键用于调整下一项
                   {
                   Beep_key();                   //按键音
                   e++;
                   if (e >= 7 ){e = 0;}
                   Set_time(e);                  //调整
                 }
              if(KEY_3 == 0 && w == 0) //当是正常状态时就进入调时状态
                 {
               Beep_set();                       //确定按键音
                  lcm_clr();                     //清屏
                  w=1;                           //进入调时
                  Set_time(e);                   //调整
                 }
              while(KEY_3 == 0);                 //等待键松开
            }

//-------------------------------------------------------------------
        if (KEY_1 == 0)                          // 当在调时状态时就退出调时
            {
              DelayM(20);
              if(KEY_1 == 0 && w == 1)
                   {
                   Beep_set();                   //确定按键音
                   w = 0;                        //退出调时
                   e = 0;                        // "下一项"计数器清 0

                  }
```

```
                    if(KEY_1 == 0 && w == 0)
                       {
                        Beep_key();            //按键音
                         lcm_clr();            //清屏
                       Disp_Img(BMP1);         //显示图片
                        Play(Music_wo, 0, 3, 360);  //播放音乐
                       }
                  lcm_clr();                   //清屏
                  updata ();                   //刷新数据
                  while(KEY_1 == 0);           //等待键松开
                }

//-----------------------------------------------------------------------------
        if (KEY_2 == 0 && w == 1)                          // 加减调整
               {
                DelayM(20);
                if(KEY_2 == 0 && w == 1)
                    {
                     Beep_key();                       //按键音
                     Set_time(e);                      //调整
                    }
                while(KEY_2 == 0);                     //等待键松开
               }
        if (KEY_2 == 0 && w == 0)
              {
                DelayM(20);
                if(KEY_2 == 0 && w == 0)
                   {
                     Beep_key();//按键音
                      while(KEY_2 == 0);               //等待键松开
                     naozhong();                       //进入闹钟设置程序
                   }
                while(KEY_2 == 0);                     //等待键松开
              }

//-----------------------------------------------------------------------------
        if (KEY_4 == 0 && w == 1)                          // 加减调整
              {
                DelayM(20);
                if(KEY_4 == 0 && w == 1)
                   {
                     Beep_key();                       //按键音
                     Set_time(e);                      //调整
                   }
                while(KEY_4 == 0);                     //等待键松开
              }
        if (KEY_4 == 0 && w == 0)
               {
                DelayM(20);
                if(KEY_4 == 0 && w == 0)
```

```
                    {
                     Beep_key();                  //按键音
                      lcm_clr();                  //清屏
                   clear_img();
                      init_dz();                  //清理图片缓冲区
                      while(KEY_4 == 0);          //等待键松开

                      while(1)
                          {
                           disp_sfm();
                           if (KEY_4 == 0)
                           {
                              Beep_key();         //按键音
                             lcm_init();              //初始化液晶显示器
                            updata ();                //刷新数据
                               while(KEY_4 == 0);   //等待键松开
                                break;
                                }
                           }

                    }
                }
        if(n==1)
        {
        hh1=hh/16*10+hh%16;
        mm1=mm/16*10+mm%16;
        if(n1==hh1 && n2==mm1 && ss==0)
           {
            lcm_clr();//清屏
           lcm_w_test(0, 0x80);
    lcm_w_word(" 闹钟时间到！ ");

//----------|-------1-------|-------3-------|-------2-------|-------4-------
|-----//标尺
           lcm_w_test(0, 0x89);
          lcm_w_test(1, (n1/10)+0x30);
          lcm_w_test(1, n1%10+0x30);
          lcm_w_word("点");
          lcm_w_test(1, (n2/10)+0x30);
          lcm_w_test(1, n2%10+0x30);
           lcm_w_word("分  ");
           lcm_w_test(1, 0x02);
           Play(Music_wo, 0, 3, 360);
           lcm_clr();                     //清屏
           updata ();                     //刷新数据
           }
        }
    }
  }
```

5.5 功能扩展

本设计是基于 STC89C54 为主控芯片所制作的液晶万能电子台历，基本完成了实时时钟、日期、室内温度的显示，具有闰年补偿，调整时间日期，设置闹钟，根据设定的年、月、日自动匹配生肖、农历、星期以及节日提醒等功能。读者可以对该设计进行功能扩展，例如增加室内湿度的检测及显示；增加将要被调整时间的位置提示，如闪烁提示等。

第 6 章　数控信号发生器设计

6.1　功能要求

数控信号发生器能够产生多种波形，如锯齿波、矩形波（含方波）、正弦波等。数控信号发生器在电路实验和设备检测中具有十分广泛的用途。通过单片机主控芯片外加 D/A 转换芯片可以产生一系列有规则的幅度和频率可调的波形。使用单片机设计的多功能信号发生器，简化了电路，使得系统稳定节能，能方便快捷地输出多种低频信号。

系统完成的主要功能：

利用 AT89S52 单片机产生方波、锯齿波、三角波及正弦波，要求频率可调，幅度可调，并且在程序运行过程中，可以在以上四种信号（方波、锯齿波、三角波、正弦波）之间任意切换。

要求能够在系统运行的过程中，调节信号的幅度及频率，并且在波形切换过程中，能够给予相应的指示。

6.2　主要器件介绍

1. DAC0808 的简介

DAC0808 是 8 位数模转换集成芯片，电流输出，稳定时间为 150ns，驱动电压±5V，33mW。可以直接和 TTL、DTL 和 CMOS 逻辑电平相兼容。可以将 8 位数字量转换成模拟量输出，引脚排列图如图 6.1 所示。

引脚功能：

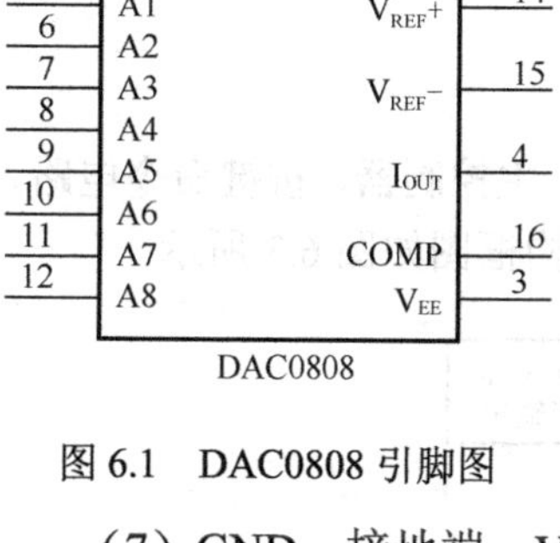

（1）A1～A8：8 位并行数据输入端（A1 为最高位，A8 为最低位）；

（2）V_{REF}（＋）：正向参考电压（需要加电阻）；

（3）V_{REF}（－）：负向参考电压，接地；

（4）I_{OUT}：电流输出端；

（5）V_{EE}：负电压输入端；

（6）COMP：compensation（补偿），补偿端，与 V_{EE} 之间接电容（R_{14}=5kΩ时，（R14 为 14 引脚的外接电阻），一般为 0.1μF，电容必须随着 R14 的增加而适当增加）；

（7）GND：接地端，V_{CC}：电源端，在 proteus 中都已隐藏。

图 6.1　DAC0808 引脚图

2. 典型应用电路

如图 6.2 所示，V_{EE} 接-5V 电压，COMP 端与 V_{EE} 之间接 0.1μF 电容，$V_{REF}(+)$通过 5 kΩ 电阻接+5V 电源，$V_{REF}(-)$接地。输出端 I_{OUT} 连接运算放大器反向输入端。运算放大器同相输入端接地。

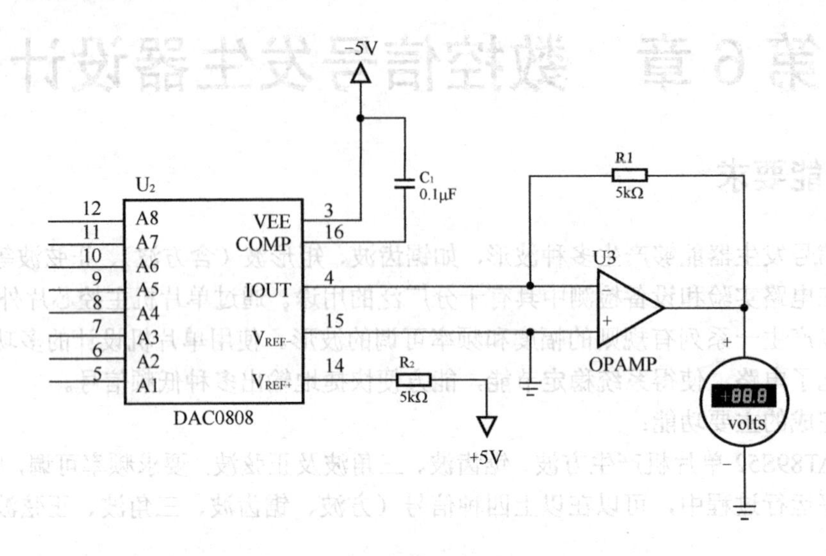

图 6.2 DAC0808 典型应用电路

当 V_{REF}=5V、R_1=5 kΩ、R_f=5 kΩ 时，输出电压为

$$v_O = \frac{R_f V_{REF}}{2^8 R_1}\sum_{i=0}^{7} D_i \cdot 2^i$$

$$= \frac{5}{2^8}\sum_{i=0}^{7} D_i \cdot 2^i$$

（1）DAC0808 的模拟量输出范围为 V_{REF}-到 V_{REF}+之间。

（2）当数字量输入为 00H 时，DAC0808 的输出为 V_{REF}-，当输入为 FFH 时，DAC0808 的输出为 V_{REF}+。

（3）为了调节输出波形的幅度，只要调节 V_{REF} 即可。

（4）在 V_{REF}+端串联一个电位器，调节 V_{REF} 的电压，即可达到调节波形幅度的目的。

6.3 硬件电路设计

按照系统设计功能的要求，确定系统主要由 4 个模块组成：主控制器、按键命令电路、LED 波形指示灯、D/A 转换和波形输出模块。系统总体电路结构框图如图 6.3 所示。

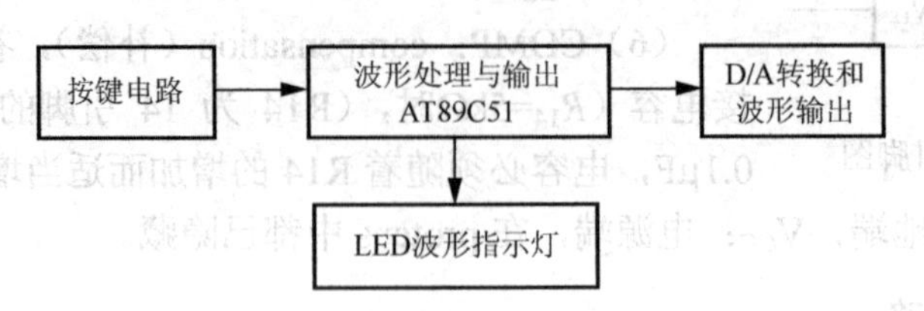

图 6.3 信号发生器总体电路结构框图

系统电路图如图 6.4 所示。

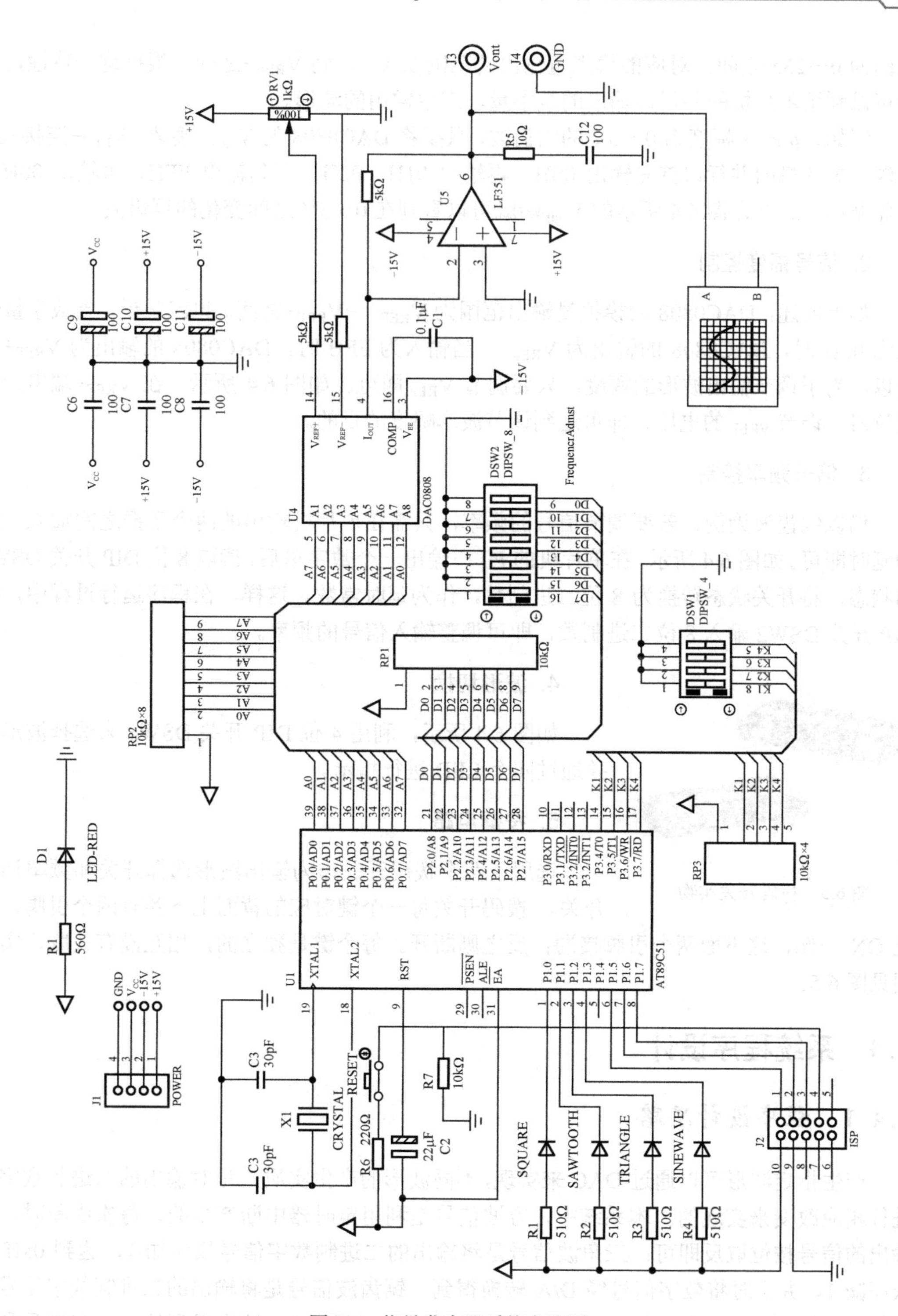

图 6.4 信号发生器系统电路图

1. 信号的产生

利用 8 位 D/A 转换器 DAC0808，可以将 8 位数字量转换成模拟量输出。数字量输入的范围为 0～255 之间，对应的模拟量输出的范围在 $V_{REF}-$到 $V_{REF}+$之间。根据这一特性，我们可以利用单片机的并行口输出的数字量，产生常用的波形。

例如，要产生幅度为 0～5V 的锯齿波，只要将 DAC0808 的 $V_{REF}-$接地，$V_{REF}+$连接+5V 电源，单片机的并行口首先输出 00H，再输出 01H、02H，直到输出 FFH，再输出 00H，依此循环，这样在图 6.4 所示的 V_{out} 端就可以看到在 0～5V 之间变化的锯齿波。

2. 信号幅度控制

如上所述，DAC0808 的模拟量输出范围为 $V_{REF}-$～$V_{REF}+$之间。也就是说，当数字量输入为 00H 时，DAC0808 的输出为 $V_{REF}-$，当输入为 FFH 时，DAC0808 的输出为 $V_{REF}+$。所以，为了调节输出波形的幅度，只要调节 V_{REF} 即可。如图 6.4 所示，在 $V_{REF}+$端串接一电位器，调节 $_{VREF}$ 的电压，即可达到调节波形幅度的目的。

3. 信号频率控制

仍以锯齿波为例，若要调节信号的频率，只需在单片机输出的两个数据之间加入一定的延时即可。如图 6.4 所示，在单片机的 P0 口输出一个数字量后，读取 8 位 DIP 开关 DSW2 的状态，将开关状态转换为 8 位二进制数，作为延时常数。这样，在程序运行过程中，用 DIP 开关 DSW2 输入 8 位二进制数，即可调整输入信号的频率。

图 6.5　拨码开关实物

4. 波形切换

如图 6.4 所示，利用 4 位 DIP 开关 DSW1 来选择波形，并通过四个 LED 进行指示。

5. 按键电路

选用了两个拨码开关作为输出波形选择开关和频率调整开关。拨码开关每一个键对应的背面上下各有两个引脚，拨至 ON 一侧，这下面两个引脚接通；反之则断开。每个键是独立的，相互没有关联，实物图见图 6.5。

6.4　系统程序设计

6.4.1　程序设计思路

产生指定波形可以通过 DAC 来实现，不同波形的产生实质上是对输出的二进制数字量进行相应改变来实现的。本系统中，方波信号是利用定时器中断产生的，每次中断时，将输出的信号按位取反即可；三角波信号是将输出的二进制数字信号依序加 1，达到 0xff 时依序减 1，并实时将数字信号经 D/A 转换得到；锯齿波信号是将输出的二进制数字信号依序加 1，达到 0xff 时置为 0x00，并实时将数字信号经 D/A 转换得到的；正弦波是利用 MATLAB 将正弦曲线均匀取样后，得到等间隔时刻对应的二进制数值，通过查表方式然后依次输出后经 D/A 转换得到。主程序设计流程图如图 6.6 所示。

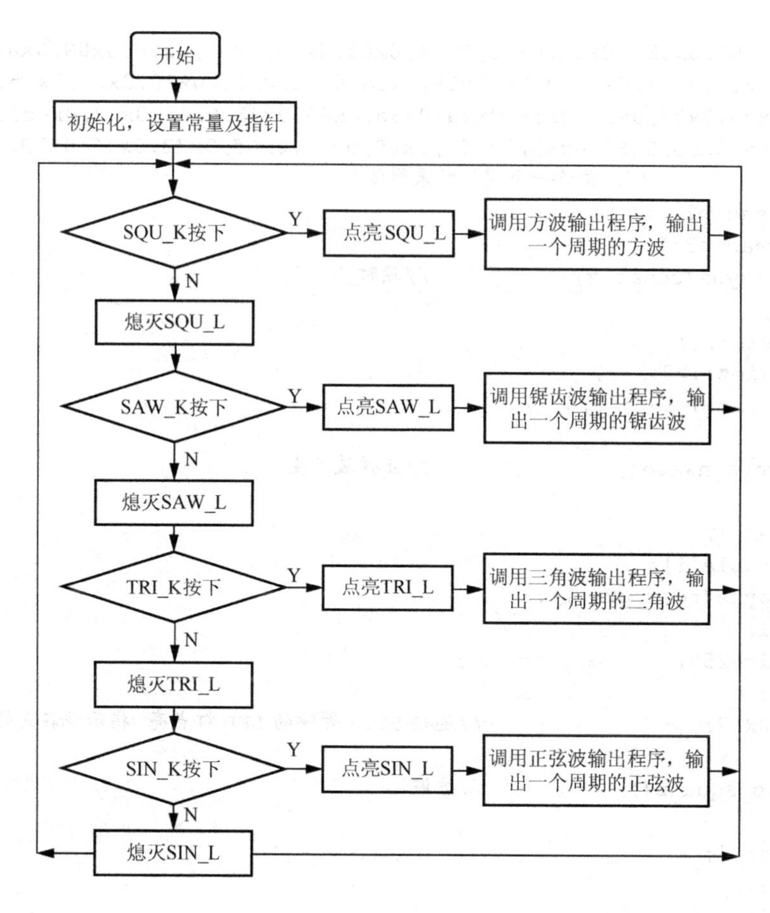

图 6.6　主程序流程图

6.4.2　系统参考程序

系统参考程序如下：

```
#include <reg51.h>
#define uchar unsigned char
#define uint unsigned int
Uchar code
table[]={0x80,0x83,0x86,0x89,0x8d,0x90,0x93,0x96,0x99,0x9c,0x9f,0xa2,0xa5,0x
a8,0xab,0xae,0xb1,0xb4,0xb7,0xba,0xbc,0xbf,0xc2,0xc5,0xc7,0xca,0xcc,0xcf,0xd
1,0xd4,0xd6,0xd8,0xda,0xdd,0xdf,0xe1,0xe3,0xe5,0xe7,0xe9,0xea,0xec,0xee,0xef
,0xf1,0xf2,0xf4,0xf5,0xf6,0xf7,0xf8,0xf9,0xfa,0xfb,0xfc,0xfd,0xfd,0xfe,0xff,
0xff,0xff,0xff,0xff,0xff,0xff,0xff,0xff,0xff,0xff,0xff,0xfe,0xfd,0xfd,0xfc,0
xfb,0xfa,0xf9,0xf8,0xf7,0xf6,0xf5,0xf4,0xf2,0xf1,0xef,0xee,0xec,0xea,0xe9,0x
e7,0xe5,0xe3,0xe1,0xde,0xdd,0xda,0xd8,0xd6,0xd4,0xd1,0xcf,0xcc,0xca,0xc7,0xc
5,0xc2,0xbf,0xbc,0xba,0xb7,0xb4,0xb1,0xae,0xab,0xa8,0xa5,0xa2,0x9f,0x9c,0x99
,0x96,0x93,0x90,0x8d,0x89,0x86,0x83,0x80,0x80,0x7c,0x79,0x76,0x72,0x6f,0x6c,
0x69,0x66,0x63,0x60,0x5d,0x5a,0x57,0x55,0x51,0x4e,0x4c,0x48,0x45,0x43,0x40,0
x3d,0x3a,0x38,0x35,0x33,0x30,0x2e,0x2b,0x29,0x27,0x25,0x22,0x20,0x1e,0x1c,0x
1a,0x18,0x16,0x15,0x13,0x11,0x10,0x0e,0x0d,0x0b,0x0a,0x09,0x08,0x07,0x06,0x0
5,0x04,0x03,0x02,0x02,0x01,0x00,0x00,0x00,0x00,0x00,0x00,0x00,0x00,0x00,0x00
```

```
,0x00,0x00,0x01,0x02 ,0x02,0x03,0x04,0x05,0x06,0x07,0x08,0x09,0x0a,0x0b,0x0d
,0x0e,0x10,0x11,0x13,0x15,0x16,0x18,0x1a,0x1c,0x1e,0x20,0x22,0x25,0x27,0x29,
0x2b,0x2e,0x30,0x33,0x35,0x38,0x3a,0x3d,0x40,0x43,0x45,0x48,0x4c,0x4e,0x51,0
x55,0x57,0x5a,0x5d,0x60,0x63,0x66 ,0x69,0x6c,0x6f,0x72,0x76,0x79,0x7c,0x80};
                    //正弦波一个周期的采样值
    uchar read_p2();
    uchar read_p3();
    void delayus(uchar z)                  //延时
    {
        uchar i,j;
        for(i=z;i>0;i--)
            for(j=10;j>0;j--);
    }
    void pro_sinware()                     //正弦波产生
    {
        uchar i;
        P0=table[i];
        delayus(read_p2( ));
        i+=1;
        if(i==255)
        i=0;
        P1=0XF7;                      //连接P1.3管脚的LED灯点亮，指示现在是输出正弦波状态
    }
    void pro_square()                 //方波
    {
        uchar i;
        i+=1;
        if(i==255) i=0;
        if(i<128)
        {
            P0=0x00;
        }
        else
        {
            P0=0xff;
        }
        delayus(read_p2());           //连接P2口开关状态决定延时时间进而改变信号的频率
        P1=0x0e;                      //连接P1.0管脚的LED灯点亮，指示现在输出方波
    }
    void pro_triangle()               //三角波
    {
        uchar i;
        if(i<128)
        {
            P0=i;
        }
        else P0=255-i;
        delayus(read_p2( ));
        i+=1;
        if(i==255) i=0;
```

```
        P1=0x0b;    //连接 P1.2 管脚的 LED 灯点亮，指示现在是输出三角波状态
    }
    void pro_sawtooth()                //锯齿波
    {
        P0+=1;
        delayus(read_p2());            //连接 P2 口开关状态决定延时时间进而改变信号的频率
        if(P0>=255) P0=0;
        P1=0x0d;                       //连接 P1.1 管脚的 LED 灯点亮，指示现在是输出锯齿波状态
    }
    uchar read_p3( )                   //连接 P3 口开关的键值处理函数
    {
        uchar value;
        value=(P3&0xf0)>>4;
        return(value);
    }
    uchar read_p2( )                   //连接 P2 口开关的键值处理函数
    {
        uchar value;
        value=P2;
        return(value);
    }
    void main()                        //主函数
    {
        P0=0;
        P1=0;
        while(1)
        {
            switch (read_p3())
            {
                case 0x0e:pro_square();break;       //拨码开关 K1 闭合，输出方波
                case 0x0d:pro_sawtooth();break;     //拨码开关 K2 闭合，输出锯齿波
                case 0x0b:pro_triangle();break;     //拨码开关 K3 闭合，输出三角波
                case 0x07:pro_sinware();break;      //拨码开关 K3 闭合，输出正弦波
                default:{P1=0;}break;
            }
        }
    }
```

6.5 功能扩展

本设计给出了一个信号发生器的硬件电路及软件设计方法。读者可以对该设计进行功能扩展。例如：增加梯形波的波形输出；提高波形的性能指标等。

第 7 章　太阳能热水器控制器的设计

7.1　功能要求

太阳能热水器控制器的设计采用以单片机 AT89C51 为核心，结合单线数字温度传感器 DS18B20 与液晶显示器，设计一种数字化的太阳能热水器控制系统。该系统由主控芯片模块、温度检测模块、显示模块、水位检测模块、键盘控制模块、电加热模块和电磁阀控制模块组成。

温度控制：由温度传感器将检测到的水温信息输入单片机，与设定的温度进行比较，当水温小于设定温度时就开启加热装置，高于设定温度时停止加热。水位控制：由水位传感器将检测到的水位信息输入单片机，与设定的水位设定值进行比较，当水位低于设定值时就会打开电磁阀，开始上水，当水位高于设定值时就会关闭电磁阀，停止上水。温度和水位值要求实时检测。

系统完成的主要功能如下。

（1）能实现太阳能热水器水位的检测和显示。

（2）具有自动和手动上水功能。

（3）能实现太阳能热水器温度的检测和显示。

（4）具有水温设定、自动和手动加热功能。

（5）具有水位的低位报警功能。

7.2　主要器件介绍

1602 字符型 LCD 显示器简介如下。

液晶显示是利用液晶的物理特性，通过电压对其显示区域进行控制，当对其通电时，就显示图形。液晶显示的分类方法有很多种，可按其显示方式分为段式、字符式、点阵式等，通常有线段显示、字符显示和汉字显示。

1）线段的显示

点阵图形式液晶由 M×N 个显示单元组成，假设 LCD 显示屏有 64 行，每行有 128 列，每 8 列对应 1 字节的 8 位，即每行由 16 字节、共 16×8=128 个点组成，屏上 64×16 个显示单元与显示 RAM 区 1024 字节相对应，每一字节的内容和显示屏上相应位置的亮暗对应。例如屏的第一行的亮暗由 RAM 区的 000H～00FH 的 16 字节的内容决定，当（000H）=FFH 时，则屏幕的左上角显示一条短亮线，长度为 8 个点；当（3FFH）=FFH 时，则屏幕的右下角显示一条短亮线；当（000H）=FFH，（001H）=00H，（002H）=00H，…，（00EH）=00H，（00FH）=00H 时，则在屏幕的顶部显示一条由 8 段亮线和 8 条暗线组成的虚线。

2）字符的显示

用 LCD 显示一个字符时比较复杂，因为一个字符由 6×8 或 8×8 点阵组成，既要找到和显示屏幕上某几个位置对应的显示 RAM 区的 8 字节，还要使每字节的不同位为“1”，其他的为“0”。为“1”的点亮，为“0”的不亮。这样一来就组成某个字符。但对于内带字符发生器的控制器来说，显示字符就比较简单了，可以让控制器工作在文本方式，根据在 LCD 上开始显示的行列号及每行的列数找出显示 RAM 对应的地址，设立光标，在此送上该字符对应的代码即可。

3）汉字的显示

汉字的显示一般采用图形的方式，事先从微机中提取要显示的汉字的点阵码（一般用字模提取软件），每个汉字占 32B，分左右两半，各占 16B，左边为 1、3、5…右边为 2、4、6…根据在 LCD 上开始显示的行列号及每行的列数可找出显示 RAM 对应的地址，设立光标，送上要显示的汉字的第一字节，光标位置加 1，送第二个字节，换行按列对齐，送第三个字节……直到 32B 显示完就可以 LCD 上得到一个完整汉字。

1602 显示器是字符型的 LCD，其控制器大部分为 HD44780。HD44780 具有简单而功能较强的指令集，可以实现字符移动、闪烁等功能，通常有 14 条引脚线或 16 条引脚线，多出来的 2 条线是背光电源线，具体引脚见表 7.1。

表 7.1　1602 型显示器引脚接口说明表

编　号	符　号	引脚说明	编　号	符　号	引脚说明
1	V_{SS}	电源地	9	D2	数据
2	V_{DD}	电源正极	10	D3	数据
3	V_L	液晶显示偏压	11	D4	数据
4	RS	数据/命令选择	12	D5	数据
5	R/W	读/写选择	13	D6	数据
6	E	使能信号	14	D7	数据
7	D0	数据	15	BLA	背光源正极
8	D1	数据	16	BLK	背光源负极

第 1 脚：V_{SS} 为地电源。

第 2 脚：V_{DD} 接 5V 正电源。

第 3 脚：V_L 为液晶显示器对比度调整端，接正电源时对比度最弱，接地时对比度最高，对比度过高时会产生“鬼影”，使用时可以通过一个 10 kΩ 的电位器调整对比度。

第 4 脚：RS 为寄存器选择，高电平时选择数据寄存器、低电平时选择指令寄存器。

第 5 脚：R/W 为读写信号线，高电平时进行读操作，低电平时进行写操作。当 RS 和 R/W 共同为低电平时可以写入指令或者显示地址，当 RS 为低电平 R/W 为高电平时可以读忙信号，当 RS 为高电平 R/W 为低电平时可以写入数据。

第 6 脚：E 端为使能端，当 E 端由高电平跳变成低电平时，液晶模块执行命令。

第 7～14 脚：D0～D7 为 8 位双向数据线。

第 15 脚：背光源正极。

第 16 脚：背光源负极。

7.3 系统硬件电路设计

系统设计原理框图如图 7.1 所示。

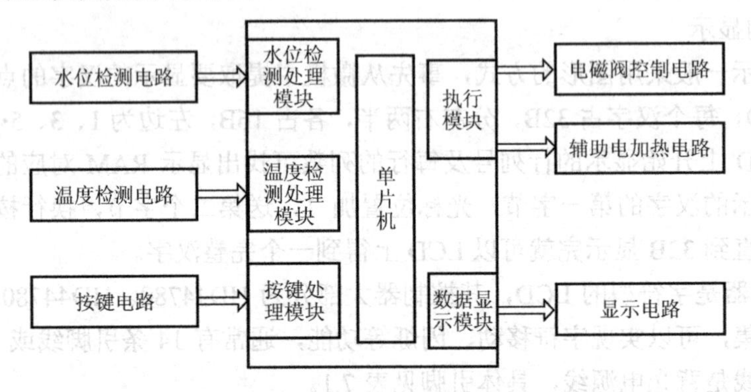

图 7.1 系统设计原理框图

选用单片机为主控制器，外围接口有水位监测电路、温度监测电路、电磁阀控制电路、辅助加热电路、显示电路和按键电路等。按键电路设置热水器温度的上下限，温度检测处理模块通过 DS18B2 采集当前水温，当水温低于设定的下限温度就加热，当高于设定的上限温度时停止加热并处于保温状态，水位检测处理模块监测水位，并控制电磁阀的注水。

考虑到该控制器的测试需与太阳能热水器的配合等不便因素，电路的设计与调试采用仿真的方式，热水器里的水位和温度用 LCD 液晶显示。

仿真电路设计如图 7.2 所示。图中采用单片机 AT89C51 做主控芯片，检测当前温度的传感器选用 DS18B20，检测水位采用滑动变阻器的阻值代替水位值，然后通过 ADC0808 将模拟值转换成数字信号。按键部分采用 5 个按键分别是设置温度键，温度上限加/减，温度下限加/减，来设置温度的上下限。加热部分采用继电器和 LED 的亮灭来表明当前热水器是否在加热/保温工作。显示部分用 LCD 来显示温度和水位。

7.3.1 水位检测处理模块

目前市面上的热水器的水位检测采用浮子式传感器、浮球式传感器、压力式传感器、导电式传感器。水位检测模块中需要水位传感器将水位的变化信号传递给单片机 AT89C51，通过单片机来控制电磁阀上水还是不上水。由于考虑仿真原因，图 7.2 中用滑动变阻器来代替水位检测器，通过阻值的变化来形象地代替水位的变化。因为阻值的变化是模拟信号，而输入单片机的信号是数字信号，所以就要用到 A/D 转换，将模拟信号转换为数字信号输入到单片机中，实现水位的控制。

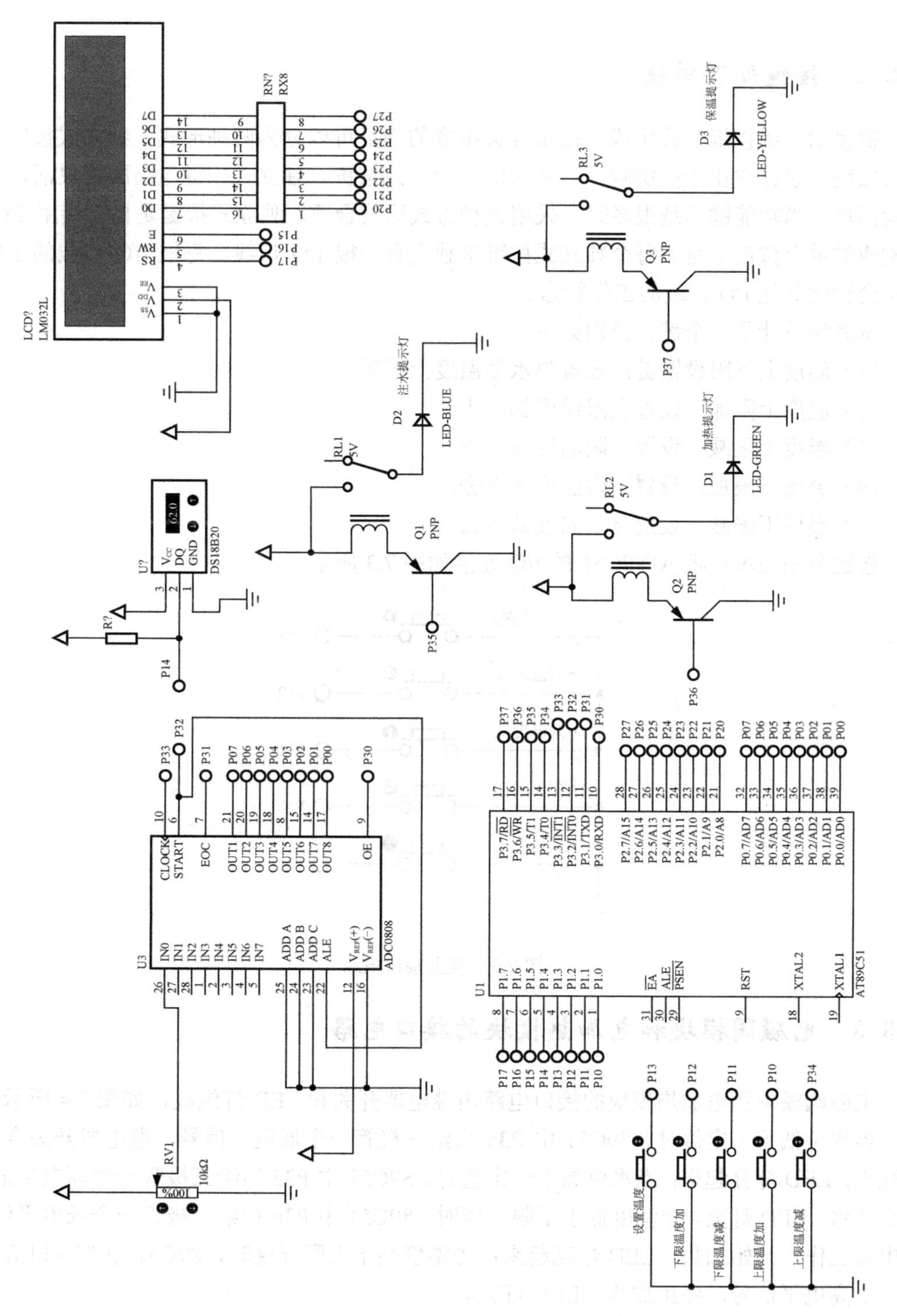
LCD?
LM032L
DS18B20
注水提示灯
LED-BLUE
加热提示灯
LED-GREEN
保温提示灯
LED-YELLOW
ADC0808
AT89C51
RV1
10kΩ
设置温度
下限温度加
下限温度减
上限温度加
上限温度减

图 7.2 硬件电路

7.3.2 按键处理模块

键盘由一组按键开关组成。按键开关组成的键盘可以分为两种形式：独立式按键和矩阵式按键。设计中由于按键较少，使用的是独立式按键。独立式按键电路配置灵活，软件结构简单。当功能键不是很多时，采用该种方式比较合适。独立式按键是指直接用 I/O 口线构成的单个按键电路。每个独立式按键单独占有一根 I/O 口线。每根 I/O 口线的工作状态不会影响其他 I/O 口线的工作状态。

本系统设计了 5 个键，分别如下。

（1）温度上下限设置键：设置热水器温度上下限。

（2）温度上限加：设置上限温度加上去。

（3）温度上限减：设置上限温度减下去。

（4）温度下限加：设置下限温度加上去。

（5）温度下限减：设置下限温度减下去。

按键分别与单片机 AT89C51 的 I/O 连接如图 7.3 所示。

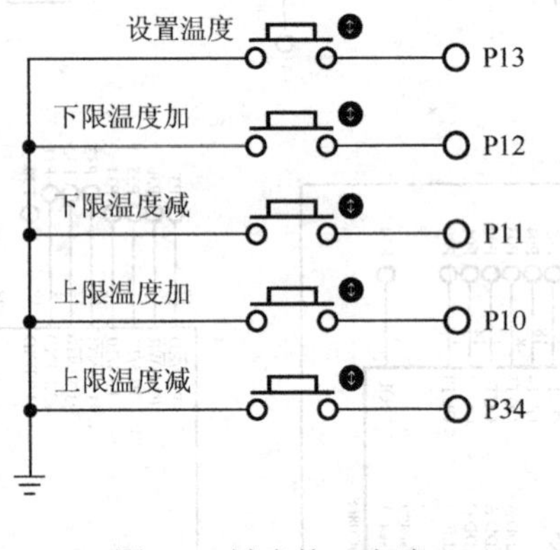

图 7.3 键盘接口电路

7.3.3 电磁阀模块和电加热模块的接口电路

电磁阀模块和电加热模块的接口电路由继电器开关和 LED 灯组成，如图 7.4 所示。

当水位低于一定值时，89C51 中 P35 口给三极管一个低电平信号，继电器开关合上开始注水，LED 灯亮起来；当水位高于一定值时，89C51 中 P35 口给三极管一个高电平信号，停止注水，LED 灯灭。当温度低于下限温度时，89C51 中 P36 口给三极管一个低电平信号，继电器工作，开始加热，LED 灯亮起来；当温度高于上限温度时，89C51 中 P36 口给三极管一个高电平信号，停止加热，LED 灯亮。

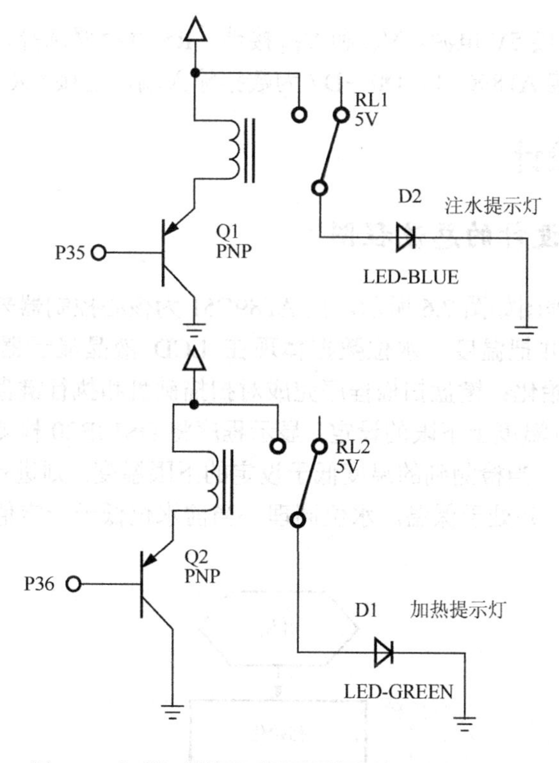

图 7.4 电磁阀模块和电加热模块的仿真接口电路

7.3.4 显示模块接口电路

本设计中的LCD LM032L是LCD1602系列中的一个,显示模块接口电路如图7.5所示。

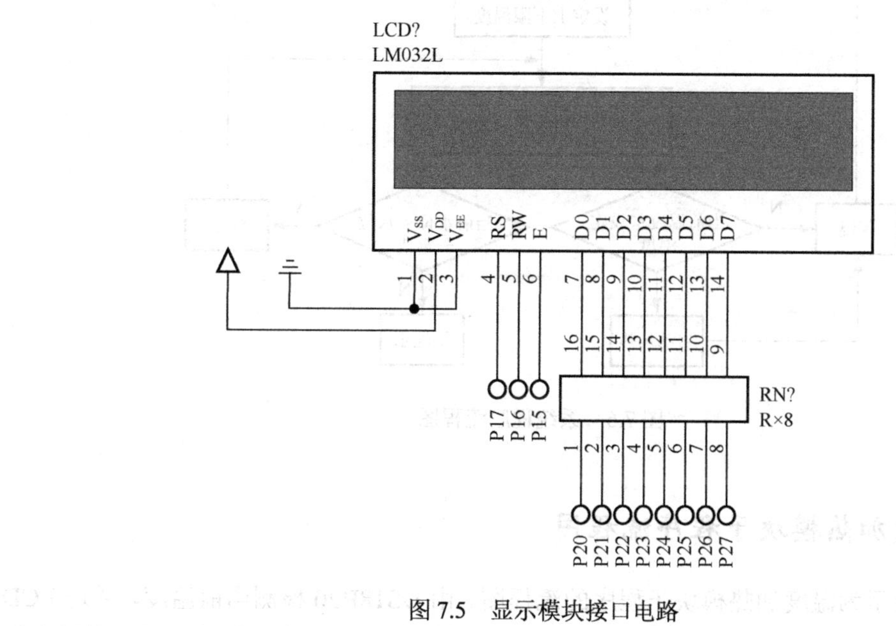

图 7.5 显示模块接口电路

图 7.5 中，V_{DD} 连接 5V 电源，V_{SS} 和 V_{EE} 接地，RS 寄存器选择，R/W 读写选择，E 使能端，这 3 个端口都接 AT89C51，D0～D7 为数据输入端，连接 89C51 单片机。

7.4 系统程序设计

7.4.1 系统程序设计的总流程图

系统程序设计流程图如图 7.6 所示。由 AT89C51 为核心控制器来实现对太阳能热水器水位和水温的检测，并把温度、水位数据体现在 LCD 液晶显示器上。由主程序完成对 DS18B20 和 LCD 初始化；键盘扫描程序完成对扫描键盘和执行键盘操作，当按下设置温度键时，对热水器进行温度上下限的设定；显示程序将 DS18B20 检测的当前温度和采集的水位值在 LCD 上显示。当检测到的温度低于设定的下限温度，则进行加热，当温度到达上限温度时，停止加热，并处于保温。水位同理，当前水位低于一定值时注水，高于一定值时不注水。

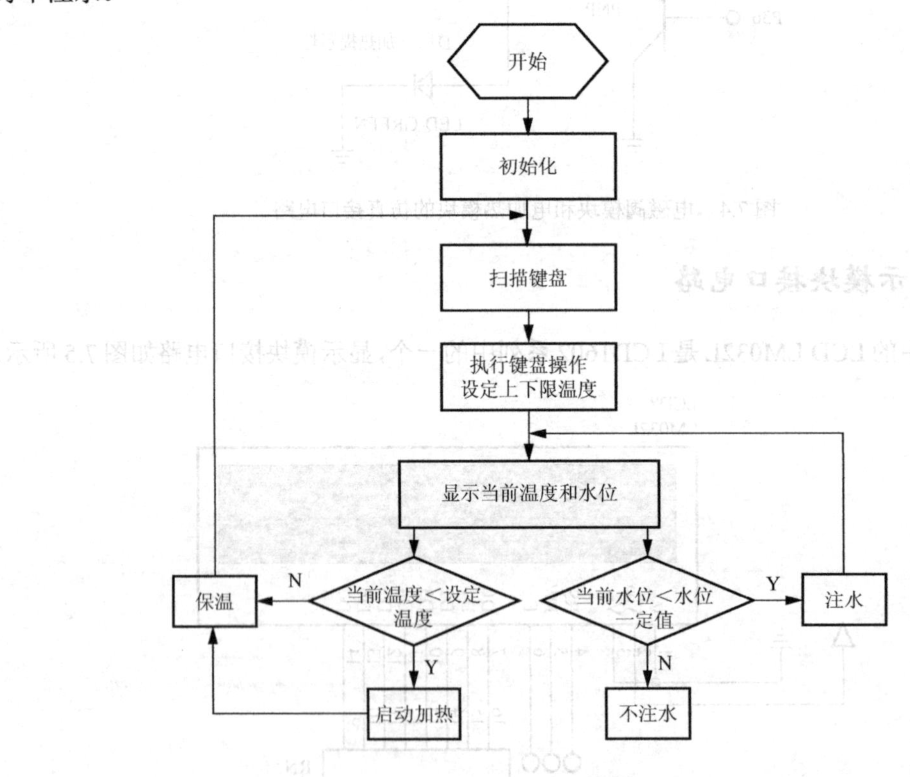

图 7.6 系统程序流程图

7.4.2 温度加热模块子程序流程图

如图 7.7 所示为温度加热模块子程序的流程图。由 DS18B20 检测当前温度，并送 LCD 显示器显示。若当前温度低于设定的下限温度，则进行加热。加热一段时间后，当温度到达上限温度时，停止加热，并处于保温。

7.4.3　水位控制子程序流程图

如图 7.8 所示为水位控制模块子程序的流程图。水位控制模块功能是控制当前水位，若当前水位低于一定值时，则进行注水，加水一段时间后，当水位到达一定值时停止注水。

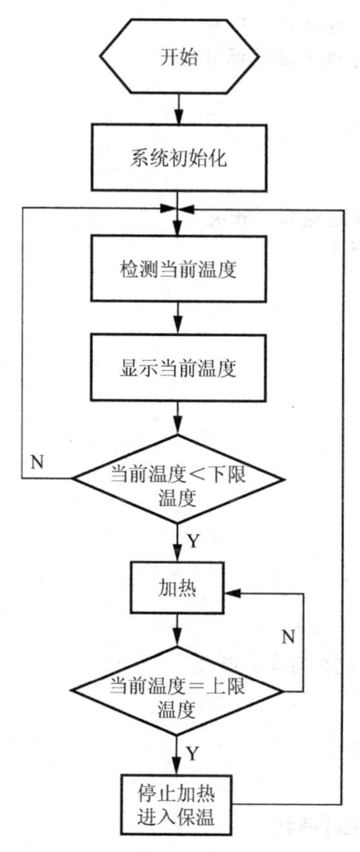

图 7.7　温度加热模块子程序流程图

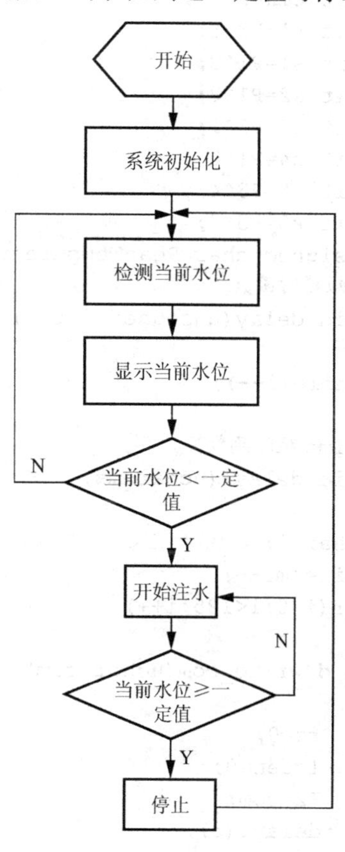

图 7.8　水位控制模块子程序流程图

7.4.4　系统参考程序

```
    #include<REG52.H>                        //头文件
    #define uchar unsigned char              //宏定义
    #define uint unsigned int
    #include <intrins.h>                     //在函数库中调用此函数
    uchar o,t1,t2,flag,numkey,numkey1,numkey2,numkey3,numkey4,m1;//m1为检测s1
按键按下次数的变量
    uchar table[]="set....";                 //定义字符串供LCD1602显示
    uchar table1[]="welcome";
    uint num1,num;                           //num是AD转化变量
    sbit rs=P1^7;                            //位定义
    sbit lcden=P1^5;
    sbit wr=P1^6;
    sbit DQ=P1^4;                            //ds18b20 端口
```

```
sbit k2=P3^6;                          //加热（电器）开关
sbit oe=P3^0;                          //ADC0808 管脚定义
sbit eoc=P3^1;
sbit st=P3^2;
sbit clk=P3^3;
sbit k1=P3^5;                          //注水（继电器）开关
sbit s1=P1^3;                          //s1-s5 键为温度调节按键
sbit s2=P1^2;
sbit s3=P1^1;
sbit s4=P1^0;
sbit s5=P3^4;
sbit k3=P3^7;                          //保温（继电器）开关
unsigned char ReadTemperature();       //函数声明
//短延时函数
void delay(unsigned int i)
{
 while(i--);
}
//1ms 延时函数
void delay1(uchar ms)
{
uchar i;
while(ms--)
for(i=0;i<125;i++);
}
void write_com(uchar com)              //LCD1602 写命令函数
{
    rs=0;
    lcden=0;
    P2=com;
    delay1(5);                         //调用延时函数
    lcden=1;
    delay1(5);                         //调用延时函数
    lcden=0;
}

void write_date(uchar date)            //LCD1602 写数据函数
{
    rs=1;
    lcden=0;
    P2=date;
    delay1(5);                         //调用延时函数
    lcden=1;
    delay1(5);                         //调用延时函数 5ms 延时
    lcden=0;
}
//18b20 初始化函数
void Init_DS18B20()
{
 unsigned char x=0;
```

```
  DQ = 1;                          //DQ复位
  delay(8);                        //稍做延时
  DQ = 0;                          //单片机将DQ拉低
  delay(80);                       //精确延时 大于 480us
  DQ = 1;                          //拉高总线
  delay(14);                       //调用延时函数
  x=DQ;                            //稍做延时后 若x=0则初始化成功 x=1则初始化失败
  delay(20);                       //调用延时函数

 }

 //读一个字节 DS18B20读字节函数
 unsigned char ReadOneChar(void)
 {
 unsigned char i=0;
 unsigned char dat = 0;
 for (i=8;i>0;i--)
  {
   DQ = 0; // 给脉冲信号
   dat>>=1;
   DQ = 1; // 给脉冲信号
   if(DQ)
   dat|=0x80;
   delay(4);
  }
  return(dat);
 }
 //写一个字节 DS18B20写字节函数
 void WriteOneChar(unsigned char dat)
 {
  unsigned char i=0;
  for (i=8;i>0;i--)
  {
   DQ=0;
   DQ=dat&0x01;
   delay(5);   //延时
   DQ=1;
   dat>>=1;
  }
 delay(4);

  }
 //读取温度
 unsigned char ReadTemperature()
 {
 unsigned char a=0;
 unsigned char b=0;
 unsigned char t=0;
 Init_DS18B20();
 WriteOneChar(0xCC);                          // 跳过读序号列号的操作
```

```
WriteOneChar(0x44);           // 启动温度转换
delay(10);                    //延时
Init_DS18B20();
WriteOneChar(0xCC);           //跳过读序号列号的操作
WriteOneChar(0xBE);           //读取温度寄存器等（共可读 9 个寄存器）前两个就是温度
a=ReadOneChar();              //读取温度赋给 a
b=ReadOneChar();              //读取温度赋给 b
t=(a>>4)|(b<<4);              //把 a 右移四位，b 左移四位两者相或后赋给 t
return(t);                    //t 作为返回值返回
}

void init_1602()              //   LCD1602 初始化函数
{

    lcden=0;
    write_com(0x38);          //格式初始化
    write_com(0x0c);          //开显示初始化
    write_com(0x06);          //游标初始化
    write_com(0x01);          //清屏
    write_com(0x80);          //地址指针初始化
}
void disply(uchar add,date)//温度显示函数
{
    uchar shi,ge;
    shi=date/10;
    ge=date%10;
    write_com(0x80+add);      //表明首地址
    write_date(0x30+shi);     //十位输出
    write_date(0x30+ge);      //个位输出
  write_date(0xdf);           //把符号送入 LCD1602
  write_date('C');
 }
void disply1(uchar add,date)    //水位显示函数
{
    uchar bai,shi,ge;
    bai=date/100;
    shi=date/10%10;
    ge=date%10;
    write_com(0x80+add);            //表明首地址
    write_date(0x30+bai);           //百位输出
    write_date(0x30+shi);           //十位输出
    write_date(0x30+ge);            //个位输出
 }
void disply2()                      //温度设置界面的显示
{
 uchar i;
 write_com(0x80+4);
 for(i=0;i<7;i++)                   //LCD1602 输出“set....”
 {
  write_date(table[i]);
```

```
     delay1(1);                    //延时
    }
   }
   void disply3()                  //正常工作时的界面显示
   {
    uchar i;
    write_com(0x80+4);             //定义首地址
    for(i=0;i<7;i++)
    {
     write_date(table1[i]);        //LCD1602 输出"welcome"
     delay1(1);
    }
   }
   void tiaowen()                  //上下限温度报警函数
   {
     if(o<=t1)                     //判断温度值是否小与或等于下限 t1，如果是则继电器打开。
      {
     k2=0;
      }
     if(o==t2)                     //判断温度值是否等于上限温度 t2，如果是则继电器关闭
     {
       k2=1;
       }
   }
   void shuiwei( )                 //水位报警函数
   {
    if(num1<=50)                   //判断水位是否小于或等于 50cm，如果是，继电气开关打开
(模拟注水)
    {
      k1=0;
    }
    if(num1==150)                  //判断水位是否等于 150cm，如果是，继电气开关关闭
    {


     k1=1;
     }
   }
   void init_time( )               //定时器初始化
   {
    TMOD=0x21;                     //定义定时器的工作方式
    TH1=240;                       //分别对两个定时器的高低位进行赋初值
    TL1=240;
    TH0=(65536-10000)/256;
    TL0=(65536-10000)%256;
    EA=1;                          //打开总中断
    ET0=1;                         //打开定时器 0 中断
    TR0=1;
    ET1=1;                         //打开定时器 1 中断
    TR1=1;
    k1=1;                          //对上下限温度进行赋初值 30,50
```

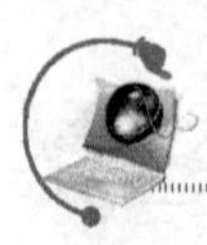


```
 t1=30;
 t2=50;
}

void  main()                       //主函数
{
  wr=0;
  init_time();                     //调用时间初始化函数
 init_1602();                      //调用液晶初始化函数
 while(1)                          //大循环
 {
   TR0=0;
   TR1=0;
   o=ReadTemperature();            //由于DS18B20对时序要求极高,所以在读取18B20的值时,
                                     要先关闭两个定时器，以免造成干扰
   TR0=1;
   TR1=1;
  tiaowen();                       //调用温度报警函数，控制自动加热
   st=0;                           //ADC0808的转换
   st=1;
   st=0;
   while(!eoc);                    //等待转换结果
   oe=1;                           //允许输出
   num=P0;                         //显示A/D转换结果
   oe=0;                           //关闭输出
   num1=num*1.0/255*150;
   shuiwei();                      //调用水位报警函数，控制自动注水
   if(flag==0)                     //如果s1第二次按下，或没有按下时显示
    {
     disply3();
     disply(0x50,o);               //显示水温
     disply1(0x40,num1);           //显示水位高度
     write_date(0x63);             //显示符号"cm"
     write_date(0x6d);
    }
    if(flag==1)                    //判断标志位是否为1，如果是，则显示设置界面
    {
    disply2();                     //调用显示函数
    disply(0x40,t1);
     write_date(0x80);
    disply(0x50,t2);               //如果s1第一次按下时显示
    }
    if(o>=40)                      //判断DS18B20的数值是否小于40℃，若是，则打开保温电
                                     路，使水温保持在大于40℃

    {
     k3=0;
    } else k3=1;
 }
}
void time1() interrupt 3           //为ADC0808提供工作时钟函数
```

```
 {
  clk=~clk;                         //为 ADC0808 提供工作时钟
 }
 void timer0() interrupt 1          //定时器中断按键
 {
  TH0=(65536-10000)/256;            //进入中断函数，赋值后为下一次中断做准备
  TL0=(65536-10000)%256;
  switch(numkey)                    //按键函数检测numkey是否为 0,若是,则 numkey++;
                                      下次中断来临时再检测 numkey 是否为 1，若是
                                      numkey++,下次中端来临时再检测 numkey 是否为
                                      2，若是，判断 s 是否为 1（即是否松手），若是，
                                      则表示键按下。以下函数原理相同。
  {
    case 0:
以下函数原理雷同
      if(s1==0)
       {
        numkey++;
       } break;
    case 1:
      if(s1==0)
       {
        numkey++;
       }
        else numkey=0; break;
    case 2:
      if(s1)
       {
        numkey=0;
        m1++;
        flag=1;                     //flag 是设置温度界面的标志位
        if(m1==2)
         {
          flag=0;
          m1=0;
          }

       }  break;
    }
     switch(numkey1)                //按键 s2 用于增加下限温度
  {
   case 0:
     if(s2==0)
      {
       numkey1++;
      } break;
   case 1:
     if(s2==0)
      {
       numkey1++;
```

```
        }
        else numkey1=0; break;
    case 2:
      if(s2)
        {
         numkey1=0;
         if(t1==60)
         {
          ;
         }
         else t1++;
        }  break;
      }
    switch(numkey2)                       //按键 s3 用于减小下限温度
   {
    case 0:
      if(s3==0)
        {
         numkey2++;
        } break;
    case 1:
      if(s3==0)
       {
        numkey2++;
        }
        else numkey2=0; break;
    case 2:
      if(s3)
        {
         numkey2=0;
         if(t1==20)
         {
          ;
         }
         else t1--;
        }  break;
      }
     switch(numkey3)                      //按键 s4 用于增加上限温度
   {
    case 0:
      if(s4==0)
        {
         numkey3++;
        } break;
    case 1:
      if(s4==0)
       {
        numkey3++;
        }
        else numkey3=0; break;
```

```
    case 2:
      if(s4)
       {
        numkey3=0;
        if(t2==20)
        {
         ;
        }
        else t2++;
       }  break;
     }
     switch(numkey4)                    //按键 s5 用于减小上限温度
   {
    case 0:
      if(s5==0)
       {
        numkey4++;
       } break;
    case 1:
      if(s5==0)
      {
       numkey4++;
       }
       else numkey4=0; break;
    case 2:
      if(s5)
       {
        numkey4=0;
        if(t2==60)
        {
         ;
        }
        else t2--;
       }  break;
     }
   }
```

7.5　功能扩展

本设计给出了一个简易的太阳能热水器控制器的硬件电路及程序设计方法。读者可以对该设计进行功能扩展。例如：增加无线控制功能，通过遥控控制人工上水和加温。

第 8 章　数控直流稳压电源的设计

8.1　功能要求

本项目设计的数控稳压电源将单片机数字控制技术有机地融入直流稳压电源的设计中，实现直流稳压电源的数字化。该电源不仅可调并且能够直观显示电压量。数控直流稳压电源以 STC12C 系列的单片机为控制模块，由按键、D/A 输出、A/D 采样、功率放大和 LCD 1602 液晶显示等模块组成。通过按键来改变输出的电压值。

设计的主要功能如下。

（1）输出电压：0～9.9V 步进可调，调整步距 0.1V。

（2）输出电流：≥1A。

（3）精度：误差＜30mV。

（4）纹波电压：＜20mV。

（5）显示：输出电压值用 LCD 1602 液晶显示。

8.2　硬件电路设计

8.2.1　系统设计框图及硬件电路

硬件电路设计以单片机为核心处理元件，按键、显示便于人机交互。

电路工作原理：15V 经整流、滤波后的直流电压作为外接输入的电源接入单片机后，一路经过稳压芯片 LM2940 后转变成 5V，给单片机和其他有源器件供电。设计上配了一个 LED 灯用于指示，观察是否有电源输入。同时 15V 电源也作为运算放大器的工作电源。

处理后将数据经过 D/A 处理，跟随放大输出，为了系统的稳定和精度加入负反馈，对数据进行采样送回单片机内部 A/D 处理。整个系统设计框图如图 8.1 所示。

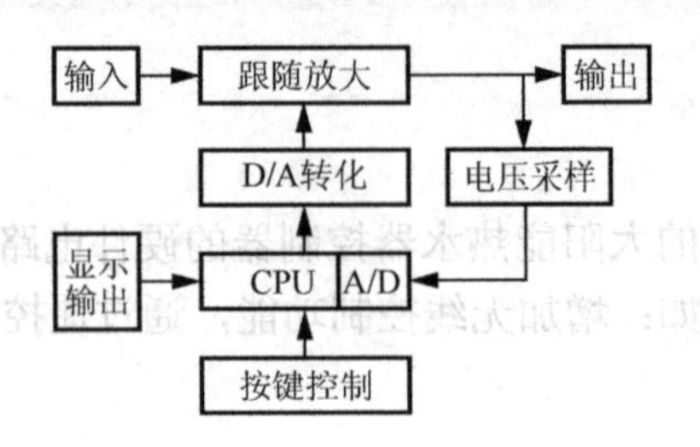

图 8.1　系统设计框图

如图 8.2 所示为系统硬件设计电路。

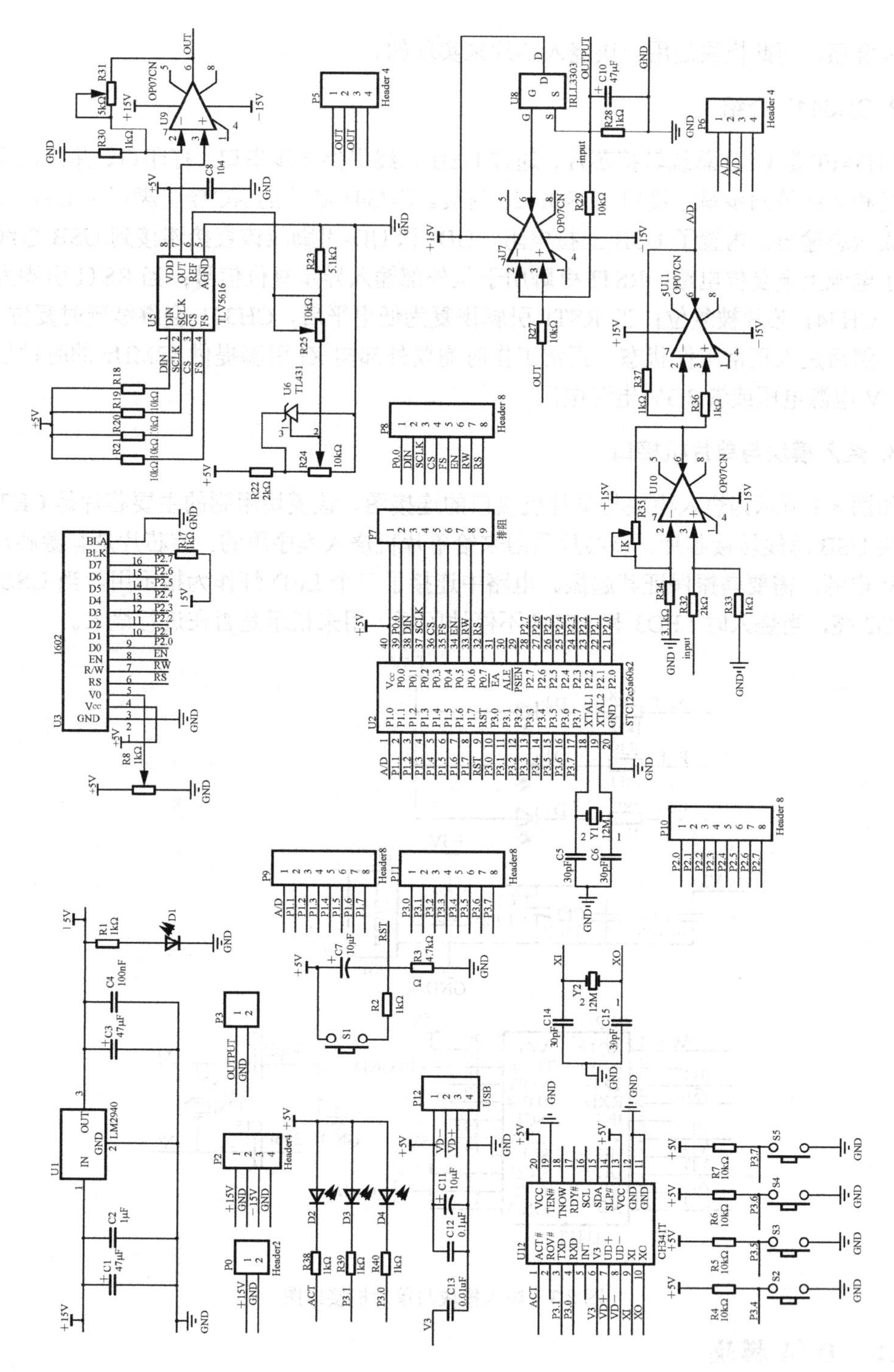

图 8.2　系统硬件设计电路图

8.2.2　烧入模块

1. 模块说明

该模块是用来给单片机烧入程序用的，如果不加此模块的话，单片机每次都要拿上拿下会很麻烦，而此模块是用一块烧入芯片来实现的。

2. CH341T 介绍

CH341T 是 USB 总线转接芯片，通过 USB 总线提供异步串口、打印口、并口以及常用的 2 线和 4 线等同步串行接口。SSOP-20 封装。CH341 芯片的 ACT#引脚用于 USB 设备配置完成状态输出。内置了 USB 上拉电阻，UD+和 UD-引脚应该直接连接到 USB 总线上。内置了电源上电复位电路。RSTI 引脚用于从外部输入异步复位信号；当 RSTI 引脚为高电平时，CH341 芯片被复位；当 RSTI 引脚恢复为低电平后，CH341 会继续延时复位 20ms 左右，然后进入正常工作状态。正常工作时需要外部向 XI 引脚提供 12MHz 的时钟信号。支持 5V 电源电压或者 3.3V 电源电压。

3. 烧入模块与单片机接口

如图 8.3 所示为烧入模块与单片机接口的连接图。该模块用到的主要芯片是 CH341T，是一块 USB 总线转接芯片。该芯片是用来给单片机烧入程序用的。该芯片是有源芯片，连接+5V 电源。需要晶振保证其起振。电路中连接了三个 LED 灯作为指示用，当 USB 线插入时 D2 亮，当烧入时 LED3 和 LED4 不停地闪烁，用来指示是否在进行烧入。

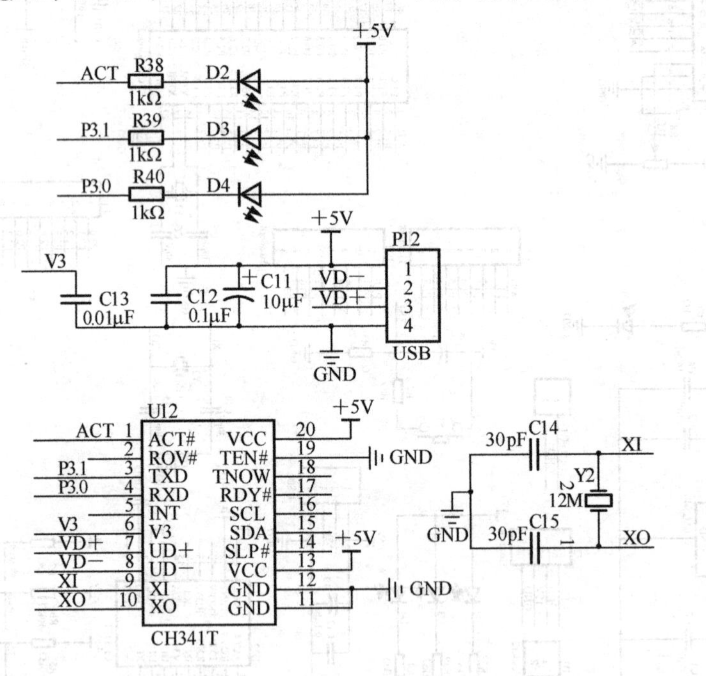

图 8.3 烧入模块与单片机接口图

8.2.3 D/A 模块

该模块将单片机内部数据处理后输出的数字量转换成模拟量。模拟量即电压值，然后经过运放放大，输出最大 9.9V 的电压。

数控稳压电压的电路中 D/A 转换的误差希望小于 10mV，8 位的 DAC0832 不能满足要求，且 0832 占用了 8 个 I/O 口，占用的引脚太多了，因此 D/A 芯片采用 12 位的 TLV5616。

它即可满足精度要求，而且只占用 4 个 I/O 口，是 4 线可变串行接口，属低功耗双通道 12 位数模转换器。电压范围 2.7～5.5V，8 引脚，采用 MSOP 封装。其引脚功能见表 8.1。

表 8.1　TLV5616 引脚功能图

端口名	序　号	I/O	描　述
AGND	5		模拟地
CS	3	I	片选 数字输入使能或者无效 低电平有效
DIN	1	I	串行数据输入
FS	4	I	帧同步 4 线串行接口的数据输入，如 TMS320DSP 接口
OUT	7	O	DAC 模拟输出
REFIN	6	I	参考模拟输入电压
SCLK	2	I	串行数字时钟输入
V_{DD}	8		正电源端

如图 8.4 所示为 D/A 模块 TLV5616 与单片机的接口电路图，其中 DIN、SCLK、CS、FS 分别连接单片机的四个 I/O 口，REF 是一个基准电压引脚，由于 TLV5616 的基准电压可以通过编程改变，所以在设计时，采用稳压管 TL431 并结合电位器实现基准电压可调。若基准电压为 2.048V，则输出电压最大为 4.096V。在本电路中的最大输出电压为 9.9V，因此，只需把 D/A 输出的最大值设定为 4V，再经运放放大 2.475 倍即可得到。

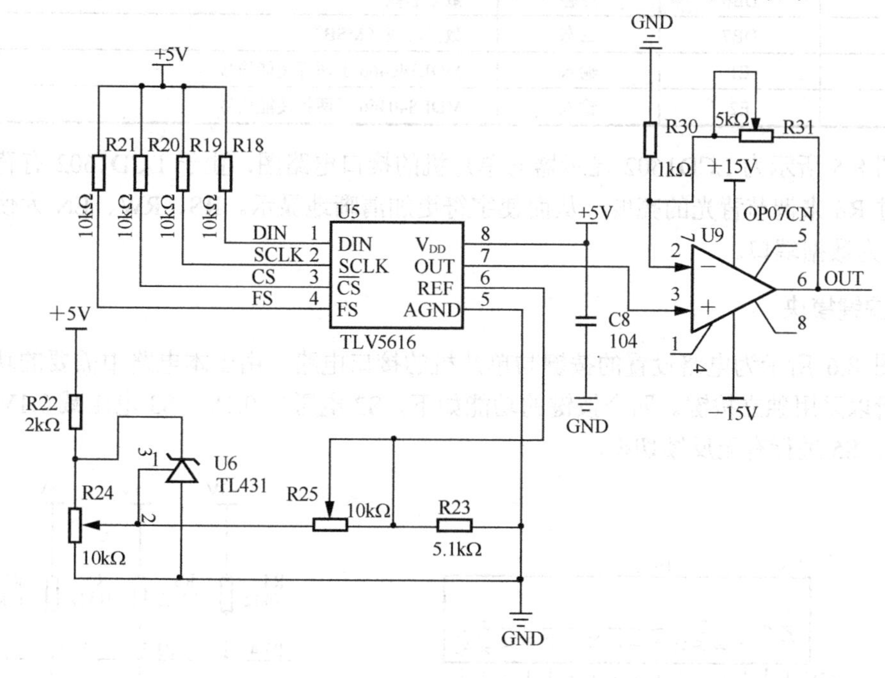

图 8.4　TLV5616 电路原理图

8.2.4　显示、按键模块

1. 显示模块

显示器选用 LCD1602，LCD1602 是字符型液晶，能够同时显示 16×02 即 32 个字符。

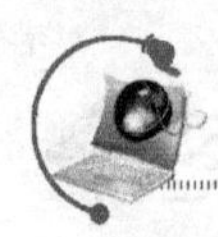

16 个引脚，3 个控制引脚，8 位双向数据端引脚。具有微功耗、体积小、显示内容丰富、超薄轻巧的特点。用户可以对 EN、RW、RS 的数据进行编程，然后通过 D0～D7 输出显示数据。其引脚功能图见表 8.2。

表 8.2　1602 引脚功能图

引 脚 号	符　号	状　态	功　能
1	V_{ss}		电源地
2	V_{DD}		+5V 逻辑电源
3	V0		液晶驱动电源
4	RS	输入	寄存器选择 1：数据；0：指令
5	R/W	输入	读、写操作选择 1：读；0：写
6	E	输入	使能信号（MDLS40466 未用，符号 NC）
7	DB0	三态	数据总线（LSB）
8	DB1	三态	数据总线
9	DB2	三态	数据总线
10	DB3	三态	数据总线
11	DB4	三态	数据总线
12	DB5	三态	数据总线
13	DB6	三态	数据总线
14	DB7	三态	数据总线（MSB）
*15	E1	输入	MDLS40466 上两行使能信号
*16	E2	输入	MDLS40466 下两行使能信号

如图 8.5 所示为 LCD1602 显示器与单片机的接口电路图，由于 LCD1602 有背光灯，可以通过 R8 来调节背光的亮度，从而使字符更加清晰地显示。RS、RW、EN 为使能端，D0～D7 为数据端口。

2. 按键模块

如图 8.6 所示为电路设置的按键与单片机的接口电路。由于本电路中需要的功能按键较少，所以采用独立按键。四个按键的功能如下，S2 电压加 0.1V，S3 电压减 0.1V，S4 电压加 1V，S5 进行有无反馈切换。

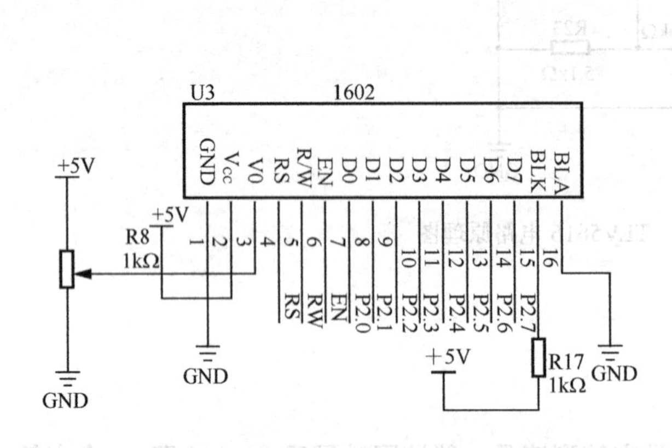

图 8.5　LCD1602 显示电路原理图

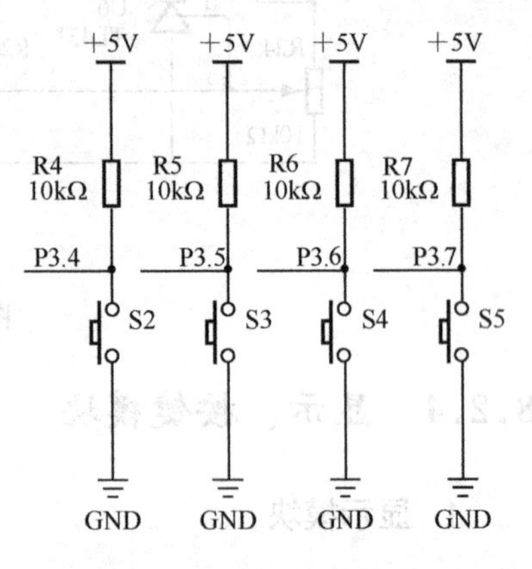

图 8.6　按键与单片机的接口图

8.2.5　功率放大模块

功率放大模块采用 MOS 管为核心器件，由 MOS 管组成的放大模块，使整个电源有足够大的功率用来拖动较大的负载。如图 8.7 所示为功率放大模块，图中 U7 和 U8 共同组成一个射极跟随器，当 D/A 输出电压经放大电路放大后，进入该模块。由于该模块实际上是一个跟随器，所以它的输入和输出电压相同，而电流被放大了，从而实现了功率放大的功能。

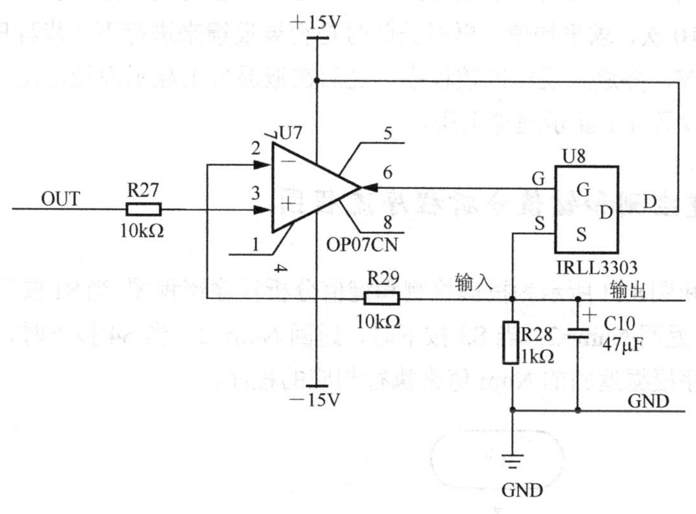

图 8.7　功率放大电路图

8.2.6　采样模块

采样模块的工作原理是将输出电压采样回来，形成一个负反馈。经过单片机内部 A/D 进行处理，然后使输出更加稳定和准确。如图 8.8 所示为采样电路图，首先将 IRLL3303 的源极电压当做运放的输入电压，之后电压缩小 2.475 倍，再经过跟随电路，传回 P1.0 进行 A/D 转换。

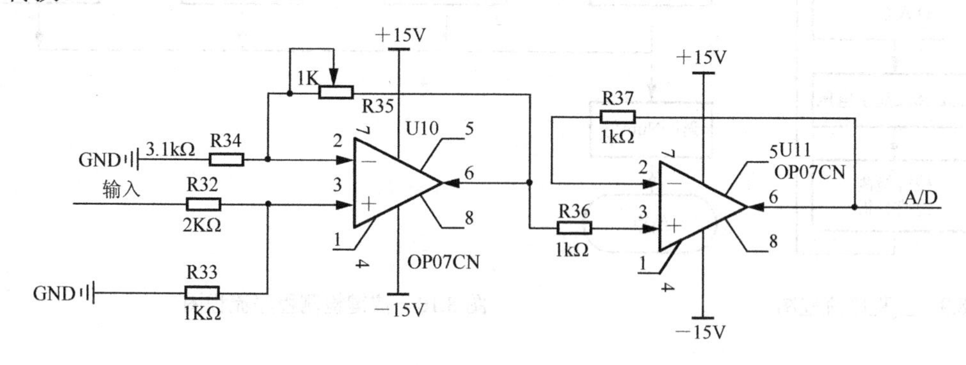

图 8.8　采样电路图

8.3 系统程序设计

8.3.1 系统主程序流程图

如图 8.9 所示为系统主程序流程图。先将 LCD1602 液晶显示和单片机自带的 AD 初始化，然后进行按键检测，当检测到按键按下时，通过键值分析程序来控制 TLV5616 的输出。之后 AD 采样 10 次，求平均值，再根据此时是否要反馈来进行下一步程序的执行。若要有反馈，则显示 Y，并进入反馈比较程序，之后在液晶屏上显示理论电压。若不要反馈，则显示 N，并在液晶屏上显示理论电压。

8.3.2 按键检测和键值分析程序流程图

如图 8.10 和图 8.11 所示为按键检测和键值分析程序流程图，当 S1 按下时，返回 Num=1；当 S2 按下时，返回 Num=2；当 S3 按下时，返回 Num=3；当 S4 按下时，返回 Num=4。之后键值分析程序根据返回的 Num 值来执行相应的程序。

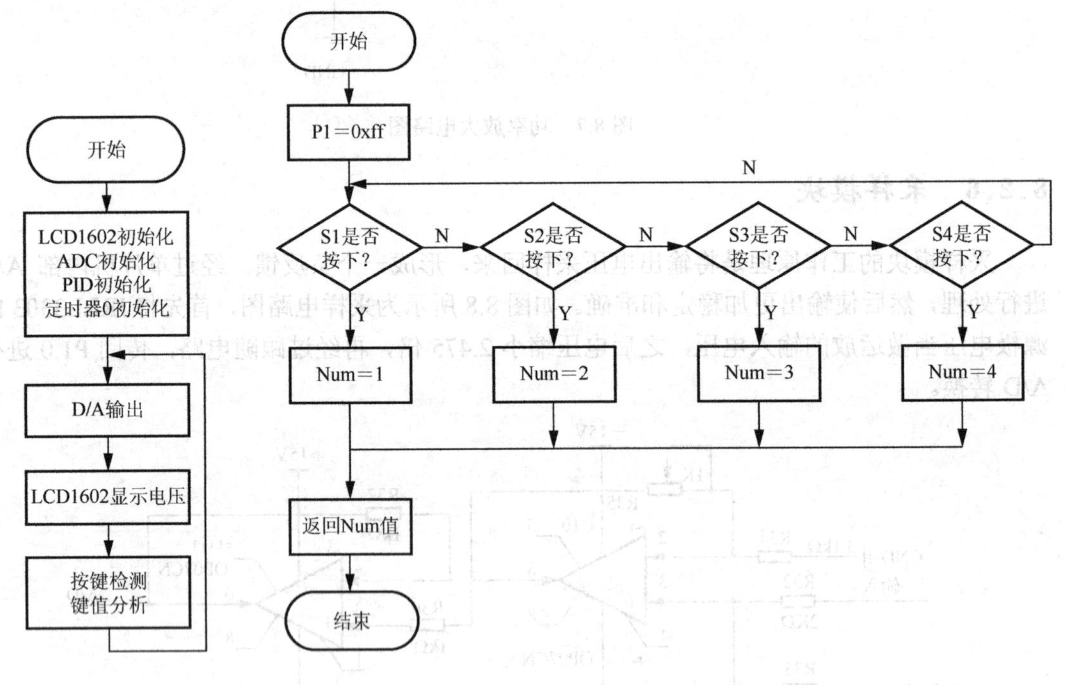

图 8.9 主程序流程图

图 8.10 按键检测程序流程图

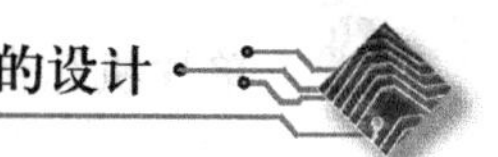

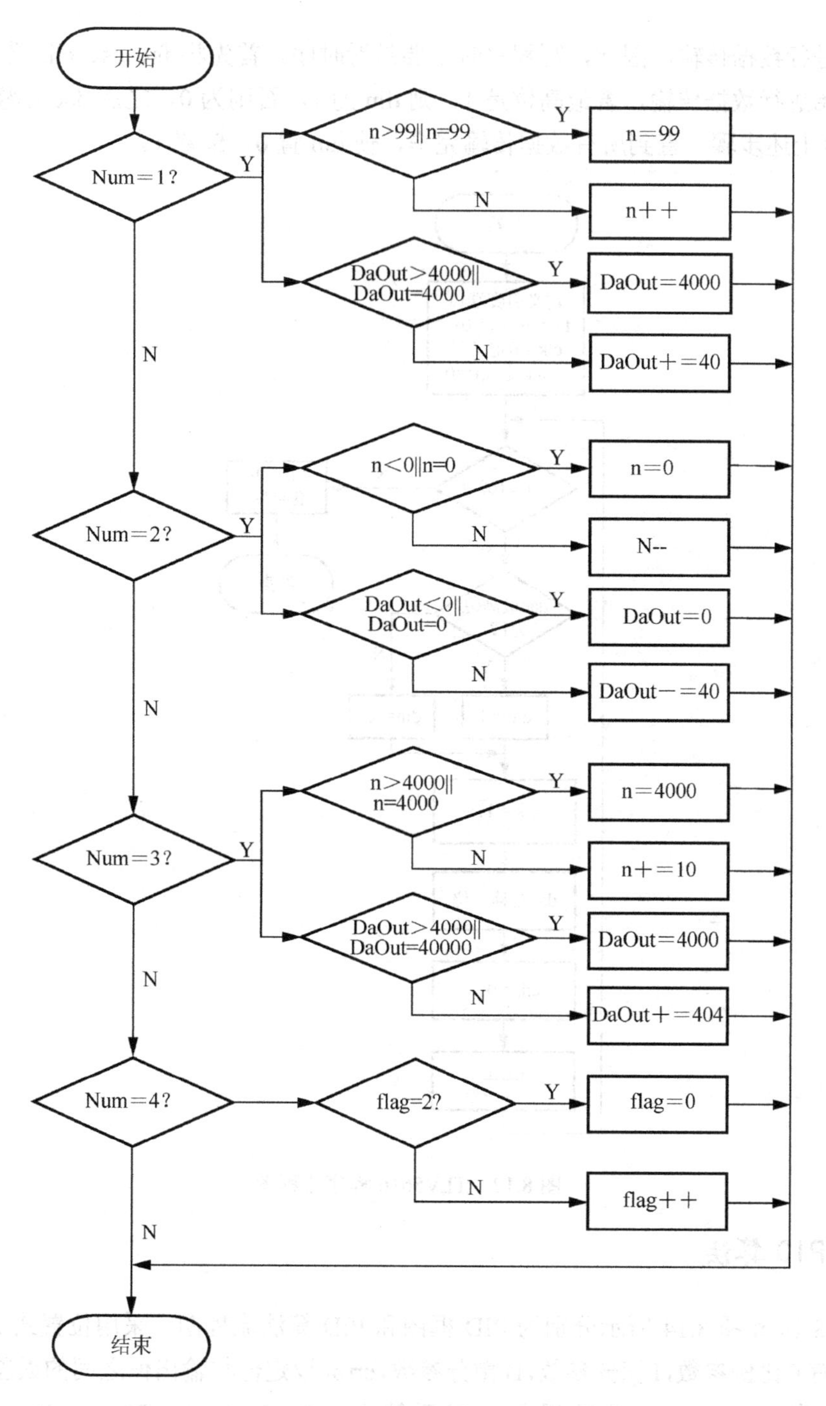

图 8.11　键值分析程序流程图

8.3.3　TLV5616 程序流程图

如图 8.12 所示为 TLV5616 程序流程图。TLV5616 是一个 12 位的 D/A 转换器，它通过

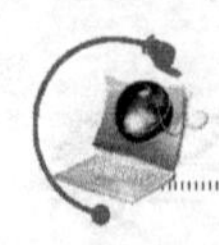

串行方式进行数据传输，因此，写程序时主要是看时序。首先将 fs、cs、clk 置 0，然后从最高位开始进行数据传输，若最高位是 1，则 din 为 1，否则为 0，之后 dac 左移一位，clk 置 0，重复上述步骤，直到所有数据传输完毕，使 din 置 0，fs 置 1。

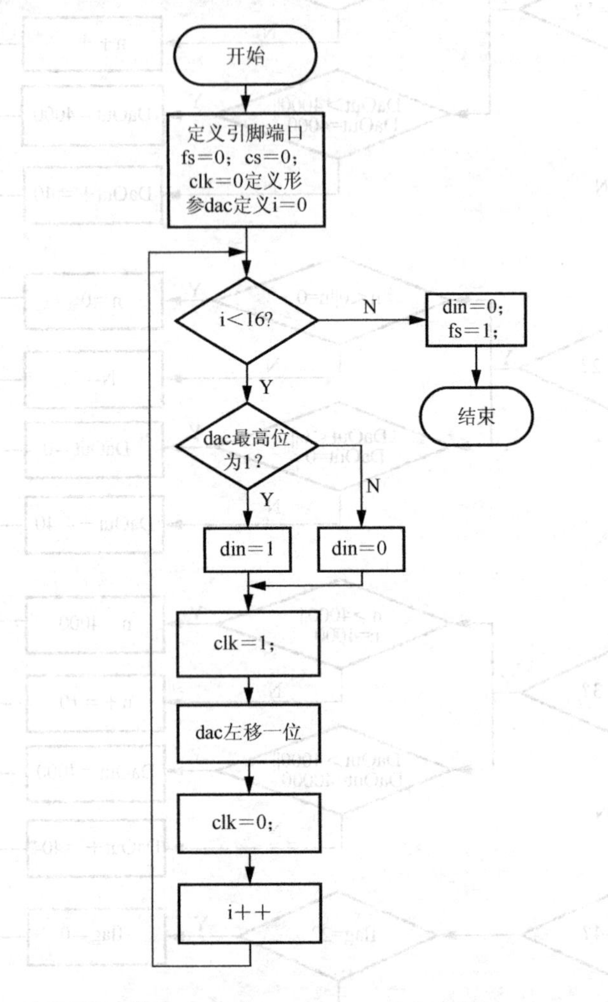

图 8.12　TLV5616 程序流程图

8.3.4　PID 算法

如图 8.13 和图 8.14 所示分别为 PID 框图和 PID 算法流程图。采用位置式 PID 算法，主要参数有 P 比例参数，I 积分参数，D 微分参数，error 设定值与输出值之间的误差，last_error 上一次误差，sum_error 总的误差，然后结合公式 U（n）=P*error+I*sum_error+D*（error-last_error）就可以进行调整输出，使误差减小，输出更加准确。

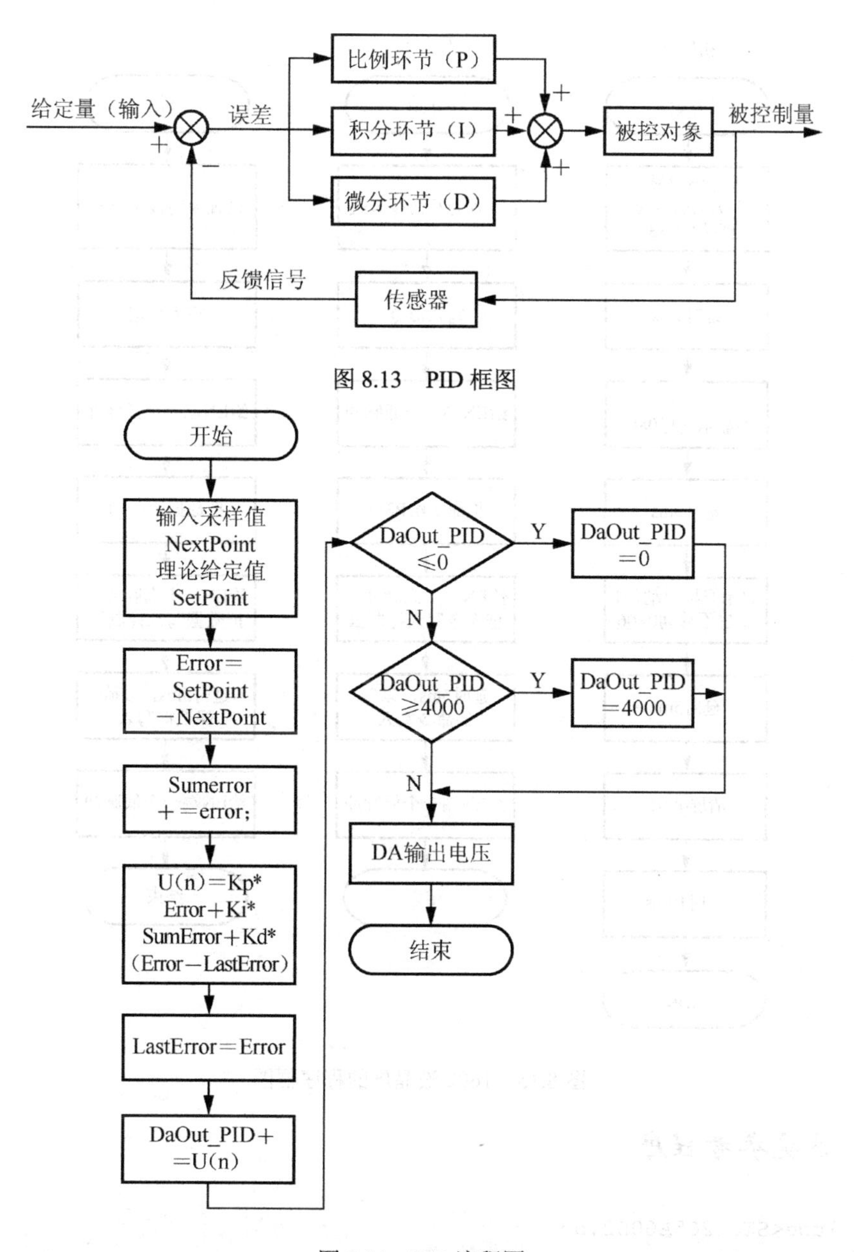

图 8.13　PID 框图

图 8.14　PID 流程图

8.3.5　1602 显示

如图 8.15 所示为 1602 液晶屏的程序框图，1602 由 3 个控制引脚，8 位双向数据端引脚控制显示的内容和位置。因此，这部分程序主要由初始化函数、写命令函数和写数据函数组成。初始化函数主要对液晶屏的显示模式进行设定，写命令函数主要是对显示的位置和显示的方式进行设置，写数据函数是决定显示的内容。

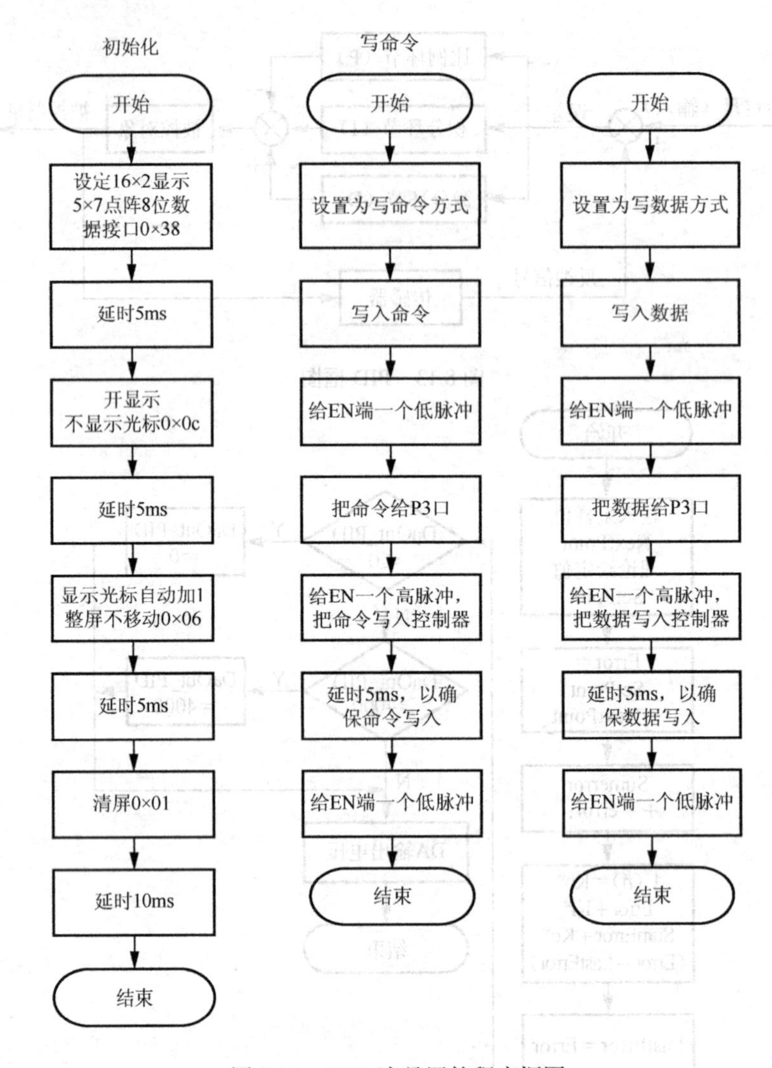

图 8.15　1602 液晶屏的程序框图

8.3.6　系统参考程序

```
    #include<STC12C5A60S2.h>
    #include"1602.h"
    #include"key.h"
    #include"dac5616.h"
    #include"AD.h"
    #define uint unsigned int
    #define uchar unsigned char
     uint code tab[]={
     // 0  1  2  3  4  5  6  7  8  9  10  11  12  13  14  15  16  17  18

0,50,130,220,300,380,460,550,630,710,800,880,960,1050,1130,1210,1300,1380,14
60,
              //  19  20  21  22  23  24  25  26  27  28  29  30
```

```
31   32   33   34   35   36   37   38

1550,1630,1710,1800,1880,1960,2050,2130,2210,2300,2420,2510,2590,2680,2760,2
850,2930,3020,3100,3190,
                //  39   40   41   42   43   44   45   46   47   48   49   50
51   52   53   54   55   56   57   58   59   60   61

   3270,3360,3440,3530,3610,3700,3780,3870,3950,4040,4120,4200,4290,4380,44
60,4540,4630,4710,4790,4880,4970,5050,5130,
                //  62   63   64   65   66   67   68   69   70   71   72   73
74   75   76   77   78   79   80   81   82   83 84

   5210,5300,5380,5470,5560,5640,5730,5810,5900,5990,6070,6160,6260,6340,64
20,6500,6580,6680,6760,6850,6930,7020,7100,
                //  85   86   87   88   89   90   91   92   93   94   95   96
97   98   99

7190,7270,7360,7440,7530,7610,7700,7780,7860,7950,8030,8120,8200,8290,8370

                };                              //AD 实际测得的数字量

   uint DaOut=0;
   uchar n=0,flag=0;
   void Key_Num(uchar num);                     //键值分析
   void ComparyData(uint AdcResult);            //反馈比较
   uint Sampling();                             //采样 10 次，求平均

   void main()
   {
      uint AdResult;
      LCD_init();
      AD_init();
       while(1)
       {
        Key_Num(keyscan());
        da5616(DaOut);                          //DA 输出
        AdResult=Sampling();                    //AD 采样
        if(flag==1)
        {
           WriteCmd(0x80);
           WriteData('Y');
           ComparyData(AdResult);               //采样值与真实值比较
            delay(15);
         }
         else
         {
           WriteCmd(0x80);
           WriteData('N');
         }
         da5616(DaOut);                            //DA 输出
```

```
        LcdDisplay(DaOut,AdResult,n);     //输出 DA 值
        delay(30);
      }
   }

    /*##########键值分析##########*/
   void Key_Num(uchar num)
   {
      switch(num)
      {

   case 1:if(DaOut>4000||DaOut==4000)DaOut=4000;else DaOut+=40;if(n>99||n==
99)n=99;else n++;break;

   case 2:if(DaOut<0||DaOut==0)DaOut=0;else DaOut-=40;if(n<0||n==0)n=0;else
n--;break;

   case 3:if(DaOut>4000||DaOut==4000)DaOut=4000;else DaOut+=404;if(n>99||n=
=99)n=99;else n+=10;break;

   case 4:flag++;if(flag==2)flag=0;break;//if(DaOut<0||DaOut==0)DaOut=0;els
e DaOut-=404;if(n<0||n==0)n=0;else n-=10;break;
          default:break;
      }
   }


   /*##########反馈比较##########*/
   void ComparyData(uint AdcResult)
   {
      DaOut=Dal;
      if(AdcResult>tab[n]) //采样值大于真实值
        {
         DaOut--;
         if(DaOut<0||DaOut==0)
           DaOut=0;
        }
      if(AdcResult<tab[n])//采样值小于真实值
        {
         DaOut++;
         if(DaOut>4096||DaOut==4096)DaOut=4095;
        }
   }

   //采样 10 次，取平均
   uint Sampling()
   {
     uint adc_value_ave=0;
     uint SamplingValue[10];  //AD 转换缓冲区
```

```
    uint max_value=0,min_value=0,max_index=1,min_index=1;
    uchar i;
    for(i=0;i<10;i++)
    {
        SamplingValue[i]=GetResult(0);
    }
    for(i=1;i<10;i++)          // 去掉第一次测量值
     {
        adc_value_ave+=SamplingValue[i];
     }
     adc_value_ave/=9;         // 去掉一个值外的平均值
     for(i=1;i<10;i++)         // 计算最大值和最小值索引号 排序
     {                         //排序 最大值第 1 位 最小值最后 1 位
         if(SamplingValue[i]>adc_value_ave)//大于平均值
         {
             if((SamplingValue[i]-adc_value_ave)>max_value)
             {
                 max_value=SamplingValue[i];
                 max_index=1;
             }
         }
        else                   //小于平均值
         {
             if((adc_value_ave-SamplingValue[i])>min_value)
             {
                 min_value=adc_value_ave-SamplingValue[i];
                 min_index=i;
             }
         }
     }
     adc_value_ave=0;
     for(i=1;i<10;i++)                          //计算去掉最大值和最小值后的总和
     {
       if((i!=max_index)&&(i!=min_index))   //去掉最大值和最小值
         {
           adc_value_ave+=SamplingValue[i];
        }
     }
     if(max_index!=min_index)   //如果测量值不同
     {
         adc_value_ave/=7;       //计算平均值
     }
     else                       //如果测量值相同
     {
       adc_value_ave/=8;        // 计算平均值
     }
    return adc_value_ave*10;
}
//key.h
#ifndef _key_H_
```

```
#define _key_H_
sbit s1=P3^4;
sbit s2=P3^5;
sbit s3=P3^6;
sbit s4=P3^7;
unsigned char keyscan();
#endif
//key.c
#include<STC12C5A60S2.h>
#include"key.h"
/*******************************
函数功能:键盘检测

入口参数:

出口参数:num

*******************************/
 unsigned char keyscan()
 {
    unsigned char num;
     P3=0xff;
     if(s1==0)
      {
       num=1;
      while(!s1);
      }
      if(s2==0)
      {
       num=2;
       while(!s2);
      }
     if(s3==0)
      {
      num=3;
       while(!s3);
       }
     if(s4==0)
      {
      num=4;
      while(!s4);
      }
     return num;
 }
//1602.h
#ifndef _1602_H_
#define _1602_H_
sbit RS=P0^7;                   //定义RS为I/O口为2.0
sbit RW=P0^6;                   //定义RW为I/O口为2.1
sbit EN=P0^5;                           //定义EN为I/O口为2.2
```

```
void delay(unsigned int z);
unsigned char busy_LCD();                    //忙碌判断
void WriteCmd(unsigned char cmd);    //写命令
void WriteData(unsigned char date);  //写数据
void LCD_init();                             //初始化
#endif
//1602.c
#include<STC12C5A60S2.h>
#include"1602.h"

void delay(unsigned int z)
{
     unsigned char x,y;
     for(x=z*8;x>0;x--)
      for(y=125;y>0;y--);
}

/***********************************************************************

函数功能:LCD 初始化

入口参数:

出口参数:

***********************************************************************/
 void LCD_init()
 {
  delay(15);                     //延时 15ms
  WriteCmd(0x38);                //设定 LCD 为 16×2 显示, 5×7 点阵, 8 位数据接口
  delay(5);
  WriteCmd(0x38);
  delay(5);
  WriteCmd(0x38);
  delay(5);
  WriteCmd(0x0c);                //开显示,不显示光标
  delay(5);
  WriteCmd(0x06);                //显示光标自动加 1, 整屏不移动
   delay(5);
  WriteCmd(0x01);                //清屏
  delay(10);
 }
/***********************************************************************
函数功能:忙碌判断

入口参数:

出口参数: flag
***********************************************************************/
unsigned char busy_LCD()
```

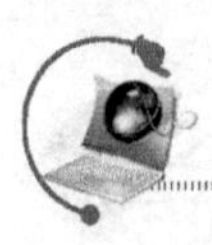


```
{
 bit flag;
 EN=0;
 RS=0;
 RW=1;
 EN=1;
 delay(5);
 flag=(bit)(P2&0x80);
 EN=0;
 return flag;
}
/**********************************************************************

函数功能:写指令到LCD

入口参数:cmd

出口参数:

**********************************************************************/
void WriteCmd(unsigned char cmd)
{
     while(busy_LCD()); //忙碌判断
      RS=0;                    //写命令
      RW=0;                    //写入
      EN=0;                    //给EN端一个低脉冲
      P2=cmd;                  //将命令给P2端口
      EN=1;                    //给EN一个高脉冲，将命令写入LCD1602控制器
      delay(5);                //延时5ms，以确保命令写入
      EN=0;                    //给EN端一个低脉冲
}
/**********************************************************************

函数功能:写数据到LCD，即要显示的内容

入口参数:data

出口参数:

**********************************************************************/
void WriteData(unsigned char date)
{
      while(busy_LCD());             //忙碌判断
      RS=1;                          //写数据
      RW=0;                          //写入
      EN=0;                          //给EN端一个低脉冲
      P2=date;                       //将数据给P2端口
      EN=1;                          //给EN一个高脉冲，将数据写入LCD1602控制器
      delay(5);                      //延时5ms，以确保数据写入
      EN=0;                          //给EN端一个低脉冲
```

```
}

//TLV5616.h
#ifndef _dac5616_H_
#define _dac5616_H_
sbit din=P0^1;
sbit clk=P0^2;
sbit cs=P0^3;
sbit fs=P0^4;
void da5616(unsigned int dac)
 {
    unsigned char i;
    fs=0;
    cs=0;
    clk=0;
    for (i=0;i<16;i++)              //发送十六位数据
    {
      if(dac & 0x8000)              //检测最高位是 0 还是 1
         din=1;
      else
         din=0;
        clk=1;
         dac <<= 1;
        clk=0;
    }
    din=0;
    fs=1;
}

 #endif
//AD.h
#ifndef _AD_H_
#define _AD_H_
#define uint unsigned int
#define uchar unsigned char
void AD_init();
uint GetResult(uchar ch);
void LcdDisplay(uint shu,uint shu2,uint shu3);
#endif
//AD.c
#include"STC12C5A60S2.h"
#include"1602.h"
#include<intrins.h>
#define uint unsigned int
#define uchar unsigned char
void InitUart();
void SendData(uchar dat);
uchar ch;
 /*定义 ADC_CONTR 控制位*/
 #define ADC_POWER 0X80              //ADC power control     bit
```

```
#define ADC_FLAG  0X10          //ADC complete flag
#define ADC_START 0x08          //ADC start control bit
#define ADC_SPEEDLL 0x00        //转换速度 540 clocks
#define ADC_SPEEDL 0x20         //360 clocks
#define ADC_SPEEDH 0x40         //180 clocks
#define ADC_SPEEDHH 0x60        //90 clocks

/***********************************************************************

函数功能:AD 初始化
输入参数: 开启 AD 转换口, 如 P1.0 做输入口,  OpenAdcN=0x01

***********************************************************************/
void AD_init()
{
//  P1ASF=OpenAdcN;           //开启输入通道
   P1ASF=0x01;
  ADC_RES=0;                  //高八位清 0
  ADC_RESL=0;                 //低两位清 0
  AUXR1&=~0x04;  //ADRJ 置 0
  ADC_CONTR=ADC_POWER | ADC_SPEEDLL;//开启 AD, 选择转换速度, 180 周期转换一次
  _nop_();
  _nop_();

}


/***********************************************************************
函数功能:得到 AD 结果
输入参数: 选择输入通道, 如选 P1.0, 则 ch=0
***********************************************************************/
uint GetResult(uchar ch)
{
  uint ADC_RESULT;
  ADC_CONTR=ADC_POWER | ADC_SPEEDLL | ch | ADC_START;//开启 AD, 180 个周期转换一次
  _nop_();
  _nop_();
  _nop_();
  _nop_();
  while(!(ADC_CONTR & ADC_FLAG));              //等待转换完成
  ADC_CONTR&=~ADC_FLAG;                        //关闭 ADC
  ADC_RESULT=ADC_RES;;                         //先将结果高字节放入
  ADC_RESULT=ADC_RESULT<<2;                    //然后左移 2 位
  ADC_RESL=ADC_RESL&0x03;                      //确保无用位为 0
  ADC_RESULT=ADC_RESULT | ADC_RESL;            //最后组合起来称为 16 位二进制数
  ADC_RESULT=ADC_RESULT&0x03ff;
  return ADC_RESULT;
}
/***********************************************************************
```

```
函数功能:LCD 显示
*************************************************************************/
void LcdDisplay(uint shu,uint shu2,uint shu3)
{
//  uint shu3;
  shu3=shu3*100;
  WriteCmd(0x82);
  WriteData('V');
  WriteData(':');
  WriteData(shu3/1000+0x30);
  WriteData('.');
  WriteData(shu3/100%10+0x30);
  WriteData(shu3/10%10+0x30);
  WriteData(shu3%10+0x30);
  WriteCmd(0x40|0x80);
  WriteData('D');
  WriteData('A');
  WriteData(':');
  WriteData(shu/1000+0x30);
  WriteData(shu/100%10+0x30);         //显示百位
  WriteData(shu/10%10+0x30);          //显示十位
  WriteData(shu%10+0x30);             //显示个位
  WriteData(' ');
  WriteData('A');
  WriteData('D');
  WriteData(':');
  WriteData(shu2/1000+0x30);          //显示千位
  WriteData(shu2/100%10+0x30);        //显示百位
  WriteData(shu2/10%10+0x30);         //显示十位
  WriteData(shu2%10+0x30);            //显示个位
}
```

8.4　功能扩展

本设计给出了一个简易数字直流稳压电源的硬件电路及程序设计方法。本项目中的输入电压是直流 15V 电压，读者可以对该设计进行功能扩展。为提高工作效率，可设计一个由开关电源和单片机控制电路组成的数字直流稳压电源。

第 9 章　智能交通灯控制系统设计

9.1　功能要求

随着经济的发展，城市现代化程度不断提高，交通需求和交通量迅速增长，城市交通网络中交通拥挤日益严重，道路运输所带来的交通拥堵、交通事故和环境污染等负面效应也日益突出，逐步成为经济和社会发展中的全球性共同问题。因此，研究基于智能集成的城市交通信号控制系统具有相当的学术价值和实用价值,使交通灯具有智能化的控制，未来的城市交通控制系统才能适应城市交通的发展。

本章将设计一种简易的智能交通灯控制方案，能根据两个交叉方向的车流量、天气状况、是否是上下班高峰期等因素，能实现不同的红绿灯切换时间，并且具有倒计时的显示功能。

9.2　主要器件介绍

本系统的设计要求比较简单，因此选用 MCS-51 系列单片机作为整个系统的控制核心。AT89C51 是一种带 4KB 的 FLASH 存储器（FPEROM—Flash Programmable and Erasable Read Only Memory）的低电压、高性能 CMOS 8 位微处理器，俗称单片机。AT89C2051 是一种带 2K 字节闪存可编程可擦除只读存储器的单片机。单片机的可擦除只读存储器可以反复擦除 1000 次。该器件采用 ATMEL 高密度非易失存储器制造技术制造，与工业标准的 MCS-51 指令集和输出管脚相兼容。由于将多功能 8 位 CPU 和闪速存储器组合在单个芯片中，ATMEL 的 AT89C51 是一种高效微控制器，AT89C2051 是它的一种精简版本。AT89C51 单片机为很多嵌入式控制系统提供了一种灵活性高且价廉的方案。

在倒计时的显示上，本系统采用两位的 7 段共阴极数码管，可显示 00～99 范围，对于交通灯的倒计时，已经完全满足需求。交通灯的显示，采用红色、黄色、绿色发光二极管实现，与真实的交通灯相同。

9.3　硬件电路设计

本系统的设计主要分为两大部分，单片机最小系统模块和显示模块。

单片机最小系统模块的电路设计比较简单，主要由时钟电路、复位电路组成。此外，本系统添加了三个输入按键，主要实现这三个功能：东西通行、南北通行、禁止通行。具体的电路图如图 9.1 所示。

显示电路采用七段共阴极数码管显示，南北方向的数码管的段选端分别与 P2 端口的 P2.0～P2.7 相连，位选端分别与 P1.2 和 P1.3 相连；东西方向数码管的段选端也与 P2 端口的 P2.0～P2.7 相连，位选端分别与 P1.0 和 P1.1 相连。

交通灯采用的是发光二极管，南北方向的红黄绿灯分别与 P0.3、P0.4 和 P0.5 相连；东西方向的红黄绿灯分别与 P0.0、P0.1 和 P0.2 相连。

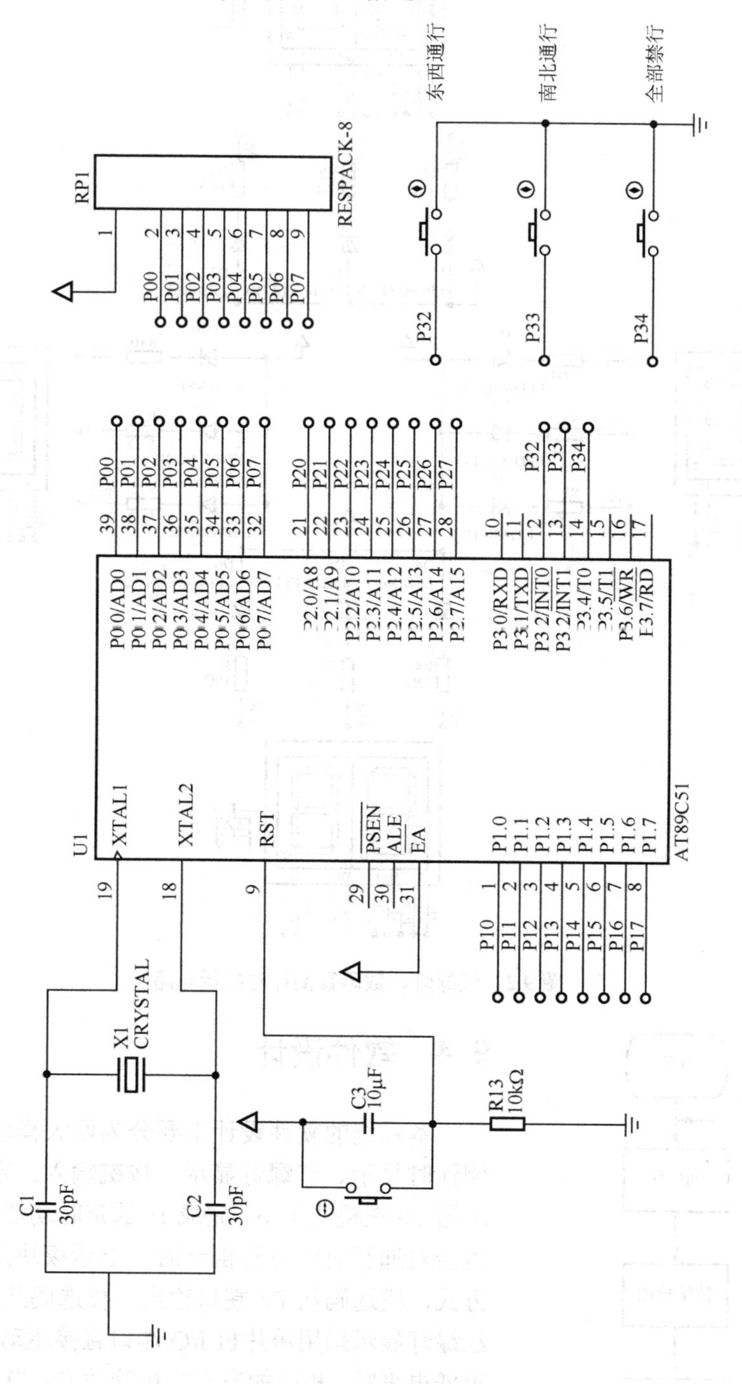

图 9.1　单片机最小系统模块电路图

具体的红绿灯、数码管倒计时显示电路如图 9.2 所示。

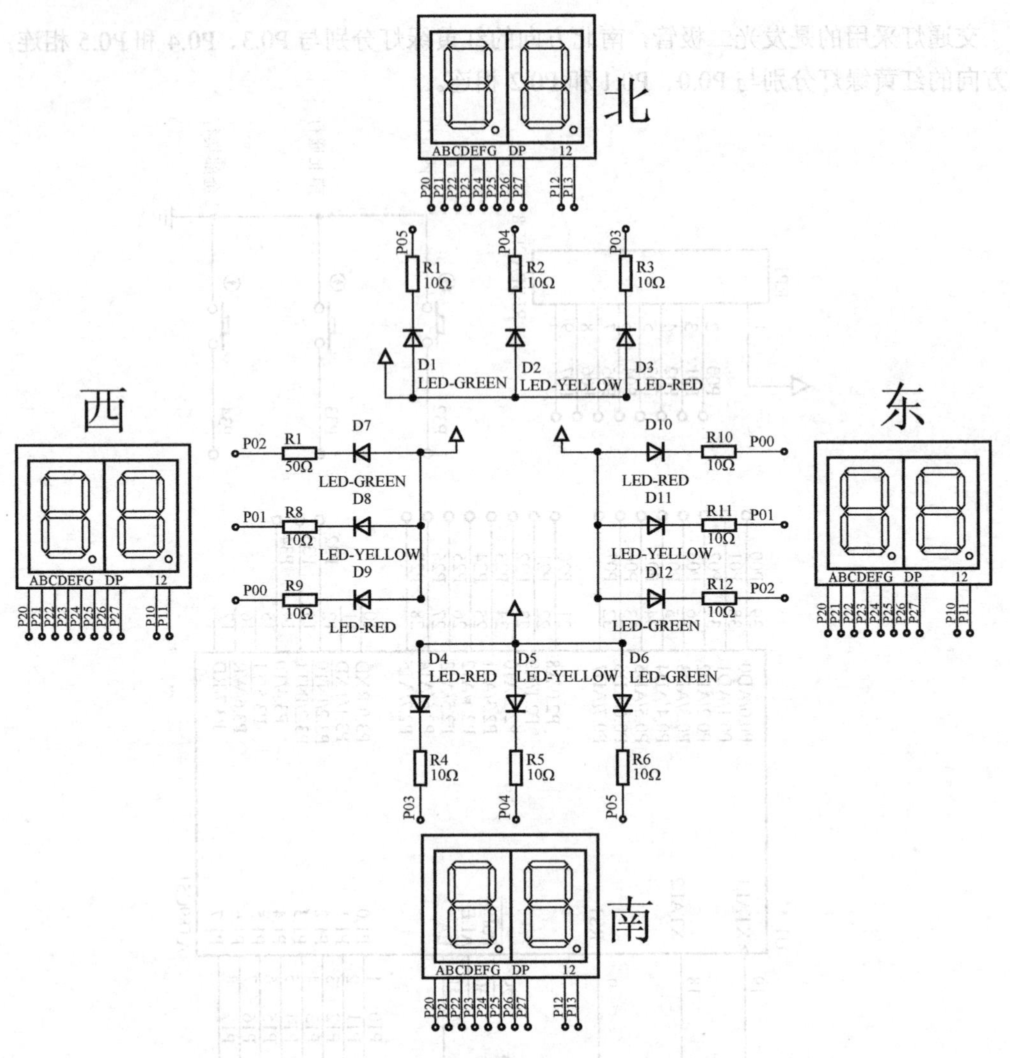

图 9.2 红绿灯、数码管倒计时显示电路

9.4 软件设计

本系统的软件设计主要分为四大模块：定时模块、倒计时显示、红绿灯显示、按键输入。定时模块通过定时器 T0 在模式 1 下，完成 1s 的定时功能，每 1s 时间到，将会对通行时间进行倒计时。显示模块采用动态显示的方式，段选码从 P2 端口输出，位选码从 P1 端口输出。红绿灯显示采用单片机 I/O 端口直接驱动，当 I/O 端口输出低电平时，相应的发光二极管发光；当 I/O 端口输出高电平时，相应的发光二极管熄灭。按键输入，主要完成“东西通行”、“南北通行”、“禁止通行”三个功能，每次按键输入的时候，会对按键进行软件消抖，从而保证按

开始
初始化
按键检测
倒计时显示

图 9.3 智能交通灯控制主程序流程图

键的准确输入。具体的流程图如图 9.3 和图 9.4 所示。

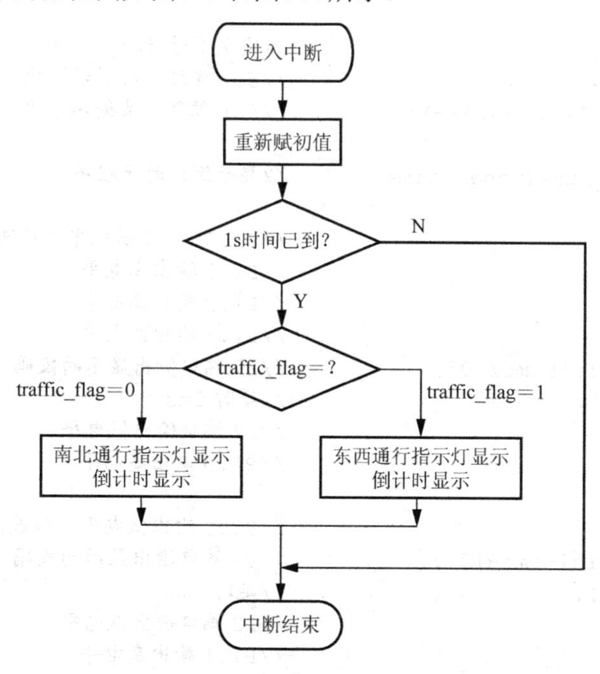

图 9.4 智能交通灯控制中断服务程序流程图

具体的程序代码如下：

```
    #include <reg51.h>                  //包含 MCS-51 单片机头文件
    #define uchar unsigned char         //定义宏 uchar
    #define uint unsigned int           //定义宏 uint
    sbit P1_0 =P1^0;                    //定义单片机 I/O 端口 P1.0
    sbit P1_1 =P1^1;                    //定义单片机 I/O 端口 P1.1
    sbit P1_2 =P1^2;                    //定义单片机 I/O 端口 P1.2
    sbit P1_3 =P1^3;                    //定义单片机 I/O 端口 P1.3
    sbit ew_red=P0^0;                   //定义单片机 I/O 端口 P0.0 为东西方向红灯控制位
    sbit ew_yellow=P0^1;                //定义单片机 I/O 端口 P0.1 为东西方向黄灯控制位
    sbit ew_green=P0^2;                 //定义单片机 I/O 端口 P0.2 为东西方向绿灯控制位
    sbit sn_red=P0^3;                   //定义单片机 I/O 端口 P0.3 为南北方向红灯控制位
    sbit sn_yellow=P0^4;                //定义单片机 I/O 端口 P0.4 为南北方向黄灯控制位
    sbit sn_green=P0^5;                 //定义单片机 I/O 端口 P0.5 为南北方向绿灯控制位
    sbit key_earth_west=P3^2;           //定义单片机 I/O 端口 P3.2 东西方向通行控制按键
    sbit key_sourth_north= P3^3;        //定义单片机 I/O 端口 P3.3 南北方向通行控制按键
    sbit all_not=P3^4;                  //定义单片机 I/O 端口 P3.4 为全部禁行控制位
    uchar code s7_table[]={0x3f,0x06,0x5b,0x4f,0x66,0x6d,0x7d,0x07,0x7f,0x6
f};
                                        //七段码显示表
    uchar sou_nor_time;                 //南北通行时间变量定义
    uchar east_weat_time;               //东西通行时间变量定义
    uchar time_flag;                    //时间标志位定义
    uchar traffic_flag;                 //traffic_flag=0 时南北通行, traffic_flag=1
时东西通行
    uchar time_multiply;                //定义计时变量
```

```
void delayms(uchar z)                    //延时子程序
{
    uchar i,j;                           //定义变量 i, j
    for(i=z;i>0;i--)                     //for 循环，共循环 z 次
        for(j=110;j>0;j--);              //for 循环，共循环 j 次
}
void display_time(uchar time)            //显示倒计时子程序
{
    P1_0 =0;                             //P1.T0 输出低电平，位选使能
    P1_1 =1;                             //P1.1 输出高电平
    P1_2 =1;                             //P1.2 输出高电平
    P1_3 =1;                             //P1.3 输出高电平
    P2=s7_table[time/10];                //P2 端口输出显示的段码
    delayms(2);                          //延时 2ms
    P2=0;                                //P2 端口输出低电平
    P1_0 =1;                             //P1.0 输出高电平

    P1_1 =0;                             //P1.1 输出低电平，位选使能
    P2=s7_table[time%10];                //P2 端口输出显示的段码
    delayms(2);                          //延时 2ms
    P2=0;                                //P2 端口输出低电平
    P1_1 =1;                             //P1.1 输出高电平

    P1_2 =0;                             //P1.2 输出低电平，位选使能
    P2=s7_table[time/10];                //P2 端口输出显示的段码
    delayms(2);                          //延时 2ms
    P2=0;                                //P2 端口输出低电平
    P1_2 =1;                             //P1.2 输出高电平

    P1_3 =0;                             //P1.3 输出低电平，位选使能
    P2=s7_table[time%10];                //P2 端口输出显示的段码
    delayms(2);                          //延时 2ms
    P2=0;                                //P2 端口输出低电平
    P1_3 =1;                             //P1.3 输出高电平
}
void  south_north_allow()                //南北通行允许子程序
{
    ew_red=0;                            //东西方向红灯亮
    ew_green=1;                          //东西方向绿灯熄灭
    ew_yellow=1;                         //东西方向黄灯熄灭

    sn_red=1;                            //南北方向红灯熄灭
    sn_green=0;                          //南北方向绿灯亮
    sn_yellow=1;                         //南北方向黄灯熄灭
}
void  east_west_allow()                  //东西通行允许子程序
{
    ew_red=1;                            //东西方向红灯熄灭
    ew_green=0;                          //东西方向绿灯亮
    ew_yellow=1;                         //东西方向黄灯熄灭
```

```
    sn_red=0;                          //南北方向红灯亮
    sn_green=1;                        //南北方向绿灯熄灭
    sn_yellow=1;                       //南北方向黄灯熄灭
}
void init0_timer0()                    //定时器0初始化子程序
{
    TMOD=0X01;                         //定时器0设置为模式1
    TH0=(65536-50000)/256;             //TH0装载初值
    TL0=(65536-50000)%256;             //TL0装载初值
    ET0=1;                             //开启定时器中断
    EA=1;                              //开启CPU中断
    TR0=1;                             //启动定时器T0
}
void keyscan()                         //键盘扫描子程序
{
    if(key_sourth_north==0)            //判断南北通行控制按键是否按下
    {
        delayms(2);                    //延时2ms
        if(key_sourth_north==0)        //再次判断南北通行控制按键是否按下
        {
            south_north_allow();       //调用南北通行子程序
            while(!key_sourth_north) display_time(time_flag); //南北通行时,
                                       //显示通行倒计时
            TR0=0;                     //南北通行结束,关闭定时器T0
        }
    }
    if(key_earth_west==0)              //判断东西通行控制按键是否按下
    {
        delayms(2);                    //延时2ms
        if(key_earth_west==0)          //再次判断东西通行控制按键是否按下
        {
            east_west_allow();         //调用东西通行子程序
            while(!key_earth_west) display_time(time_flag);//东西通行时,
                                       //显示通行倒计时
            TR0=0;                     //东西通行结束,关闭定时器T0
        }
    }
    if(all_not==0)                     //判断全部禁行按键是否按下
    {
        delayms(2);                    //延时2ms
        if(all_not==0)                 //再次判断全部禁行按键是否按下
        {
            TR0=0;                     //进入全部禁行子程序,关闭定时器T0
            ew_red=0;                  //东西方向红灯亮
            ew_green=1;                //东西方向绿灯熄灭
            ew_yellow=1;               //东西方向黄灯熄灭
            sn_red=0;                  //南北方向红灯亮
            sn_green=1;                //南北方向绿灯熄灭
            sn_yellow=1;               //南北方向黄灯熄灭
        }
```

```
    }
}

void main()                                     //主程序
{
    sou_nor_time=15;                            //初始化南北通行时间为 15s
    east_weat_time=6;                           //初始化东西通行时间为 6s
    traffic_flag=0;                             //初始化，南北通行
    time_flag=sou_nor_time;                     //设置南北通行的时间
    time_multiply =0;                           //计时变量初始化

    init0_timer0();                             //调用定时器 T0 初始化子程序
    south_north_allow();                        //调用南北通行允许子程序

    while(1)                                    // while(1)无限循环
    {
keyscan();                                      //调用键盘扫描子程序
        display_time(time_flag);                //调用显示倒计时子程序
    }
}
void int0_isr() interrupt 1                     //定时器 T0 中断服务程序
{
    TH0=(65536-50000)/256;                      //TH0 装载初值
    TL0=(65536-50000)%256;                      //TL0 装载初值
    time_multiply++;                            //计时变量加 1
    if(time_multiply>=20)                       //判断计时变量是否大于 20
    {
        time_multiply=0;                        //计时变量大于 20，则将计时变量清零
        time_flag--;                            //倒计时的秒数减 1

        if(traffic_flag==0)             //若 traffic_flag 为 0，则进入南北通行模式
        {
            if(time_flag>2)             //南北通行倒计时进行中
            {
                south_north_allow();//南北通行红绿灯输出
            }
            else if(time_flag>0)        //若倒计时时间小于 2s
            {
                sn_red=1;
                sn_green=1;
                sn_yellow=0;                    //此时南北黄灯亮 2s
                ew_red=0;                       //此时东西仍然是红灯亮
                ew_green=1;
                ew_yellow=1;
            }
            else
            {
                traffic_flag=1;                 //此时南北通行计时结束，改为东西通
行模式
                time_flag= east_weat_time; //东西通行时间变量赋值
```

```
            }
        }
        if(traffic_flag==1)                     //此时为东西通行模式
        {
            if(time_flag>2)                     //东西通行计时未结束
            {
                east_west_allow();              //东西通行红绿灯输出
            }
            else if(time_flag>0)
            {
                ew_red=1;                       //此时东西黄灯亮 2s
                ew_green=1;
                ew_yellow=0;
                sn_red=0;                        //此时南北仍然是红灯亮
                sn_green=1;
                sn_yellow=1;
            }
            else
            {
                traffic_flag=0;                 //此时东西通行计时结束，改为东西通
                                                  行模式
                time_flag= sou_nor_time;        //南北通行时间变量赋值
            }
        }
    }
}
```

9.5　功能扩展

本系统主要完成了红绿灯切换控制、倒计时显示和简单的按键输入功能，还可以进一步扩展功能，例如：调整东西方向和南北方向的通行时间，进行时间输入时可以显示输入的时间；在绿灯亮起时，添加行人通行提示音等待。

第 10 章　环境监测系统设计

10.1　功能要求

我国是传统的农业大国，随着农业科技的发展，温室大棚作为新的农作物种植技术，已突破了传统农作物种植受气候、自然环境、地域等诸多因素的限制，在我国得到了广泛的应用，对农业生产有重大意义。近年来，从简易日光温室，发展到大型连栋温室，生产规模越来越大，实现了温室生产的集约化、工厂化。温室环境与作物的生长、发育密切相关，进行温室环境监测是实现温室生产管理自动化、科学化的基本保证。通过对测量数据的分析，结合作物生长规律，改善环境条件，使农作物获得最佳的生长条件，从而达到增加产量、提高经济效益的目的。

温室环境中，影响作物生长的环境因素很多，如温室内温度、湿度、光照、CO_2浓度、营养液的 pH 值等，但最显著的因素是温室中温湿度变化，具体表现：温度降至某一低温或超过某一高温时，作物都将停止生长甚至死亡；维持在某一适温范围时，生长良好。由此看出，对温室温湿度进行定时监测，以保证作物在最佳环境下生长，成为实现生产高效化的关键环节。

因此，本章将设计一个温湿度监测系统，用于温室大棚的温度和湿度监测。

10.2　主要器件介绍

常用的温度传感器有热电阻型传感器、热电偶型传感器、铂电阻温度传感器。随着半导体技术的发展，出现了数字式的温度传感器集成电路，在常用的测温系统中，由于数字式的温度传感器接口简单、使用方便得到了广泛的应用。测量温度的常用传感器型号有 DS18B20，TSYS01、BDE1100G 等。

湿度传感器，分为电阻式和电容式两种，产品的基本形式都为在基片上涂覆感湿材料形成感湿膜。空气中的水蒸气吸附于感湿材料后，元件的阻抗、介质常数发生很大的变化，从而制成湿敏元件。国内外各厂家的湿度传感器产品水平不一，质量价格也相差较大。

湿度传感器的选择主要考虑以下几个方面：

（1）精度和长期稳定性。湿度传感器的精度应达到±2%RH～±5%RH，达不到这个水平很难作为计量器具使用，湿度传感器要达到±2%RH～±3%RH 的精度是比较困难的，通常产品资料中给出的特性是在常温（20℃±10℃）和洁净的气体中测量的。在实际使用中，由于尘土、油污及有害气体的影响，使用时间一长，会产生老化，精度下降，湿度传感器的精度水平要结合其长期稳定性去判断。一般来说，长期稳定性和使用寿命是影响湿度传感器质量的头等问题，年漂移量控制在±1%RH 水平的产品很少，一般都在±2%RH 左右，甚至更高。

（2）湿度传感器的温度系数。湿敏元件除对环境湿度敏感外，对温度也十分敏感，其温度系数一般在 0.2%RH～0.8%RH/℃范围内，而且有的湿敏元件在不同的相对湿度下，其温度系数又有差别。温漂非线性，这需要在电路上加温度补偿。采用单片机软件补偿，或无温度补偿的湿度传感器是保证不了全温范围内的精度的，湿度传感器温漂曲线的线性化直接影响到补偿的效果，非线性的温漂往往补偿不出较好的效果，只有采用硬件温度跟随性补偿才会获得真实的补偿效果。湿度传感器工作的温度范围也是重要参数。多数湿敏元件难以在 40℃以上正常工作。

常用的湿度传感器的信号有 Honeywell 的 HIH4000 湿度传感器、HUMIREL 公司的 HTU20D 系列数字湿度传感器等。

集温度湿度监测于一体的传感器有广州奥松电子有限公司的 AM2320 型、AM2321 型、DHT11 型传感器，Sensirion 公司的 SHT11 型传感器等。考虑到系统设计方案的精简性和系统的可靠性，本系统将采用 Sensirion 公司的 SHT11 型传感器作为系统的温湿度传感器。

10.3　硬件电路设计

SHT11 型传感器是盛世瑞恩（Sensirion）温湿度传感器系列中表贴型的传感器。传感器将传感元件和信号处理集成起来，输出全标定的数字信号。传感器采用专利的 CMOSens® 技术，确保产品具有极高的可靠性与卓越的长期稳定性。传感器包括一个电容性聚合体测湿敏感元件、一个用能隙材料制成的测温元件，并在同一芯片上，与 14 位的 A/D 转换器及串行接口电路实现无缝连接。因此，该产品具有品质卓越、超快响应、抗干扰能力强、极高的性价比等优点。

每个传感器芯片都在极为精确的湿度腔室中进行标定，校准系数以程序形式储存在 OTP 内存中，在标定的过程中使用。传感器在检测信号的处理过程中要调用这些校准系数。两线制的串行接口与内部的电压调整，使外围系统集成变得快速而简单。微小的体积、极低的功耗，使 SHT11 型传感器成为各类应用的首选。

根据系统的设计要求，本系统采用 AT89C51 作为整个系统的控制核心芯片，采用液晶显示模块 1602 作为系统的显示系统，具体的电路如图 10.1、图 10.2 所示。

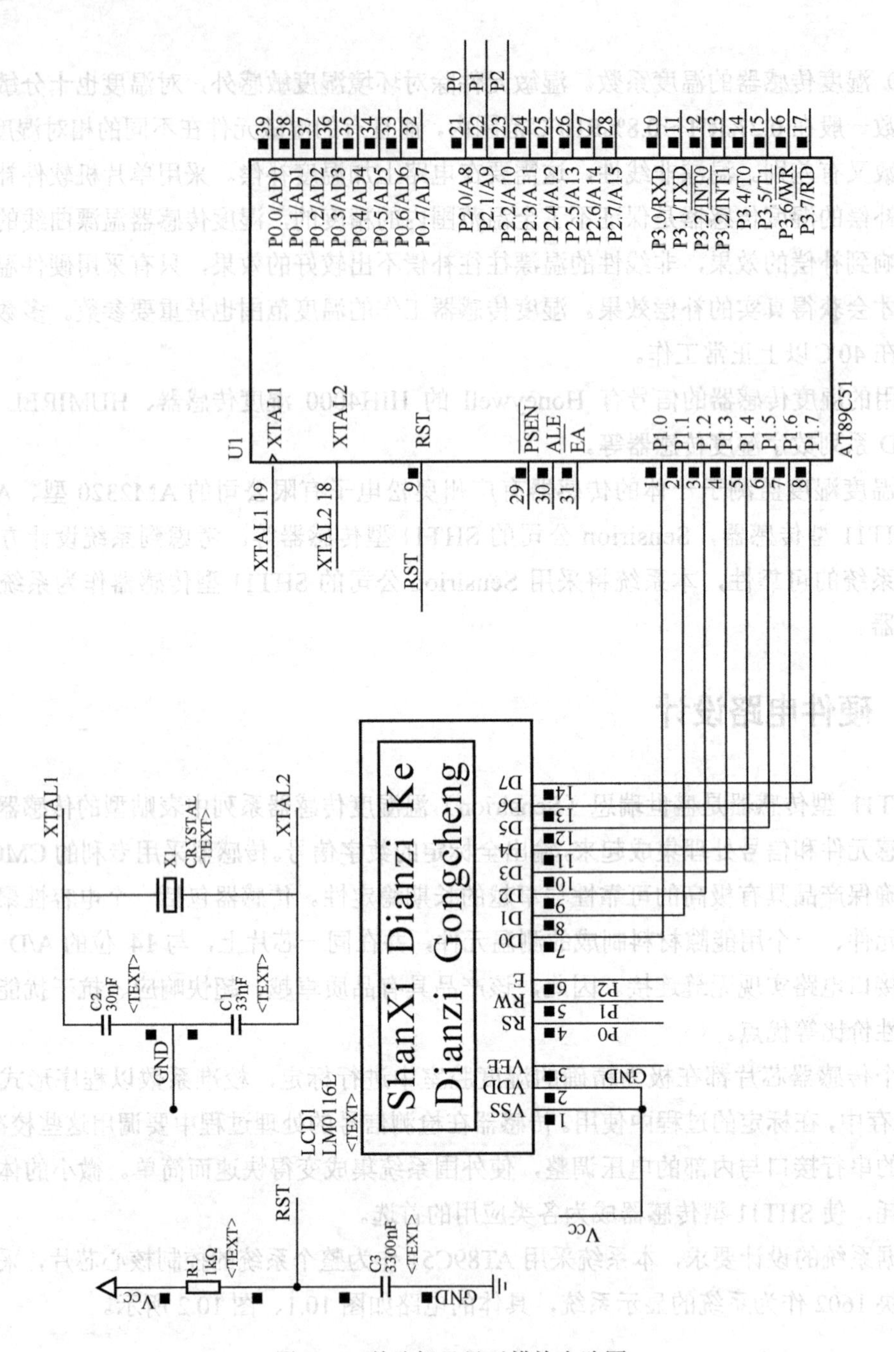

图 10.1　单片机及显示模块电路图

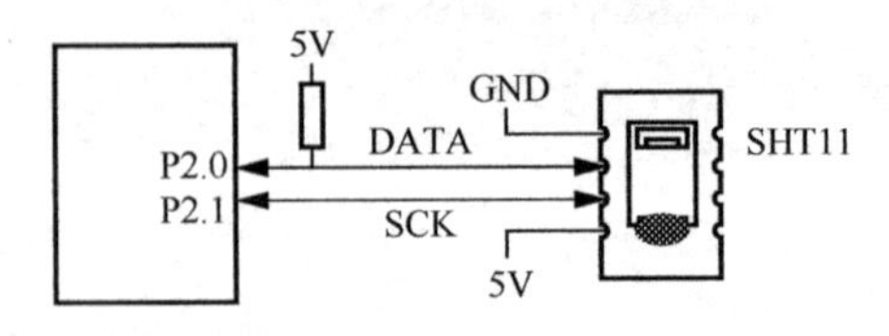

图 10.2　单片机与温湿度传感器接口电路图

10.4　程序设计

单片机通过两条串行线实现 SHT11 传感器湿度、温度数据的读取，具体的程序流程图如图 10.3 所示。

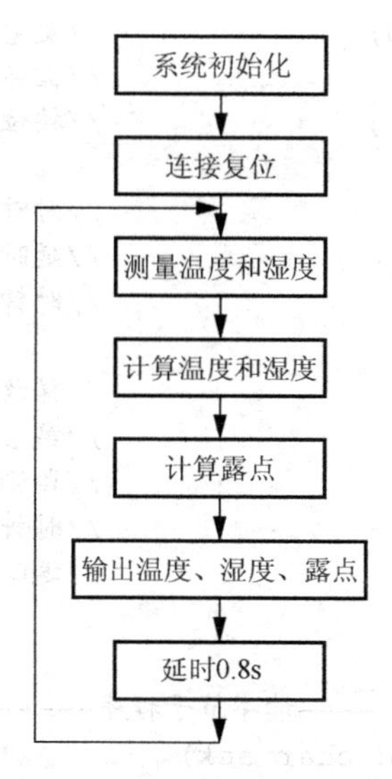

图 10.3　温/湿度监测程序流程图

系统参考程序：

```
#include <REG51.h>                //包含寄存器头文件
#include <intrins.h>              //包含 Keil 库文件
#include <math.h>                 //包含 Keil 库文件
#include <stdio.h>                //包含 Keil 库文件
sbit P1_4=P1^4;                   //位定位
sbit P3_2=P3^2;                   //位定位
sbit P10=P1^0;                    //位定位
typedef union                     //共用体定位
{ unsigned int i;                 //共用体成员，整型变量 i
  float f;                        //共用体成员，浮点型变量 f
} value;

enum {TEMP,HUMI};                 //定义枚举类型

#define DATA    P3_2              //宏定义
#define SCK      P1_4             //宏定义

#define noACK 0                   //宏定义
#define ACK   1                   //宏定义
                                  //地址  命令   读/写
#define STATUS_REG_W 0x06         //000   0011    0
#define STATUS_REG_R 0x07         //000   0011    1
#define MEASURE_TEMP 0x03         //000   0001    1
#define MEASURE_HUMI 0x05         //000   0010    1
#define RESET         0x1e        //000   1111    0
```

```
//---------------------------函数定义-------------------------------------
char s_write_byte(unsigned char value)
//写一个直接到总线上，并检查应答
{
  unsigned char i,error=0;                     //变量定义
  for (i=0x80;i>0;i/=2)                        //循环移位
  { if (i & value) DATA=1;                     //按位分离每一位数据
    else DATA=0;
    SCK=1;                                     //时钟线置高电平
    _nop_();_nop_();_nop_();                   //延时3个机器周期
    SCK=0;                                     //时钟线置低电平
  }
  DATA=1;                                      //释放数据线
  SCK=1;                                       //第9个时钟脉冲，为监测应答提供时钟
  error=DATA;                                  //监测应答信号
  SCK=0;                                       //时钟置为低电平
  return error;                                //返回error，若error=1，则应答信号出错
}

//---------------------------读字节子程序--------------------------
char s_read_byte(unsigned char ack)
//从串行总线上读一个字节的数据
{
  unsigned char i,val=0;                       //变量初始化
  DATA=1;                                      //释放数据线
  for (i=0x80;i>0;i/=2)                        //组合读取的数据
  { SCK=1;                                     //时钟线置高电平
    if (DATA) val=(val | i);                   //读数据
    SCK=0;                                     //时钟线置低电平
  }
  DATA=!ack;                                   //若"ack==1"，则下拉数据线
  SCK=1;                                       //第9个时钟信号
  _nop_();_nop_();_nop_();                     //延时3个机器周期
  SCK=0;                                       //时钟线置低电平
  DATA=1;                                      //释放数据线
  return val;                                  //将读到数据返回
}
//----------------------------------------------------------------------
void s_transstart(void)
//----------------------------------------------------------------------
//产生一个传输开始的信号，信号时序如下：
//        _____         ________
// DATA:       |_______|
//           ___     ___
// SCK : ___|   |___|   |______
{
   DATA=1; SCK=0;                              //初始化数据线为高电平，时钟线为低电平
   _nop_();                                    //延时一个机器周期的时间
   SCK=1;                                      //将时钟线置为高电平
```

```
    _nop_();                                   //延时一个机器周期的时间
    DATA=0;
    _nop_();                                   //延时一个机器周期的时间
    SCK=0;
    _nop_();_nop_();_nop_();                   //延时三个机器周期的时间
    SCK=1;
    _nop_();                                   //延时一个机器周期的时间
    DATA=1;
    _nop_();                                   //延时一个机器周期的时间
    SCK=0;
  }

  //-----------------------------------------------------------------------------------
  void s_connectionreset(void)
  //-----------------------------------------------------------------------------------
  // 通信复位，复位的时序图如下
  // _______________________________________________________            ________
  // DATA:                                                    |________|
  //      _    _    _    _    _    _    _    _    _         ___      ___
  // SCK : | |  | |  | |  | |  | |  | |  | |  | |  | |  | |  | |  |  |  |
  {
   unsigned char i;                            //变量定义
   DATA=1; SCK=0;                              //初始化，时钟线置高电平，时钟线置低电平
   for(i=0;i<9;i++)                            //产生9个时钟周期
   { SCK=1;                                    //时钟线置高电平
     SCK=0;                                    //时钟线置低电平
   }
   s_transstart();                             //发送传输开始信号
  }

  //--------------软件复位子程序---------------------------------------------------------
  char s_softreset(void)
  //采用软件复位的方式将传感器复位
  {
   unsigned char error=0;                      //变量赋初值
   s_connectionreset();                        //将通信连接复位
   error+=s_write_byte(RESET);                 //发送复位命令给传感器
   return error;                               //如果传感器没有响应，则将error赋值1，
                                                 并返回
  }

  //-----------------------读状态寄存器子程序-----------------------------------
  char s_read_statusreg(unsigned char *p_value, unsigned char *p_checksum)
  //读状态寄存器并检查校验和
  {
   unsigned char error=0;                      //变量初始化
   s_transstart();                             //发送传输开始信号
   error=s_write_byte(STATUS_REG_R);           //发送命令给传感器
```

```
  *p_value=s_read_byte(ACK);              //读状态寄存器
  *p_checksum=s_read_byte(noACK);         //读校验和
  return error;                           //若传感器没有响应，则将error赋值1，
                                            并返回
}

//----------------------写状态寄存器子程序---------------------------------
char s_write_statusreg(unsigned char *p_value)
//写状态寄存器并校验
{
  unsigned char error=0;                  //变量初始化
  s_transstart();                         //传输开始信号
  error+=s_write_byte(STATUS_REG_W);      //发送命令给传感器
  error+=s_write_byte(*p_value);          //发送状态寄存器的值
  return error;                           //若传感器没有响应，则将error赋值1，
                                            并返回
}

//----------------------测量温度/湿度子程序---------------------------------
char s_measure(unsigned char *p_value, unsigned char *p_checksum, unsigned
char mode)
//进行一次温度/湿度的测量，并校验
{
  unsigned error=0;                       //变量初始化
  unsigned int i;                         //定义变量i
  s_transstart();                         //传输开始信号
  switch(mode){                           //发送命令给传感器
    case TEMP   : error+=s_write_byte(MEASURE_TEMP); break;    //温度测量
    case HUMI   : error+=s_write_byte(MEASURE_HUMI); break;    //湿度测量
    default     : break;                  //缺省情况，跳出
  }
  for (i=0;i<65535;i++) if(DATA==0) break;      //延时等待，直到测量结束
  if(DATA) error+=1;                      //若时间超过2s，则结束
  *(p_value)  =s_read_byte(ACK);          //读第一个字节 (MSB)
  *(p_value+1)=s_read_byte(ACK);          //读第二个字节 (LSB)
  *p_checksum =s_read_byte(noACK);        //读校验和
  return error;                           //返回error
}

//--------串口初始化子程序----------------------------------------------
void init_uart()
//时钟11.059 MHz，波特率9600
{SCON  = 0x52;        //串口工作在方式1，接收使能
 TMOD  = 0x20;        //定时器1工作在模式2，自动装载初值
 TCON  = 0x69;        //定时器开始运行
 PCON  = 0x80;        //波特率倍增
 TH1   = 0xcc;        //设置波特率为9600
}

//----------计算温度/湿度子程序------------------------------------------
```

```
void calc_sth11(float *p_humidity ,float *p_temperature)
//输入 : 湿度(12 位)
//       温度(14 位)
// 输出: 湿度 [%RH]
//        温度 [℃]
{ const float C1=-4.0;                        //变量赋初值
  const float C2=+0.0405;                     //变量赋初值
  const float C3=-0.0000028;                  //变量赋初值
  const float T1=+0.01;                       //变量赋初值，供电电压 5V
  const float T2=+0.00008;                    //变量赋初值，供电电压 5V

  float rh=*p_humidity;                       //读取湿度的值，12 位
  float t=*p_temperature;                     //读取温度的值，14 位
  float rh_lin;                               //变量定义，湿度线性化
  float rh_true;                              //变量定义，温度补偿湿度
  float t_C;                                  //变量定义，温度

  t_C=t*0.01 - 40;                            //计算温度，单位℃
  rh_lin=C3*rh*rh + C2*rh + C1;               //计算湿度，单位[%RH]
  rh_true=(t_C-25)*(T1+T2*rh)+rh_lin;         //计算温度补偿后的湿度，单位[%RH]
  if(rh_true>100)rh_true=100;                 //检查湿度是否超出上限
  if(rh_true<0.1)rh_true=0.1;                 //检查湿度是否超出下限

  *p_temperature=t_C;                         //将温度值写入制定存储区域
  *p_humidity=rh_true;                        //将湿度值写入制定存储区域
}

//------------计算露点子程序--------------------------------------
float calc_dewpoint(float h,float t)
// 输入: 湿度 [%RH], 温度 [℃]
// 输出: 露点 [℃]
{ float logEx,dew_point;           //变量定义
  logEx=0.66077+7.5*t/(237.3+t)+(log10(h)-2);          //计算中间变量
  dew_point = (logEx - 0.66077)*237.3/(0.66077+7.5-logEx); //计算露点
  return dew_point;      //返回露点
}

//------------main 主函数-------------------------------------------
void main()
//使用传感器 SHT11 实现采样
// 1. 连接复位
// 2. 测量温度和湿度
// 3. 计算温度和湿度
// 4. 计算露点
// 5. 输出温度、湿度、露点
{ value humi_val,temp_val;       //定义湿度变量、温度变量
  float dew_point;               //定义露点变量
  unsigned char error,checksum;  //定义临时变量
  unsigned int i;                //定义无符号整形变量
```

```
    init_uart();                        //初始化串口
    s_connectionreset();                //调用连接复位子程序
    while(1)                            //主循环
    { P10=0;                            //P1.0 复位
      error=0;                          //变量 error 清零
      error+=s_measure((unsigned char*) &humi_val.i,&checksum,HUMI);  //测量
湿度
      error+=s_measure((unsigned char*) &temp_val.i,&checksum,TEMP);  //测量
温度
      if(error!=0)                      //判断连接是否成功
      s_connectionreset();              //若连接不成功，则将连接复位
      else
      {  P10=1;                         // P1.0 置位
        humi_val.f=(float)humi_val.i;              //将湿度的整型数转换为浮点数
        temp_val.f=(float)temp_val.i;              //将温度的整型数转换为浮点数
        calc_sth11(&humi_val.f,&temp_val.f);                  //计算温度、湿度
        dew_point=calc_dewpoint(humi_val.f,temp_val.f);  //计算露点
        printf("temp:%5.1fC humi:%5.1f%% dew point:%5.1fC\n",temp_val.f,
        humi_val.f,dew_point);                     //输出温度、湿度、露点
      }
      //----------延时 0.8s，避免传感器温度出现温度漂移-------------------------
      for (i=0;i<40000;i++);     //

    }
  }
```

10.5 功能扩展

本系统在调试的时候，可以分成各个子程序分开调试，调试完成后，再联机调试。

本系统仅仅设计了温度和湿度的监测，系统还可以扩展更多的功能，如光照、CO_2 浓度等。

第 11 章　LED 调光器设计

11.1　功能要求

LED 调光器是控制 LED 灯的节能电路，具有高效率、低能耗特点，适用于各种智能家居、路灯照明、会场照明等场合。实现 LED 调光器功能的方式有很多种，本章节要求采用 51 系列单片机作为微处理器设计一个 LED 调光器，能通过按键控制 LED 灯的开与关以及调节 LED 的亮度。

LED 调光器有 4 个独立控制按键，按键 1 可控制 LED 灯的开启，按键 2 可控制 LED 灯的关闭，按键 3 可调高 LED 灯的亮度，按键 4 可调低 LED 灯的亮度。使用按键 1 打开 LED 灯的默认亮度为额定电流工作下亮度的 50%，按键 3 和按键 4 分别以 10%的亮度梯度变化来调高或调低 LED 灯的亮度，亮度调节范围为 0%～100%。

系统完成的主要功能：

（1）通过单片机编程产生 PWM 波，用于 LED 灯驱动芯片的输入信号，实现驱动芯片控制 LED 灯亮度功能。

（2）单片机通过识别独立按键信号，调节 PWM 的占空比，调节 LED 灯亮度。

11.2　硬件电路设计

根据系统要求的功能，硬件电路可分为电源电路、单片机控制电路、串口电路、LED 驱动电路、键盘控制电路及继电器电路。整个硬件电路如图 11.1 所示。

在图 11.1 中，上电后，电路进入初始化状态，通过复位键 S6 也可使电路进入初始化状态。首先电源电路输出 12V、5V 和 3.3V 电源电压，用于为整个电路提供电源。首先单片机通过扫描按键信号，如果检测到单片机某 I/O 管脚为低电平，则有按键按下，然后单片机根据按键执行相应的指令，通过高低电平控制继电器电路的工作状态，从而控制 LED 灯的开与关。同时，单片机根据按键的功能产生不同占空比的 PWM 波，通过 PWM 控制 LED 驱动电路的输出信号，从而调节 LED 灯的亮度。

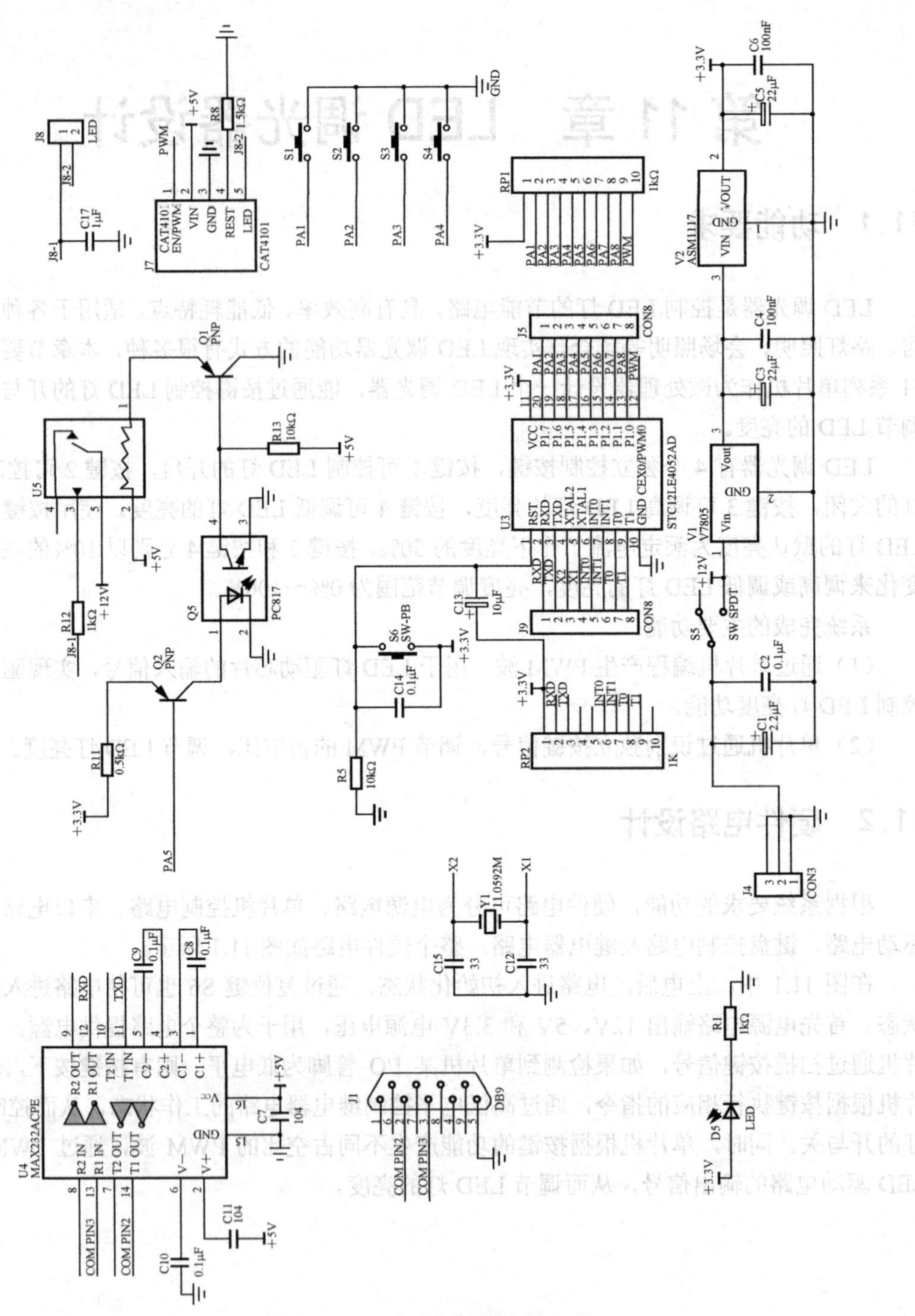

图 11.1　LED 调光器硬件电路

11.2.1　单片机控制电路

STC12LE4052AD 单片机芯片具有 256B 的 RAM 数据存储器、4KB 的 Flash 程序存储器、操作简单、成本低、可通过串口直接擦写程序等优点，因此选择 STC12LE4052AD 作为 LED 调光器的单片机芯片，该芯片具有以下特点。

（1）增强型 1T 流水线/ 精简指令集结构 8051 CPU。

（2）工作电压：5.5～3.4V（5V 单片机）/ 3.8V～2.4V（3V 单片机）。

（3）工作频率范围：0～35 MHz，相当于普通 8051 的 0～420MHz，实际工作频率可达 48MHz。

（4）用户应用程序空间 512B / 1KB / 2KB / 3KB / 4KB / 5KB。

（5）片上集成 256 字节 RAM。

（6）通用 I/O 口（15 个）复位后为准双向口/ 弱上拉（普通 8051 传统 I/O 口），可设置成四种模式：准双向口/ 弱上拉，推挽/ 强上拉，仅为输入/ 高阻，开漏；每个 I/O 口驱动能力均可达到 20mA，但整个芯片最大不得超过 55mA。

（7）ISP （在系统可编程）/ IAP （在应用可编程），无须专用编程器；可通过串口（P3.0/P3.1）直接下载用户程序，2～3s 即可完成一片。

（8）EEPROM 功能。

（9）看门狗。

（10）内部集成 MAX810 专用复位电路。

（11）时钟源：高精度外部晶体/时钟，内部 R/C 振荡器；用户在下载用户程序时，可选择是使用内部 R/C 振荡器还是外部晶体/时钟；常温下内部 R/C 振荡器频率为 5.65～5.95MHz；精度要求不高时，可选择使用内部时钟，但因为有温漂，应认为是 4～8MHz。

（12）共 2 个 16 位定时器/计数器。

（13）外部中断 2 路，下降沿中断或低电平触发中断，Power Down 模式可由外部中断低电平触发中断方式唤醒。

（14）PWM（2 路）/PCA（可编程计数器阵列）；也可用来再实现 2 个定时器或 2 个外部中断（上升沿中断/下降沿中断均可支持）。

（15）ADC， 8 路 8 位精度。

（16）通用异步串行口（UART）。

（17）SPI 同步通信口，主模式/从模式。

（18）工作温度范围：0～75℃/-40～+85℃。

（19）封装：PDIP-20，SOP-20（宽体），TSSOP-20（超小封状，定货）。

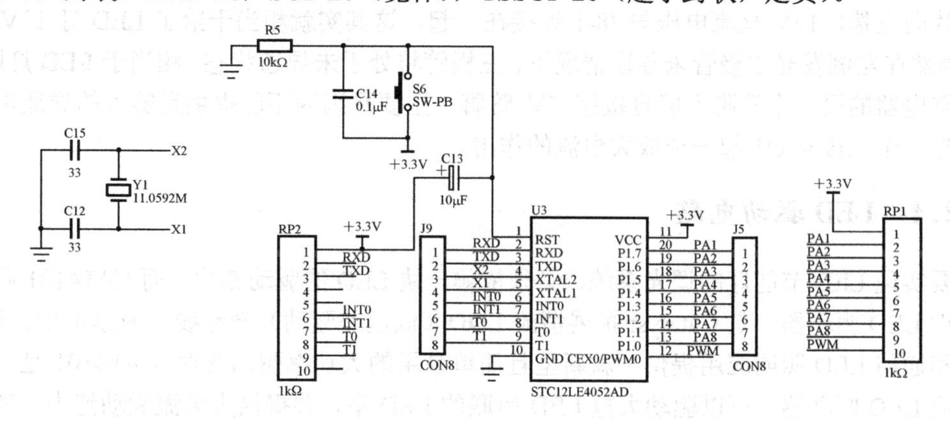

图 11.2　单片机控制电路

如图 11.2 所示，STC12LE4052AD 由 20 个管脚组成，本次设计中由管脚 10 接地，管脚 11 接 3.3V 电压，P1 端 I/O 管脚接上拉电阻，管脚 XTAL1 和 XTAL2 外接电容、晶振，特殊功能 PWM 管脚接 LED 灯驱动，最后 Reset 管脚外接单片机的复位电路共同构成了单片机最小系统。

11.2.2 按键电路

在图 11.1 中，共有 6 个按键，分别为按键 S1、按键 S2、按键 S3、按键 S4、按键 S5 和按键 S6。复位键 S6 控制单片机的复位引脚 RST，S5 控制电源的输入开关。4 个按键 S1～S4 分别连接单片机的 P1.7、P1.6、P1.5、P1.4。它们的功能：按键 S1 控制 LED 灯的开启，按键 S2 控制 LED 灯的关闭，按键 S3 调高 LED 灯的亮度，按键 S4 调低 LED 灯的亮度。按键 S1 打开 LED 灯的默认亮度为额定电流工作下亮度的 50%，按键 S3 和按键 S4 分别以 10%的亮度梯度变化调高和调低 LED 灯的亮度，亮度调节范围为 0%～100%。

11.2.3 继电器电路

LED 调光器带的有继电器主要是用来实现 LED 节能灯的开启和断开，该外围电路可以从两个方面进行分析，使用光耦进行电平转换，3.3V 转换成 5V，同时将系统隔离，就能够保证光耦两侧电路的电源相互独立，光耦左侧是单片机系统，PA5 是单片机的一个管脚，电源为+3.3V 和 GND，光耦右侧是继电器系统，5V 驱动继电器的开关，实现 LED 节能灯 12V 电源的开启和断开。同时，如果右侧的系统出现了问题，即使将光耦内部右侧的三极管烧坏，光耦左侧的系统也不会受影响而能够继续正常工作，光耦独特的隔离技术给该系统提供了安全。

单路线性光耦 PC817 输入端发光二极管的最大电流为 15mA，输入反向最大承受电压为 6V，因为单片机在正常工作状态下其 I/O 口保持在高电平状态，并且能够提供 10mA 左右的电流，光耦左侧的第 1 管脚不能直接接单片机的 I/O 口，需要左侧的 Q2，R10、R11 驱动光耦，主要目的是提供给光耦开启时所需的足够电流。

如图 11.3 所示，光耦右侧的是继电器系统，当光耦内部左侧的发光二极管导通时，其右侧的 3 管脚与 4 管脚导通，三极管 Q1 的 B 极为低电平，三极管 Q1 导通，继电器内部的电磁片向左拨，12V 直流电压与 J8-1 连接在一起，这其实就相当于给了 LED 灯 12V 的电源，当然在左侧发光二极管未导通情况下，三极管将处于未导通状态，相当于 LED 灯断路。这里继电器的第一个管脚不能直接接 5V 管脚，主要是因为不能提供足够大的导通电流，需要加一个三极管 Q1 起一个放大电流的作用。

11.2.4 LED 驱动电路

要实现 LED 节能灯的调光系统，必须依赖一块 LED 的驱动芯片。而 CAT4101 芯片用于线性 LED 驱动器，是 Catalyst 扩展恒流 LDD（低压差驱动）产品线，为建筑物、景观、汽车和通用 LED 照明应用提供一款新型且简单易用的大功率驱动器件。CAT4101 是一款线性恒流 LED 驱动器，可以驱动大量 LED 串联的 LED 串，并提供大电流驱动能力。其无须使用外部电感，在实际应用中减少了器件数量，简化了设计，消除了由电感产生的杂波。

LED 电流通过一个连接到 REST 引脚的外部电阻设置。LED 引脚兼容 25V 高电压。这使 CAT4101 可驱动多至 10 个一组的 LED 串，电流可调整为 1A。该器件提供高速分辨率的 PWM 调光功能，还包括即时亮型的 PWM 控制模式和过热自动关机保护功能。因此选择该芯片作为 LED 的驱动芯片。

LED 驱动电路如图 11.4 所示，因为 CAT4101 的外围电路设计较为简单，只需产生不同占空比的 PWM 波即可实现对 LED 节能灯的亮度调节。第一个的 EN/PWM 管脚即与单片机 STC12LE4052AD 的 PWM0 管脚相连，其中 J8-1 相连的是松乐继电器的一个管脚，主要用于 12V 电压的接入与断开。J8 的排针接 3×1W 的 LED 灯，流过 LED 灯的最大电流可以达到 1A，流过 LED 灯的电流与复位电阻存在一定的关系。

$$I = \frac{400 \times V_{\text{reset}}}{R_{\text{reset}}} \tag{11-1}$$

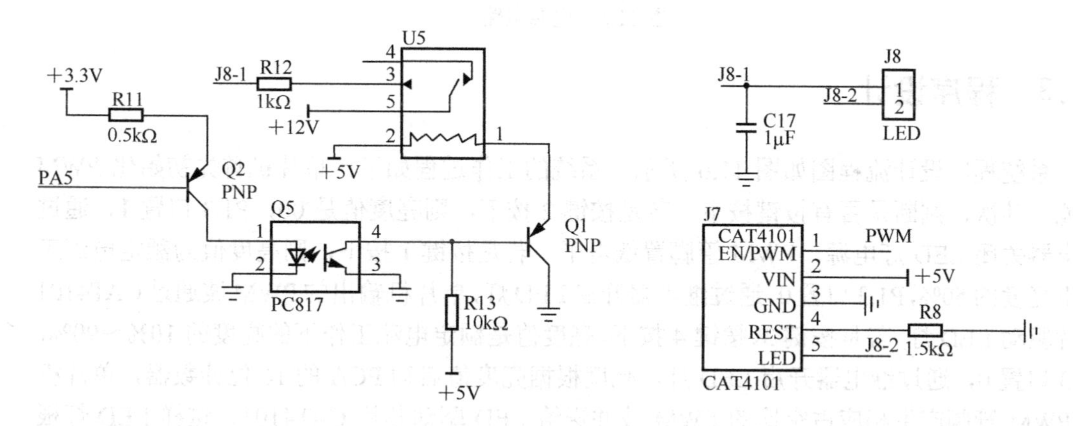

图 11.3　继电器电路　　　　图 11.4　LED 驱动电路

公式(11-1)是 CAT4101 芯片 Reset（复位）管脚电压、复位电阻和驱动电路的关系。因为要驱动 3 个串联的 1W LED 灯，尽量要使 LED 灯达到最大的亮度，这样的调光系统才有更好的视觉显示效果。根据表 11.1 复位电阻和驱动电流的关系，最终选择了 1.5 kΩ 的复位电阻，测得的复位电压 V_{reset} 为 1.2V，I=314mA， 此电流基本达到 LED 灯的最大额定流动，J8 两端的电压达到最大 10.7V，LED 灯达到最亮状态。

表 11.1　复位电阻和驱动电流的关系

LED 驱动电流 I/mA	复位电阻/Ω	LED 驱动电流 I/mA	复位电阻/Ω
100	4990	600	866
200	2490	700	768
300	1690	800	680
400	1270	900	604
500	1050	1000	549

11.2.5　电源电路

因为 LED 节能灯需要 12V 的驱动电压，所以该电源电路接入的是 12V、2A 的直流稳压电源，通过 7805 芯片转换成 5V，通过 1117 芯片转换成 3.3V。其外围电路如图 11.5 所示。

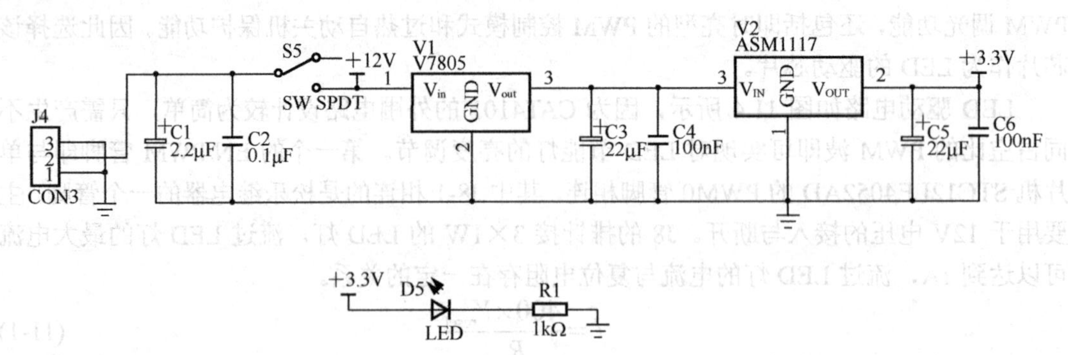

图 11.5　电源电路

11.3　程序设计

系统程序设计流程图如图 11.6 所示。系统的工作过程如下：单片机首先初始化 PWM 功能，其次，判断是否有按键按下。若是按键 2 按下，则亮度值是 00，P1.3 口置 1，通过继电器关闭 LED 灯电源，PWM 管脚置低电平。若是按键 1 按下，则亮度值为额定电流工作下亮度的 50%，P1.3 口置 0，通过继电器开启 LED 灯，单片机输出的 PWM 波通过 CAT4101 芯片驱动 LED 灯。若是按键 3、按键 4 按下，亮度值是额定电流工作下的亮度的 10%～90%，P1.3 口置 0，通过继电器开启 LED 灯。亮度根据亮度值启动 PCA 的 16 位计数器，单片机的 PWM 管脚产生相应占空比的 PWM 波并送给 LED 驱动芯片 CAT4101，这样 LED 灯根据当前的亮度值，通过 LED 驱动芯片点亮 LED 灯。

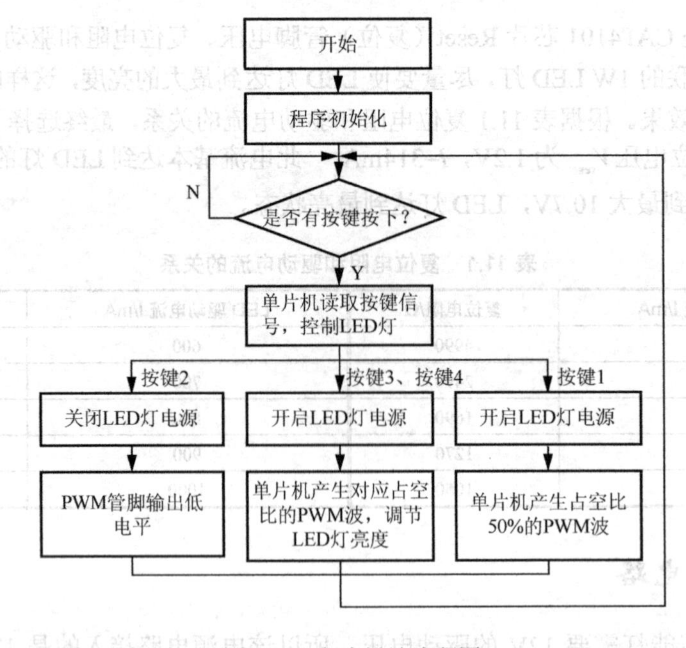

图 11.6　程序设计流程图

11.3.1　PWM 功能初始化

单片机 STC12LE4052AD 自带 PWM 波，通过软件设置寄存器开启 PWM 功能，具体初始化程序如下：

```
void init_pwm()
{
    CMOD=0x00;//开启 PCA 功能
    CL=0x00;
    CH=0x00;
}
```

11.3.2　延时函数

延时函数主要用于键盘扫描函数中消除按键的硬件抖动，其函数代码如下：

```
void delay(uchar ms)        //延时函数
{
    uchar y;
    for(;ms>0;ms--)
        for(y=120;y>0;y--);
}
```

11.3.3　按键处理函数

Key_Scan()函数用于检测是否按动按键。当程序检测到单片机 P1.7、P1.6、P1.5、P1.4 引脚变为低电平，延时去抖动后，仍检测为低电平时，判断确实按下按键，从而单片机产生不同占空比的 PWM 波。

因为 STC12LE4052AD 单片机集成了两路可编程计数器阵列（PCA）模块——低 8 位 CL 和高 8 位 CH 寄存器，只需利用这两个特殊功能寄存器就可以产生相应的 PWM 波。PWM 输出频率取决于 PCA 定时器的时钟源。占空比取决于由模块捕获寄存器 CCAP0L 与 PCA 模块 PWM 寄存器 PCA_PWM0 中的第 0 位 ECAP0L 组成的 9 位数据。当 9 位数据{0，[CL]}值小于{ECAP0L，[CCAP0L]}时，PWM 管脚输出低电平。当{0，　[CL]}值等于或大于{ECAP0L，　[CCAP0L] }时，PWM 管脚输出高电平。当 CL 从 0xFF 到 0x00 溢出时，{CH，CL}的值使用{ECAP0H，　[CCAP0H] }的值重载，这样可以允许无异常脉冲更新 PWM。使用 9 位比较器用的 9 位值比较，输出的占空比可以真正实现从 0%到 100%可调。占空比计算公式如下：

$$占空比=1-\{ECAP0H，[CCAP0H]\}/256 \tag{11-2}$$

这里，[CCAP0H]表示 CCAP0H 寄存器的值，ECAP0H 是 1 位(PCA_PWM0 寄存器的第 0 位)。所以{ ECAP0H，　[CCAP0H] } 组成了 9 位比较器用的 9 位值。例如：

若 ECAP0H=0 且 CCAP0H=0x00（即 9 位值，　0x000），　占空比是 100%。

若 ECAP0H=0 且 CCAP0H=0x40（即 9 位值，　0x040），　占空比是 75%。

若 ECAP0H=0 且 CCAP0H=0xC0（即 9 位值，　0x0C0），　占空比是 25%。

若 ECAP0H=1 且 CCAP0H=0x00（即 9 位值，　0x100），　占空比是 0%。

程序代码如下：

```
void Key_Scan()                        //检测是否按键函数
{
    if(KEY1==0)                        //如 KEY1 为低电平，说明有按键按下
    {
        delay(10);                     //去抖动
        if(KEY1==0)                    //如 KEY 为低电平，说明确实有按键按下，执行下列程序
        {
            start=1;
            count=5;                   //按键 1 按下，默认亮度为 50%
        }
    }
    if(KEY2==0)                        //如 KEY2 为低电平，说明有按键按下
    {
        delay(10);                     //去抖动
        if(KEY2==0)                    //如 KEY2 为低电平，说明确实有按键按下，执行下列程序
        {
            start=0;
            count=0;                   //按键 2 按下，亮度为 0
        }
    }
    if(start==1)                       //按键 1 按下后，可以通过按键 3、按键 4 控制亮度
    {
        if(KEY3==0)
        {
            delay(10);
            if(KEY3==0)
            {
                count++;
                if(count>10)
                    count=10;//若超过 10，则还是为 10
            }
        }
        if(KEY4==0)
        {
            delay(10);
            if(KEY4==0)
            {
                count--;
                if(count<1)
                    count=0;//小于 0 的部分等于 0
            }
        }
    }
    switch(count)
    {
        case 0:
            enable=1;                  //关闭继电器，LED 没有 12V 电源处于关闭状态
            break;
```

```
        case 1:                    //10%亮度
            enable=0;              //打开继电器
            CCAPM0 = 0x42;
            CR = 1;
            CCAP0L = 0xe6;
            CCAP0H = 0xe6;         //10%占空比
            break;
        case 2:                    //20%亮度
            enable=0;
            CCAPM0 = 0x42;
            CR = 1;
            CCAP0L = 0xcd;
            CCAP0H = 0xcd;
            break;
        case 3:                    //30%亮度
            enable=0;
            CCAPM0 = 0x42;
            CR = 1;
            CCAP0L = 0xb3;
            CCAP0H = 0xb3;
            break;
        case 4:                    //40%亮度
            enable=0;
            CCAPM0 = 0x42;
            CR = 1;
            CCAP0L = 0x9a;
            CCAP0H = 0x9a;
            break;
        case 5:                    //50%亮度
            enable=0;
            CCAPM0 = 0x42;
            CR = 1;
            CCAP0L = 0x80;
            CCAP0H = 0x80;
            break;
        case 6:                    //60%亮度
            enable=0;
            CCAPM0 = 0x42;
            CR = 1;
            CCAP0L = 0x66;
            CCAP0H = 0x66;
            break;
        case 7:                    //70%亮度
            enable=0;
            CCAPM0 = 0x42;
            CR = 1;
            CCAP0L = 0x4d;
            CCAP0H = 0x4d;
            break;
        case 8:                    //80%亮度
```

```
            enable=0;
            CCAPM0 = 0x42;
            CR = 1;
            CCAP0L = 0x33;
            CCAP0H = 0x33;
            break;
        case 9:                         //90%亮度
            enable=0;
            CCAPM0 = 0x42;
            CR = 1;
            CCAP0L = 0x1a;
            CCAP0H = 0x1a;
            break;
        case 10:                        //100%亮度
            enable=0;
            CCAPM0 = 0x42;
            CR = 1;
            CCAP0L = 0x00;
            CCAP0H = 0x00;
            break;
        default:break;
    }
}
```

11.3.4 系统软件程序

```
#include <reg52.h>
#include <string.h>
#define uchar unsigned char
#define uint unsigned int
sfr CCON = 0xD8;                 //PCA Control Register PCA控制模式寄存器
sfr CMOD = 0xD9;                 //PCA Mode Register PCA计数器模式寄存器
sfr CL = 0xE9;                   //PCA Base Timer Low，低8位的PCA计数器
sfr CH = 0xF9;                   //PCA Base Timer High，高8位的PCA计数器
sfr CCAP0L = 0xEA;//PCA Module-0 Capture Register Low，低8位PCA模型0的捕
获寄存器
sfr CCAP0H = 0xFA;//PCA Module-0 Capture Register High，高8位PCA模型0的
捕获寄存器
sfr CCAPM0 = 0xDA;      //PCA Module 0 Mode Register，PCA模型0的模式寄存器
sfr CCAPM1 = 0xDB;      //PCA Module 1 Mode Register，PCA模型1的模式寄存器
sbit CR = 0xDE;         //启动PCA计数器
sbit PWM0=P3^7;
sbit KEY1=P1^7;
sbit KEY2=P1^6;
sbit KEY3=P1^5;
sbit KEY4=P1^4;
sbit enable=P1^3;
uchar count=0, start=0;
void init_pwm()
{
```

```
    CMOD=0x00;                  //开启 PCA 功能
    CL=0x00;
    CH=0x00;
}
void delay(uchar ms)            //延时函数
{
    uchar y;
    for(;ms>0;ms--)
        for(y=120;y>0;y--);
}
void Key_Scan()                 //检测是否按键函数
{
    if(KEY1==0)                 //如 KEY1 为低电平，说明有按键按下
    {
        delay(10);              //去抖动
        if(KEY1==0)             //如 KEY 为低电平，说明确实有按键按下，执行下列程序
        {
            start=1;
            count=5;            //按键 1 按下，默认亮度为 50%
        }
    }
    if(KEY2==0)                 //如 KEY2 为低电平，说明有按键按下
    {
        delay(10);              //去抖动
        if(KEY2==0)             //如 KEY2 为低电平，说明确实有按键按下，执行下列程序
        {
            start=0;
            count=0;            //按键 2 按下，亮度为 0
        }
    }
    if(start==1)                //按键 1 按下后，可以通过按键 3、按键 4 控制亮度
    {
        if(KEY3==0)
        {
            delay(10);
            if(KEY3==0)         //去抖动
            {
                count++;
                if(count>10)
                    count=10;
            }
        }
        if(KEY4==0)
        {
            delay(10);
            if(KEY4==0)         //去抖动
            {
                count--;
                if(count<1)
                    count=0;
```

```
            }
        }
    }
    switch(count)                    // 根据 count 值，设置不同的亮度
    {
        case 0:
            enable=1;
            break;
        case 1:                      //10%亮度
            enable=0;
            CCAPM0 = 0x42;
            CR = 1;
            CCAP0L = 0xe6;
            CCAP0H = 0xe6;
            break;
        case 2:                      //20%亮度
            enable=0;
            CCAPM0 = 0x42;
            CR = 1;
            CCAP0L = 0xcd;
            CCAP0H = 0xcd;
            break;
        case 3:                      //30%亮度
            enable=0;
            CCAPM0 = 0x42;
            CR = 1;
            CCAP0L = 0xb3;
            CCAP0H = 0xb3;
            break;
        case 4:                      //40%亮度
            enable=0;
            CCAPM0 = 0x42;
            CR = 1;
            CCAP0L = 0x9a;
            CCAP0H = 0x9a;
            break;
        case 5:                      //50%亮度
            enable=0;
            CCAPM0 = 0x42;
            CR = 1;
            CCAP0L = 0x80;
            CCAP0H = 0x80;
            break;
        case 6:                      //60%亮度
            enable=0;
            CCAPM0 = 0x42;
            CR = 1;
            CCAP0L = 0x66;
            CCAP0H = 0x66;
            break;
```

```
        case 7:                          //70%亮度
            enable=0;
            CCAPM0 = 0x42;
            CR = 1;
            CCAP0L = 0x4d;
            CCAP0H = 0x4d;
            break;
        case 8:                          //80%亮度
            enable=0;
            CCAPM0 = 0x42;
            CR = 1;
            CCAP0L = 0x33;
            CCAP0H = 0x33;
            break;
        case 9:                          //90%亮度
            enable=0;
            CCAPM0 = 0x42;
            CR = 1;
            CCAP0L = 0x1a;
            CCAP0H = 0x1a;
            break;
        case 10:                         //100%亮度
            enable=0;
            CCAPM0 = 0x42;
            CR = 1;
            CCAP0L = 0x00;
            CCAP0H = 0x00;
            break;
        default:break;
    }
}
void main()
{
    init_pwm();                          //初始化
    while(1)
    {
        Key_Scan();                      // 按键扫描和 LED 灯的亮度调节
    }
}
```

11.4 扩展要求

本设计给出了一个简单的 LED 调光器系统。读者可以对该设计进行功能扩展。例如：通过红外遥控器控制 LED 灯的开与关和调节 LED 灯的亮度；加入语音识别功能，通过语音控制 LED 灯；加入通信接口，实现无线控制 LED 灯等。

第 12 章　智能电动小车设计

12.1　功能要求

智能小车也称为无人车辆，是一个集环境感知、数据处理、决策控制等功能于一体的综合系统。智能小车广泛应用在各种领域上，如军事、农业、航空航天等领域。在未来生活中，我们也可以在家里见到智能小车的身影，当家居智能小车机器人进入我们的家庭后，它不仅可以为我们带来娱乐性的欢乐，而且还会在一定程度上帮助我们解决部分的家务工作，如智能吸尘器机器人不仅可以吸尘土，而且还可以拖地。各种医疗机器人和娱乐移动机器人也有非常大的发展空间，可以预见它们的应用，将给人们的生活带来巨大的帮助。

本设计将完成一个基于 ATMEGA 16 单片机的智能电动寻迹小车。它可以通过前置的寻迹模块，探测路面信息，然后单片机根据路面信息，通过控制 PWM 波来控制小车后轮电动机的驱动和前轮舵机的转向角度，并且通过霍尔传感器实时采集速度信息，控制小车的行驶速度，实现在一个白色背景的跑道上沿着一条给定的黑线上稳定行驶。本文设计的智能小车能自主地识别跑道及起跑线，并在尽量短的时间内、少偏离跑道的情况下，完成快速稳定的行驶。

12.2　主要器件介绍

系统采用 ATMEGA16 单片机作为核心控制器，相比传统的 51 单片机，ATMEGA16 单片机具有更大的优势。AVR 单片机兼具 PIC 及 8051 等单片机的优点，不仅在内部结构上做了重大的改进，而且还将 FLASH、EEPROM、A/D、RTC、watchdog、I2C、SPI、PWM 和片内振荡器合为一体，可以做到真正的单片。I/O 口功能强、驱动能力大，更重要的是 AVR 单片机自身带 PWM 波发生模块，这非常适合用作电动机的调速系统，而且编程非常方便。PWM 波发生模块是不占用单片机的系统时间的，它是并行于其他程序的。而传统的 51 系列单片机不带 PWM 波模块，只能通过模拟产生。

小车根据寻迹模块收集到的路径信息，控制小车的速度和舵机的转向角度，所以如何选择一个合适的传感器作为小车的寻迹模块是一个关键问题。目前比较常用的传感器有 CCD 传感器、红外光电传感器、激光传感器。本设计将采用红外光电传感器进行路径的识别，然后设计寻迹算法完成智能小车的巡游设计。

智能小车整体的速度性能取决于它的电池系统和电动机驱动系统。智能小车的驱动系统一般由控制器、驱动电路及电动机三个部分组成，在运行时要求电动机能提供大转矩、宽调速范围和高可靠性。比较常见的驱动电路有 L298 驱动芯片、MC33886 芯片，不过这两种适合于小电流的电动机，像 L298 输出的最大电流为 2A，如果电动机的功率比较大，很容易导致芯片发烫，或根本无法驱动电动机。本文所采用的小车是飞思卡尔竞赛专用模型小车，它所自带的电动机属于大电流的电动机，所以就不能采用 L298 了。本文采用是

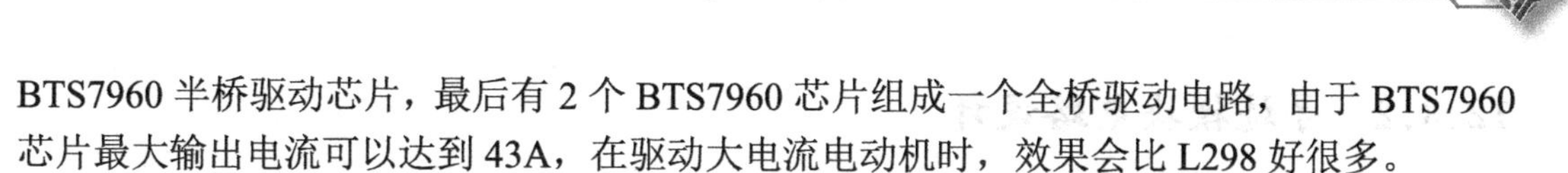

BTS7960 半桥驱动芯片，最后有 2 个 BTS7960 芯片组成一个全桥驱动电路，由于 BTS7960 芯片最大输出电流可以达到 43A，在驱动大电流电动机时，效果会比 L298 好很多。

12.3　硬件电路设计

12.3.1　单片机最小系统设计

ATmega16 是基于增强的 AVR RISC 结构的低功耗 8 位 CMOS 微控制器。由于其先进的指令集及单时钟周期指令执行时间，ATMEGA16 的数据吞吐率高达 1 MIPS/MHz，从而可以减小系统在处理功耗和速度之间的矛盾。ATMEGA16 AVR 内核具有丰富的指令集和 32 个通用工作寄存器。所有的寄存器都直接与运算逻单元（ALU）相连接，使得一条指令可以在一个时钟周期内同时访问两个独立的寄存器。这种结构大大提高了代码效率，并且具有比普通 CISC 微控制器最高至 10 倍的数据吞吐率。ATMEGA16 有如下特点：16KB 的系统内可编程 Flash（具有同时读写的能力，即 RWW），512 字节 EEPROM，1KB SRAM，32 个通用 I/O 口线，32 个通用工作寄存器，用于边界扫描的 JTAG 接口，支持片内调试与编程，三个具有比较模式的灵活的定时器/计数器（T/C），片内/外中断，可编程串行 USART，有起始条件检测器的通用串行接口，8 路 10 位具有可选差分输入级可编程增益（TQFP 封装）的 ADC，具有片内振荡器的可编程看门狗定时器，一个 SPI 串行端口，以及 6 个可以通过软件进行选择的省电模式。

由 ATMEGA16 单片机组成的最小系统如图 12.1 所示，它的外围电路有复位电路，时钟电路。

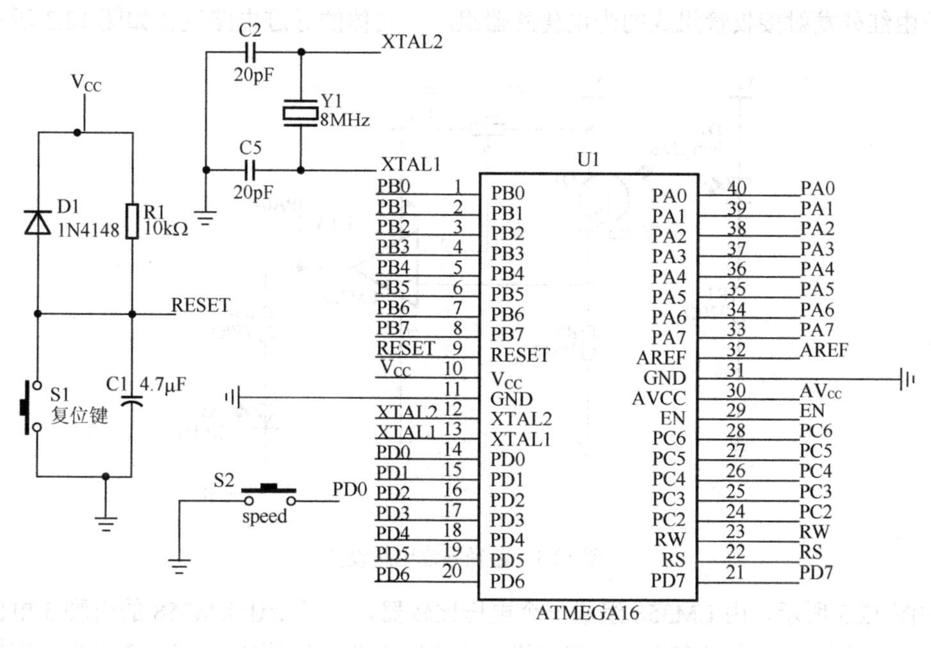

图 12.1　ATMEGA16 单片机组成的最小系统

12.3.2 寻迹模块电路设计

本系统采用光电传感器寻迹方案，即路径识别电路由一系列发光二极管、接收二极管组成，将光电传感器置于小车的最前方能起到预先判断路径的作用。发射器发射的光对白色和黑色有不同的反射率，因此能得到不同的电压值采集进单片机后通过程序来判断黑线的位置从而控制小车的行进路线。红外光电管由于感应的是红外光，常见光对它的干扰较小，是在智能小车、机器人等制作中广泛采用的一种方式。

红外光电管检测黑线的原理：由于黑色对红外线具有吸收效应，当红外发射管发出的光照射在上面后反射的部分就较小，接收管接收到的红外线也就较少，表现为电阻比较大，通过外接的电路就可以读出检测的状态，同理当照射在白色表面时发射的红外线就比较多，表现为接收管的电阻就比较小，如图 12.2 所示。

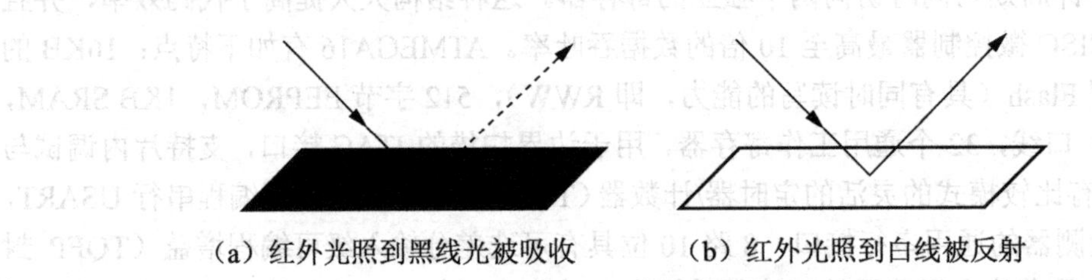

（a）红外光照到黑线光被吸收
（b）红外光照到白线被反射

图 12.2　光电传感器基本原理示意

本文设计的智能寻迹小车采用光电传感器作为寻迹方案。它的优点是电路简单、抗自然光的能力强，操作简单，信号处理速度快。但是，前瞻性不如 CCD 摄像头那么好。寻迹模块是由红外发射接收管组成的光电传感器组成。具体的寻迹电路设计如图 12.3 所示。

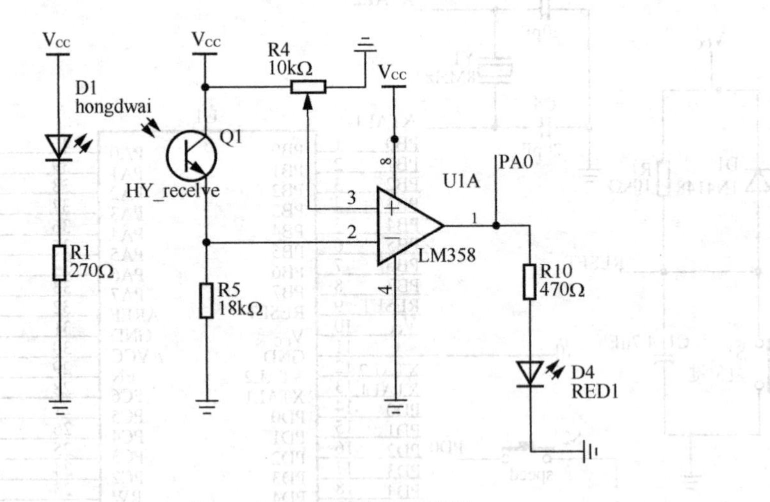

图 12.3　路径寻迹电路设计

如图 12.3 所示，由 LM358 组成一个电压比较器，一开始让 LM358 的引脚 3 电位固定为一个值，本设计中根据实物调试的效果，将引脚 3 的电位调成 2.8V，效果会比较好，抗外界光线干扰能力强。此寻迹电路的工作原理：当红外发射管发出的红外光被挡住后，将导致接收管截止，此时 LM358 的引脚 2 为低电平，这样根据电压比较，运算放大器的输出

端将输出高电平；相反，如果光没被遮住，接收管是导通的，此时 LM358 的输出端为低电平。这样，单片机可以根据运算放大器输出脚电平的状态，来判断是否检测到黑线。本文设计的光电传感器在电路板上呈“一”字形非均匀排列。

12.3.3　电动机驱动模块电路设计

智能小车整体的速度性能，取决于它的电池系统和电动机驱动系统。智能小车的驱动系统一般由控制器、驱动电路及电动机三个部分组成，在运行时要求电动机能提供大转矩、宽调速范围和高可靠性。比较常见的驱动电路有 L298 型驱动芯片，MC33886 型芯片，不过这两种芯片适合于小电流的电动机，像 L298 型芯片输出的最大电流为 2A，如果电动机的功率比较大，很容易导致芯片发烫，则根本无法驱动电动机。本文所采用的小车是飞思卡尔竞赛专用模型小车，它所自带的电动机属于大电流的电动机，所以就不能采用 L298 芯片了。本文采用 BTS7960 型半桥驱动芯片，最后由 2 个 BTS7960 型芯片组成一个全桥驱动电路，由于 BTS7960 型芯片的最大输出电流可以达到 43A，在驱动大电流电动机时，效果会比 L298 型芯片好很多。

智能功率芯片 BTS7960 是应用于电动机驱动的大电流半桥高集成芯片，它带有一个 P 沟道的高边 MOSFET、一个 N 沟道的低边 MOSFET 和一个驱动 IC。集成的驱动 IC 具有逻辑电平输入、电流诊断、斜率调节、死区时间产生和过温、过压、欠压、过流及短路保护的功能。BTS7960 型芯片通态电阻典型值为 16mΩ，驱动电流可达 43A。BTS7960 主要有 7 个引脚，具体各个引脚的功能说明请见表 12.1。

表 12.1　BTS7960 型芯片的引脚介绍

引 脚 号	符　号	I/O	功　能
1	GND	—	接地
2	IN	I	输入，高电位开关、低电位开关是否开启决定
3	INH	I	使能端，设为低电平进入睡眠模式
4	OUT	O	输出口
5	SR	I	转换速率功率开关的转换速率通过 SR 和 GND 间连接的电阻调整
6	IS	O	电流取样诊断
7	VS	—	电源

BTS7960 组成的具体驱动电路原理如图 12.4 所示。图 12.4 中 2 块 BTS7960 组成一个全桥驱动电路， BTS7960 的引脚 3 使能连在一起，置成高电平，成为使能芯片，最后通过在引脚 2 输入 PWM 波占空比来控制电动机的转速。而 74LS244 是作为隔离作用，将 BTS7960 芯片和单片机进行隔离，以防止 BTS7960 的 I/O 口大电流输出烧坏单片机。74LS244 芯片内部共有两个四位三态缓冲器，使用时可分别以 1G 和 2G 作为它们的选通工作信号。当 1G 和 2G 都为低电平时，输出端 Y 和输入端 A 状态相同；当 1G 和 2G 都为高电平时，输出呈高阻态。如图 12.4 所示，将 74LS244 的 1G 脚接地，这样能保证输出信号和输入信号状态保持一致，并且保证单片机 I/O 口的安全，以防止烧坏。

在图 12.4 中，单片机输出的 2 路 PWM 波接到 74LS244 的 1A1、1A3 脚，然后在 1Y1、

1Y3 脚输出和输入状态一样的 PWM 波信号，这里使用 74LS244 是为了进行信号隔离。图 12.4 中的 2 块 BTS7960 的 3 脚连在一起，当 EN 输出信号为高电平时，BTS7960 芯片使能。而 BTS7960 的 2 脚分别连接 2 路 PWM 波信号，不过，在实物中不考虑倒车现象，单片机只输出一路 PWM 波信号给一块 BTS7960 的 2 脚，另一块 BTS7960 的 2 脚直接接地。

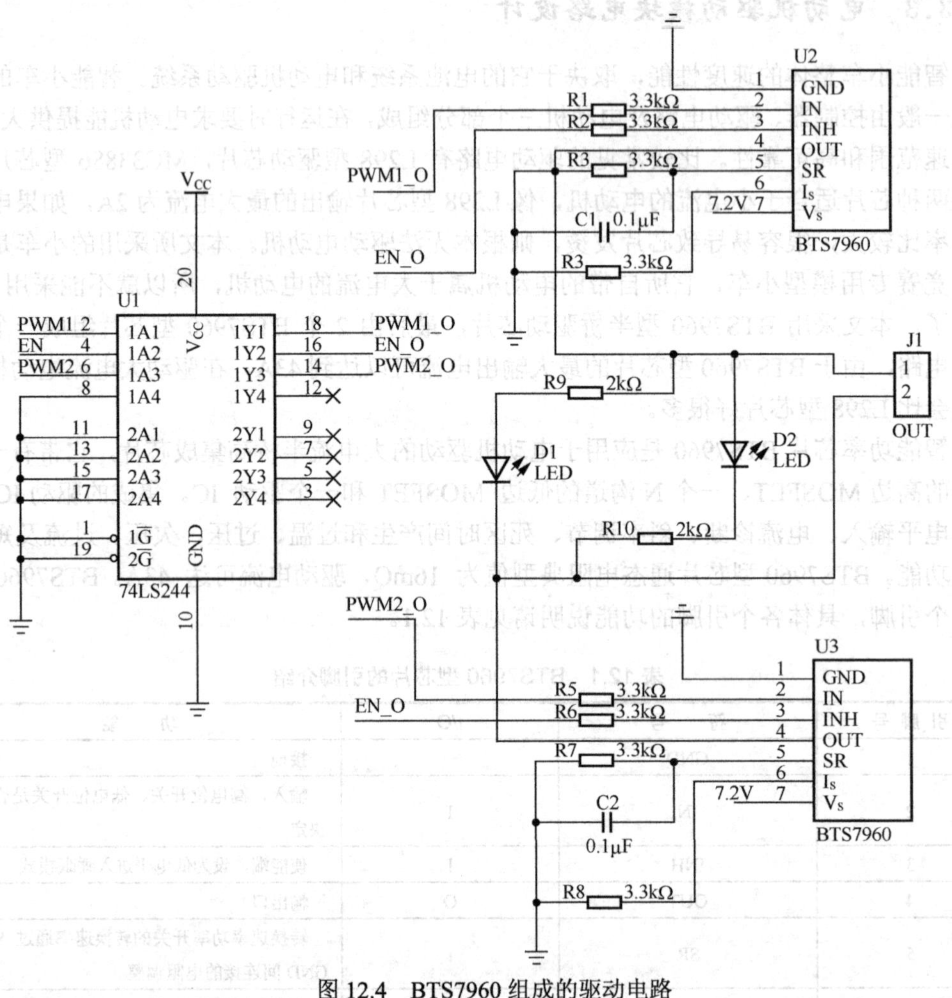

图 12.4　BTS7960 组成的驱动电路

12.3.4　舵机转向模块设计

在本章智能小车设计中采用的是 S3010 型舵机，通过它来控制小车的转弯。舵机的英文为 Servo，也称为伺服机。其特点是结构紧凑、易安装调试、控制简单、大扭力、成本较低等。舵机的主要性能取决于最大力矩和工作速度（一般是以 s/60°为单位）。该舵机实质上是一个位置随动系统，它由舵盘、减速齿轮组、位置反馈电位计、直流电动机和控制电路组成。通过内部位置反馈。可使它的舵盘输出转角正比于给定控制信号。这样，在负载力矩小于其最大输出力矩的情况下。它的输出转角就会正比于给定的脉冲宽度。Futaba S3010 型舵机的接口是三根线，黑线（接地）、红线（电源线）和白线（控制信号线）。舵机的控制信号也是 PWM 信号，利用占空比的变化改变舵机的位置。如图 12.5 所示为舵机输出转角与输入信号脉冲宽度的关系，其脉冲宽度在 0.5～2.5ms 之间变化时,舵机输出轴转角在 0°～180°之间变化。单片机系统实现对舵机输出转角的控制，必须首先完成两个任务：首先是产生基本的 PWM 周期信号，即产生 20ms 的周期信号；其次是脉宽的调整，即单片机调节 PWM 信号的占空比。

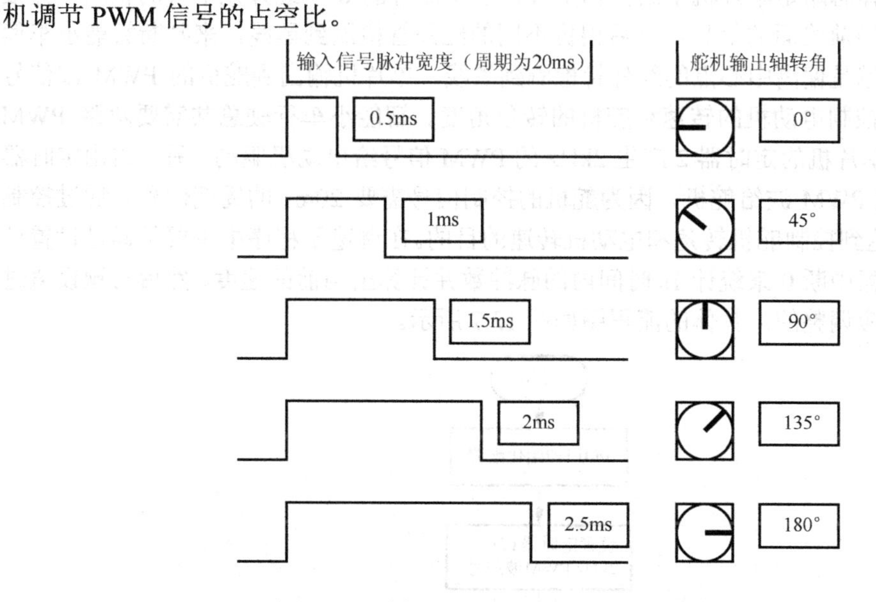

图 12.5　舵机输出转角与输入信号脉冲宽度的关系

12.3.5　电源模块电路设计

由于智能小车采用的是 7.2V/2A 的镍镉电池，而舵机、单片机及其外围器件需要的工作的电压为 5V，所以此时要通过一个合理的电源设计电路得到一个稳定的 5V 直流电源，从而保证系统能安全、稳定地运行。目前比较常见的 5V 稳压芯片有 7805、LM2940-5 等。由于 7805 型稳压芯片的压差比较大，达到 1.7V 左右，这意味着如果要让它稳定地输出 5V 的直流电压，它需要的输入电压必须大于 6.7V。与一般的稳压电源不同，智能小车的电池电压一般在 6～8V，还要考虑在电池损耗的情况下电压的降低，因此常用的 7805 稳压芯片不能满足要求，因此必须采用低压差的稳压芯片。在设计中采用的是 LM2940-5 型稳压芯片，它的压差只有 0.5V，这意味着只要输入电压大于 5.5V，芯片就可以稳定地输出 5V 直流电源，从而能保证单片机可以稳定地运行。稳压电路如图 12.6 所示。

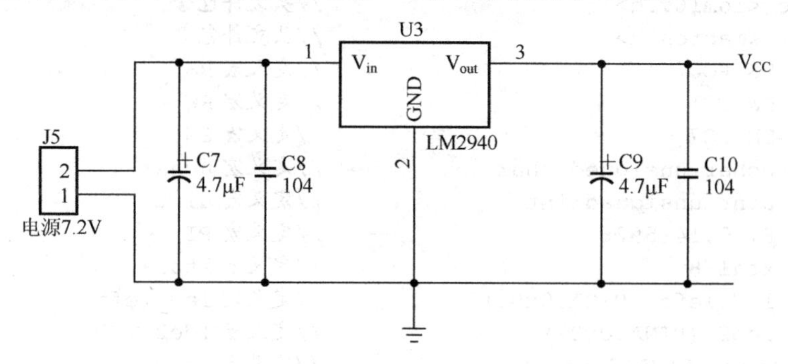

图 12.6　电源电路设计

12.4 软件设计

主程序的具体思路是单片机不断扫描安装在小车前方的 8 个红外光电管的状态，并根据其状态来判断当前路面的信息，然后根据不同的红外管检测到黑线，来判断智能小车偏离赛道的距离。越是偏离中心点的红外管检测到黑线，单片机输出到舵机的 PWM 波信号占空比就越大。控制电动机的转速和舵机的转角角度。智能小车行驶总共需要两路 PWM 波信号，一路由单片机的定时器 2 产生 2kHz 的 PWM 信号给电动机驱动，另一路由定时器 T1 产生 50Hz 的 PWM 波给舵机，因为舵机的控制信号需要 20ms 的周期信号。通过控制 PWM 的占空比达到控制舵机转角和电动机转速的目的。在调速子程序中主要是通过设置外部中断 0 和定时器中断 0 来统计 1s 时间内的脉冲数并计算出当前的速度，然后与预设值进行比较，进行相应调整的。具体的流程图如图 12.7 所示。

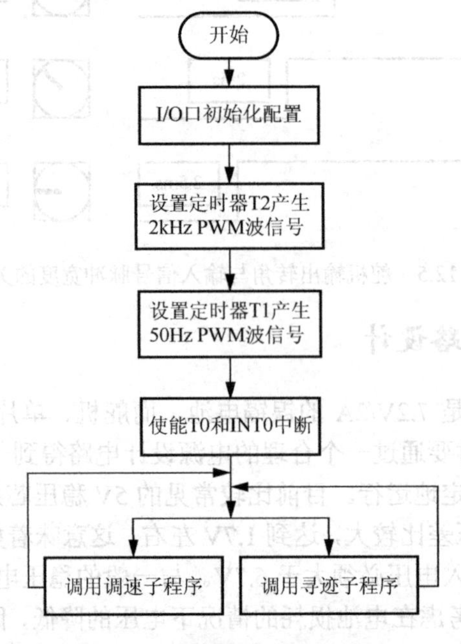

图 12.7 智能小车软件流程图

具体的程序代码如下：

```
#include <iom16v.h>                             //头文件包含
#include <macros.h>                             //头文件包含
#define RS PC0                                  //定义宏 RS
#define RW PC1                                  //定义宏 RW
#define EN PC7                                  //定义宏 EN
#define uchar unsigned char                     //定义宏 uchar
#define uint unsigned int                       //定义宏 uint
#define PI 3.1415926                            //定义宏 PI
#define xtal 8                                  //定义宏 xtal
#define led_left (PINA&0x01)                    //定义宏 led_left
#define led2 (PINA&0x02)                        //定义宏 lde2
#define led3 (PINA&0x04)                        //定义宏 lde3
#define led_middle (PINA&0x08)                  //定义宏 led_middle
```

```
    #define led5  (PINA&0x10)                      //定义宏 led5
    #define led6  (PINA&0x20)                      //定义宏 led6
    #define led_right  (PINA&0x40)                 //定义宏 led_right
    #define key_pwm  (PIND&0x01)                   //定义宏 key_pwm
    void key_func();                               //子函数声明
    #pragma interrupt_handler int0: 2              //声明 int0 为中断服务程序
    #pragma interrupt_handler time0: 10            //声明 time0 为中断服务程序
    uchar table[]={0,1,2,3,4,5,6,7,8,9};           //定义数组 table[]
    float speed_ce;                                //定义浮点型全局变量 speed_ce
    uint num,num1,count,count1,key;                //定义无符号整型变量
    uint speed_now;                                //定义无符号整型变量
    uint OCR2_xianshi;                             //定义无符号整型变量
    uchar num_pwm,t_OCR2;                          //定义无符号整型变量
    void delay_1ms()                               //延时 1ms 子程序
    {
    uint i;                                        //定义无符号整型变量
    for(i=1;i<(uint)(xtal*143-2);i++); //用 for 循环实现延时
    }

    void delay_nms(uint n)                         //延时 nms 子程序
    {
    uint i=0;                                      //延时循环变量定义
    while(i<n)                                     //延时循环判断
    {delay_1ms();                                  //调用延时 1ms 子程序
    i++;                                           //i 加 1
    }
    }

    void wr_com(unsigned char com)                 //写端口操作
    {
        delay_nms(5);                              //调用延时 5ms 子程序
     PORTC&=~(1<<RS);                              //RS 信号有效
     PORTC&=~(1<<RW);                              //RW 信号有效
     PORTC&=~(1<<EN);                              //EN 信号有效

     PORTB=com;                                    //将 com 变量的值输出到端口 B
     delay_nms(5);                                 //延时 5ms
     PORTC|=(1<<EN);                               //EN 信号变为高电平

     delay_nms(5);                                 //延时 5ms
     PORTC&=~(1<<EN);                              //EN 信号有效

}

    void wr_dat(unsigned char dat)                 //写数据
    {
     delay_nms(5);                                 //延时 5ms
     PORTC|=(1<<RS);                               //RS 置为高电平
     PORTC&=~(1<<RW);                          //RW 置为低电平
     PORTC&=~(1<<EN);                          //EN 置为低电平
```

```
  PORTB=dat;                              //将数据输出到端口 B
  delay_nms(5);                           //延时 5ms
  PORTC|=(1<<EN);                         //EN 置为高电平

 delay_nms(5);                            //延时 5ms
  PORTC&=~(1<<EN);                        //EN 置为低电平

}

 void lcd_init()                          //LCD 初始化
{
  DDRC|=(1<<RS)|(1<<RW)|(1<<EN);          //RS、RW、EN 置为高电平
  PORTC&=~((1<<RS)|(1<<RW)|(1<<EN));// RS、RW、EN 置为低电平
  PORTB=0x00;                             //端口 B 寄存器清零
  DDRB=0xff;                              //端口 B 设置为输出
  delay_nms(15);                          //延时 15ms
  wr_com(0x38);                           //向端口写数据 0x38
  delay_nms(5);                           //延时 5ms
 wr_com(0x08);                            //向端口写数据 0x08
 wr_com(0x01);                            //向端口写数据 0x01
 wr_com(0x06);                            //向端口写数据 0x06
 wr_com(0x0c);                            //向端口写数据 0x0c
}

 void Display_speed()                             //显示子程序
 {
 wr_com(0x80);                            //向端口写数据 0x80
wr_dat('s');                              //向端口写字符数据's'
 wr_dat('p');                             //向端口写字符数据'p'
 wr_dat('e');;                            //向端口写字符数据'e'
wr_dat('e');                              //向端口写字符数据'e'
 wr_dat('d');                             //向端口写字符数据'd'
 wr_dat('i');                             //向端口写字符数据'i'
 wr_dat('s');                             //向端口写字符数据's'

 wr_dat(' ');                             //向端口写字符数据' '
 wr_dat(table[speed_now/100]+0x30); //向端口输出速度整数部分
 wr_dat('.');                             //向端口输出小数点
 wr_dat(table[speed_now%100/10]+0x30);          //向端口输出速度小数部分
wr_dat(table[speed_now%100%10]+0x30);           //向端口输出速度小数部分

 wr_dat(' ');                                   //向端口写字符数据' '
 wr_dat('M');                                   //向端口写字符数据'm'
 wr_dat('/');                                   //向端口写字符数据'/'
 wr_dat('S');                                   //向端口写字符数据's'
 }

 void xunji()                                   //路径识别寻迹子程序
 {
 DDRA=0x80;                                     //端口 A 的 D7 位为输出，其余位为输入
 PORTA|=BIT(0)|BIT(1)|BIT(2)|BIT(3)|BIT(4)|BIT(5)|BIT(6);    //设置端口 A 的
```

```
上拉电阻
    if(led3==0x04)                          //判定 led3 是否为高电平
    {
        OCR1A=450;                          //此时调节占空比，方向稍微向右
       OCR2=t_OCR2-5;                       //设置寄存器的值
        while(led_middle!=0x08)             //判断 led_middle 是否为高电平
        {
            OCR1A=450;                      //此时调节占空比，方向向右
            while(led2==0x02)               //判断 led_2 是否为高电平
            {
                OCR1A=400;                  //此时调节占空比，方向向右调整较大的角度
            OCR2=t_OCR2-5;                  //设置寄存器的值
                while(led3!=0x04)           //判断 led_3 是否为高电平
                {
                    OCR1A=400;              //设置寄存器的值
                    while(led_left==0x01)   //判断 led_left 是否为高电平
                    {
                        OCR1A=360;          //此时调节占空比，方向向右调整最大的角度
                    OCR2=t_OCR2-10;         //设置寄存器的值
                        while(led2!=0x02);  //保持方向向右直到方向调整完毕

                    }
                }
            }
        }
    }

    else if(led5==0x10)                     //判断 led_5 是否为高电平
    {
        OCR1A=550;                          //此时调节占空比，方向稍微向左
       OCR2=t_OCR2-5;                       //设置寄存器的值
        while(led_middle!=0x08)             //判断 led_ middle 是否为高电平
        {
            OCR1A=550;                      //此时调节占空比，方向稍微向左
            while(led6==0x20)               //判断 led_ 6 是否为高电平
            {
                OCR1A=600;                  //此时调节占空比，方向稍微向左调节一个更
大的角度
            OCR2=t_OCR2-5;                  //设置寄存器的值
                while(led5!=0x10)           //判断 led_5 是否为高电平
                {
                    OCR1A=600;              //设置寄存器的值
                    while(led_right==0x40)  //判断最右侧的接收端是否为高电平
                    {
                        OCR1A=640;          //向右调节最大的方向
                    OCR2=t_OCR2-10;         //设置寄存器的值
                        while(led6!=0x20);  //保持方向向左直到方向调整完毕
                    }
                }
            }
        }
    }
```

```
    else
    {
      OCR1A=500;                //设置寄存器的值
      OCR2=t_OCR2;              //保持方向直行
    }
}

void time0()                              //定时器 0 中断服务子程序
{
   TCNT0=0xe0;                            //设置定时器的值
   count++;                               //全局变量 count 加 1
   if(count==1000)                        //判断变量 count 是否到达 1000
       {
     count=0;                             //变量 count 清零
      num=num1;                           //将变量 num1 的值赋给 num
      speed_ce=num*PI*2*0.02;             //计算小车速度
      speed_now=num*PI*2*0.02*100;        //计算小车速度
      num1=0;                             //将变量 num1 的值清零
   }
}

void speed_feedback()                     //速度反馈子程序
    {
   if(speed_ce>=1.25)                     //判断速度上线
   {
      OCR2=60;                            //调节速度
   }
  else
  xunji();                                //调用寻迹子程序
}

void int0()                               //int0 中断服务子程序
{
  num1++;                                 //变量 num1 加 1
}

void key_func()                           //控制信号输入子程序
{

   if(key_pwm==0x00)                      //判断加速按键是否按下
   {
      delay_nms(20);                      //延时 20ms
       if(key_pwm==0x00)                  //再次判断加速按键是否按下
       {
         PORTD&=~BIT(1);                  //将端口 D 的第 1 位清零
         num_pwm++;                       // 变量 num_pwm 加 1
          if(num_pwm==10)                 //判断 num_pwm 是否等于 10
          {
             num_pwm=0;                   //将变量 num_pwm 清零
          }
          switch(num_pwm)                 //分子结构
          {
```

```
        case 1: t_OCR2=55;break;        //num_pwm 为 1 时，给变量 t_OCR2 赋值 55
        case 2: t_OCR2=60;break;        //num_pwm 为 2 时，给变量 t_OCR2 赋值 60
        case 3: t_OCR2=65;break;        //num_pwm 为 3 时，给变量 t_OCR2 赋值 65
        case 4: t_OCR2=70;break;        //num_pwm 为 4 时，给变量 t_OCR2 赋值 70
        case 5: t_OCR2=75;break;        //num_pwm 为 5 时，给变量 t_OCR2 赋值 75
        case 6: t_OCR2=80;break;        //num_pwm 为 6 时，给变量 t_OCR2 赋值 80
        case 7: t_OCR2=95;break;        //num_pwm 为 7 时，给变量 t_OCR2 赋值 95
        default:  break;                //其余情况，跳出分支
      }
      while(key_pwm==0x00);             //等待加速按键弹起
      PORTD|=BIT(1);                    //将端口 D 的第 1 位置位
    }
  }
}
void main()                         //main 主函数
{
     DDRD|=0xB2;                    //设置端口 D 的输入输出方式
     PORTD|=BIT(0)|BIT(1);          //将端口 D 的第 0 位和第 1 为清零
    TCCR2=0X62;                     //相位修正 PWM 模式，时钟源 8 分频计数
    t_OCR2=50;                      //初始化变量
     OCR2=t_OCR2;                   //给输出比较寄存器赋初值: 50
     TCCR1A=0Xa2;                   //升序计数比较匹配时清零， 降序计数比较匹配时置位
     TCCR1B=0X12;                   //定时器 T1 相位修正 PWM 模式
     OCR1A=500;                     //计数上限值设定为 500
     MCUCR=0x02;                    // INT0 的下降沿产生异步中断请求
     GICR=0x40;                     //INT0 中断使能
     TIMSK=0x01;                    //T0 溢出中断使能
     SREG=0x80;                     //全局中断使能
     TCCR0=0x04;                    // 定时器 T0 设置为普通模式，时钟源 256 分频
     TCNT0=0xe0;                    // 定时器 T0 赋初值
     lcd_init();                    //调用显示初始化子程序
    while(1)                        //主循环
     {
       xunji();                     //调用寻迹子程序
           key_func();              //调用按键监测子程序
           Display_speed();         //调用速度显示子程序
         }
}
```

12.5　功能扩展

该系统在功能扩展上还有比较大的空间，可以进一步完善。如在智能小车寻迹模块上，可以用 CCD 传感器来代替现在的红外光电传感器，这样可以提升智能小车的前瞻性，可以使智能小车可以更早地感知路线变化的趋势，这样可以在智能小车不冲出赛道的情况下进一步地提高智能小车的速度。

第13章 触摸遥控器设计

13.1 功能要求

触摸遥控器是为信息的采集、设备的控制及直观图形的表示而设计的一种信息处理终端，可应用于采集环境数据的显示、控制设备的交互界面等。触摸遥控器功能有很多种，本章节要求利用51系列单片机作为微处理器，能显示图片、文字、符号等。

触摸遥控器有一个主界面，主界面显示两张图片，分别是两个子界面的登录窗口。主界面和子界面可以相互切换，在子界面1中，单击查询个人信息，可以显示自己的姓名、性别、出生年月、学院专业班级等信息；在子界面2中，显示一张个人照片以及文字符号信息等。

触摸遥控器实现与串口助手通信，触摸屏遥控器点击发送数据，串口助手可以接收数据。同样，在串口助手中发送一个字母，可以在子界面1中显示。

系统完成的主要功能如下

（1）设置一个主界面，包括文字和图片，以及进入子界面的窗口。

（2）在子界面1中，单击查询个人信息后，可以显示姓名、性别等信息，单击发送，串口助手可以接收到“Hello！welcome to shuren！！”

（3）通过串口助手软件，如一个英文字母（A～Z，a～z），在子界面1上显示字母。

（4）在子界面2中，显示一张个人照片及文字符号等。

（5）主界面和子界面的相互切换。

（6）触摸点坐标值的显示。

13.2 主要器件介绍

13.2.1 STC89C51RC/RD+系列单片机简介

STC89C51RC/RD+系列单片机内部结构如图13.1所示，由于STC89C51RC/RD+系列单片机具有如下特点，可满足触摸遥控器对微处理器的要求，因此选用3.3V供电的STC89LE516RD+单片机作为触摸遥控器的数据处理中心。

（1）增强型8051单片机，6时钟/机器周期和12时钟/机器周期可任意选择，指令代码完全兼容传统8051单片机。

（2）工作电压：5.5V～3.3V（5V单片机STC89C51RC/RD+）/ 3.8V～2.0V（3V单片机STC89LE51RC/RD+）。

（3）工作频率范围：0～40MHz，相当于普通8051的0～80MHz，实际工作频率可达48MHz。

（4）用户应用程序空间，4KB / 8KB /13KB /16KB /32KB /64KB。

（5）片上集成1280字节或512字节RAM。

（6）通用I/O口（32/36个），复位后为P1/P2/P3/P4是准双向口 / 弱上拉（普通8051传统I/O口）；而P0口是开漏输出，作为总线扩展用时，不用加上拉电阻，作为I/O口用时，需加上拉电阻。

（7）ISP（在系统可编程）/IAP（在应用可编程），无须专用编程器，无须专用仿真器可通过串口（RxD/P3.0，TxD/P3.1）直接下载用户程序，数秒内即可完成一片。

（8）有 EEPROM 功能。

（9）硬件看门狗（WDT）。

（10）内部集成 MAX810 专用复位电路（HD 版本和 90C 版本才有），外部晶体 20MHz 以下时，可省外部复位电路。

（11）共 3 个 16 位定位器/计数器，其中定时器 0 还可以当成 2 个 8 位定时器使用。

（12）外部中断 2 路，两种触发方式：下降沿触发和低电平触发，PowerDown 模式可由外部中断低电平触发中断方式唤醒。

（13）通用异步串行口（UART），还可用定时器实现多个 UART。

（14）工作温度范围：-40～+85℃（工业级）/0～75℃（商业级）。

（15）封装：LQFP-44，PDIP-40，PLCC-44，PQFP-44。

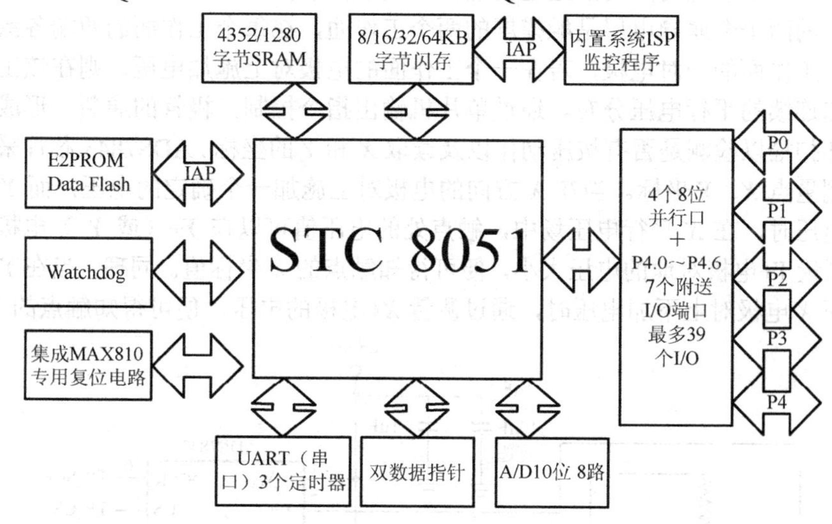

图 13.1　STC89C51RC/RD+系列 44 个管脚的单片机内部结构

13.2.2　3.2 英寸液晶触摸屏 S95163 简介

在本设计中，液晶触摸屏采用友信 3.2 英寸液晶触摸屏 S95163。它内部触控芯片是 ADS7843，其特点是 4 线触摸屏接口，比率转换，单电源：2.7V～5V，高达 125kHz 的转换速率，串行接口，可编程 8 或 12 位分辨率，2 辅助模拟输入，彻底断电控制。

驱动 IC 是 SSD1289。在一个 TFT LCD 控制器驱动芯片 SSD1289 上集成了内存、电源电路、栅极驱动器和电源驱动器。它可以驱动多达 26 万色 amorsphous TFT 面板和拥有 240 的 RGB×320 的分辨率。它还集成了控制器的功能，由 172，800 字节（240 ×320 ×18 /8）图形显示数据 RAM（GDDRAM），使得它与普通的 MPU 通过 8-/9-/16-/18-bit 6800 系列/ 8080 系列兼容接口、并行接口或串行外围接口读取或存储在 GDDRAM 的数据。将辅助 18-/16-/6-bit 视频接口（VSYNC，HSYNC，DOTCLK，DEN）集成到 SSD1289 动画图像显示。SSD1289 嵌入 DC-DC 转换器，是为电压发生器提供必要电压的外部元件。公共电压产生电路，用于驱动 TFT 显示屏。SSD1289 可以操作在 1.4V，并提供不同的省电模式。它适合于任何便携式电池驱动的应用。

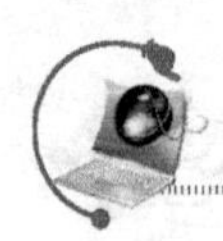

触摸屏内部驱动原理电路如图 13.2 所示，应用了 ADS7843 芯片作为其中的驱动模块，它在控制器的作用下完成了触摸坐标信息采集及 A/D 转换，并将处理后的信息送到控制器中，实现了信息交互功能。采用的 ADS7843 是 12-bit 采样模拟到数字转换器（ADC），具有同步串行接口和低导通电阻开关，用于驱动触摸屏。在 125kHz 的吞吐率和+2.7 V 电源下的典型功耗为 750μW。参考电压（V_{REF}）可以在 1V 和+ V_{CC} 之间变化，提供 0V 到 V_{REF} 间的输入电压范围。该装置包括一个停机模式，其典型功耗为 0.5μW。ADS7843 的最低工作电压为 2.7V。低功耗、高速和板载开关使 ADS7843 非常适用于电池供电系统，如个人数字助理、电阻式触摸屏和其他便携式设备。

触摸屏附着在显示器的表面，与显示器相配合使用。电阻触摸屏是一块 4 层的透明复合薄膜屏，最下面是玻璃或有机玻璃构成的基层，最上面是一层外表面经过硬化处理从而光滑防刮的塑料层，中间是两层金属导电层，分别在基层之上和塑料层内表面，在两导电层之间有许多细小的透明隔离点把它们隔开。当手指触摸屏幕时，两导电层在触摸点处接触。触摸屏的两个金属导电层是触摸屏的两个工作面，在每个工作面的两端各涂有一条银胶，称为该工作面的一对电极，若在一个工作面的电极对上施加电压，则在该工作面上就会形成均匀连续的平行电压分布。通过单片机输出指令控制三极管的通断，形成对该驱动电路的循环扫描以检测是否有按压动作以及读取 *X* 和 *Y* 的坐标。ADS7843 芯片采用电阻分压的原理测量点 *X*、*Y* 坐标。当在 *X* 方向的电极对上施加一个确定的电压，而 *Y* 方向电极对上不加电压时，在 *X* 平行电压场中，触点处的电压值可以在 *Y*+（或 *Y*−）电极上反映出来，通过测量 *Y*+电极对地的电压大小，便可得知触点的 *X* 坐标值。同理，当在 *Y* 电极对上加电压，而 *X* 电极对上不加电压时，通过测量 *X*+电极的电压，便可得知触点的 *Y* 坐标。

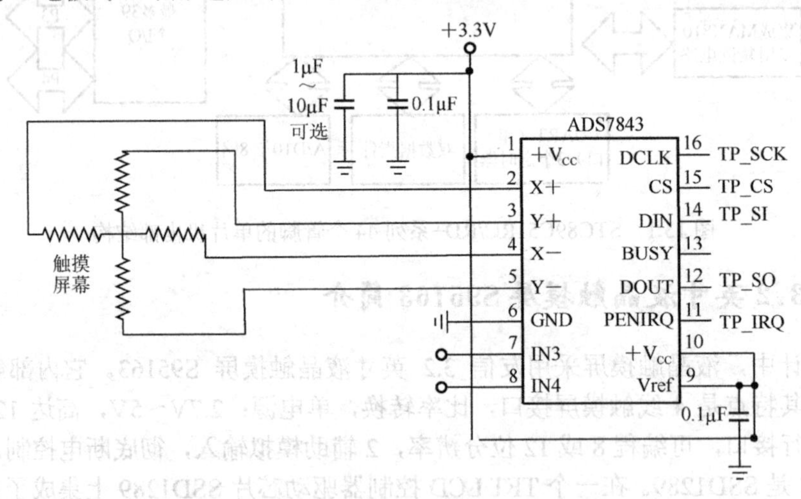

图 13.2 3.2 英寸液晶触摸屏的内部结构

在使用液晶触摸屏时要注意以下几点：

（1）以上所述的显示面板是由玻璃制成的。通过玻璃使显示面板减少机械冲击的影响。

（2）如果显示器面板损坏，液晶物质泄漏出来，一定不要让该液晶物质进入人的嘴中。如果物质接触皮肤或衣服，可用肥皂和水清洗。

（3）不要过分用力按压显示器表面或邻近地区，因为这可能导致色调发生变化。

（4）偏振器覆盖在液晶模块的显示表面是软的，容易划伤。小心处理这个偏振片。

（5）如果显示器表面被污染，可在其表面哈气，再轻轻地用柔软的干布擦拭。

13.3　硬件电路设计

系统硬件电路如图 13.3 所示。

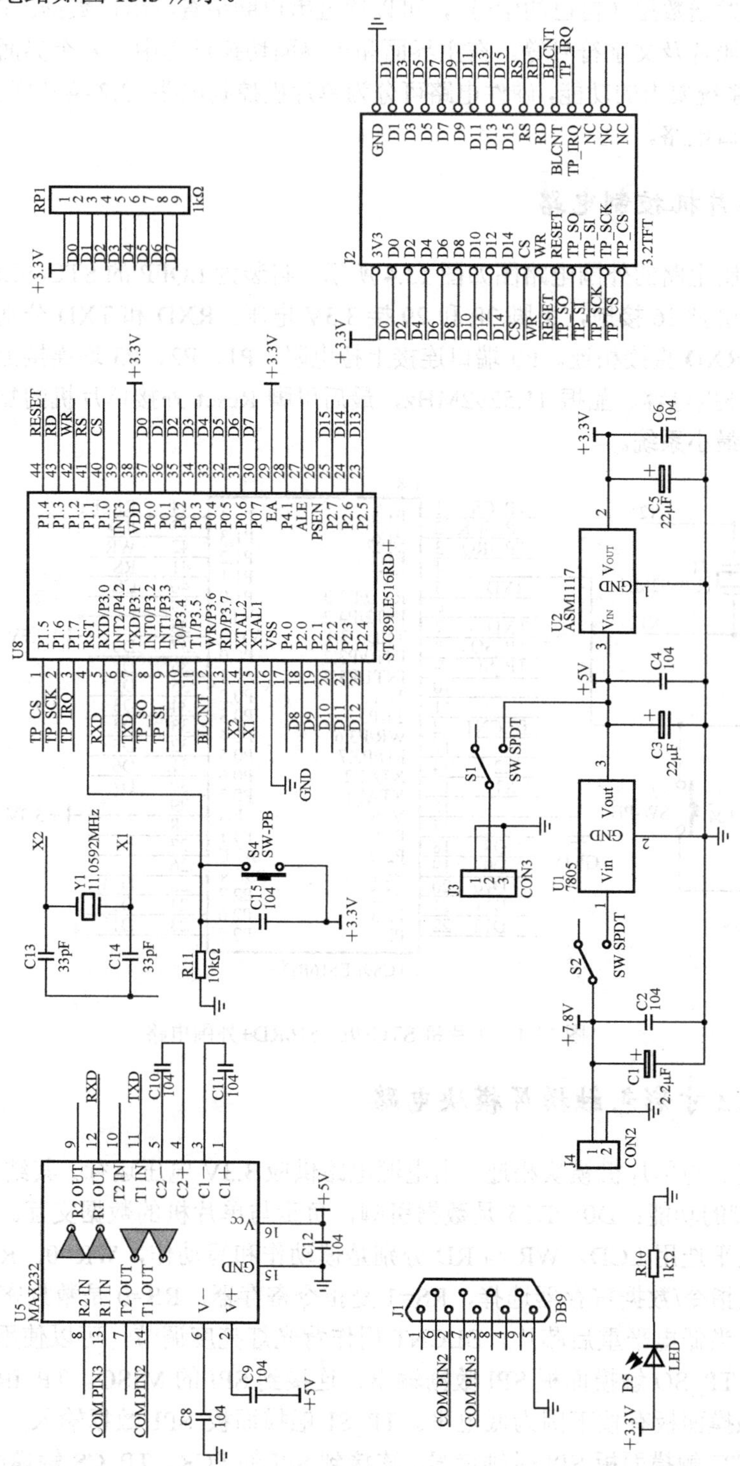

图 13.3　触摸遥控器系统软件图

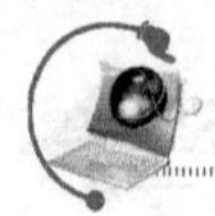

系统通电后，单片机初始化彩色触摸屏，显示主界面。单击主界面上的子界面图像，可以进入子界面。在子界面 1 中，单击“查询个人信息”按钮，可以显示程序预先设置好的信息，单击发送数据（自己的学号），可以通过串口助手查看串口数据。在子界面 2 中，显示一张个人照片及文字符号等。在主界面和子界面切换过程中，各个界面的显示信息互不干扰。根据系统要求的功能，硬件电路可分为单片机控制电路、3.2 英寸彩色触摸屏模块、电源电路和串口电路。

13.3.1 单片机控制电路

单片机控制电路的外围电路图如图 13.4 所示。封装为 LQFP 的 STC89LE516RD+由 44 个引脚组成，引脚 16 接地，引脚 38 和 29 接 3.3V 电压，RXD 和 TXD 分别与串口模块电路的 TXD 和 RXD 直接相连。P0 端口连接上拉电阻，P1、P2、P3 均连接上单排针，引脚 14、引脚 15 外接电容、晶振 11.5292MHz，最后引脚 Reset 外接单片机的复位电路，共同构成了单片机最小系统。

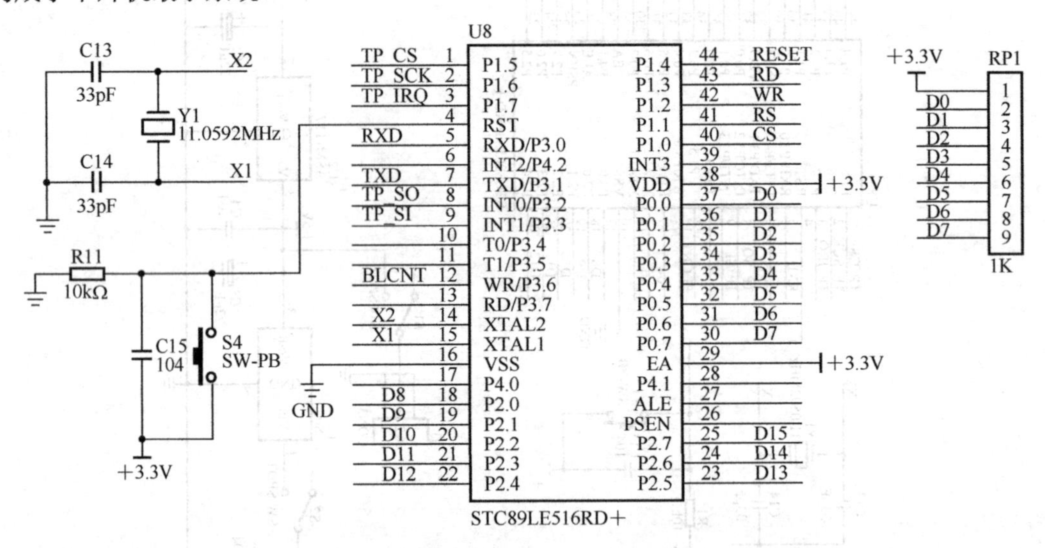

图 13.4 单片机 STC89LE516RD+外围电路

13.3.2 3.2 寸彩色触摸屏模块电路

液晶触摸屏与单片机模块相连，由电源电路供应 3.3V 电压运行，其结构如图 13.5 所示。32 个管脚的功能：D0～D15 是数据引脚，负责与单片机的数据交互。CS 是 LCD 片选信号，低电平选用 LCD。WR 与 RD 分别是读动作和写动作，WR=0，RD=1；WR=1，RD=0。RS 是指令/数据寄存器选择，RS=1 是指令寄存器；RS=0 是数据寄存器。RESET 是芯片重启，当低电平重启芯片。BLCNT 用作背光灯亮度调节，可以使用 PWM 来控制背光灯亮度。TP_SO 触摸面板 SPI 数据输出，连接到 SPI 的 MISO。TP_IRQ 触摸面板中断，检测到触摸面板有按下则为低电平。TP_SI 触摸面板 SPI 数据输入，连接到 SPI 的 MOSI。TP_SCK 触摸面板 SPI 时钟信号，连接到 SPI 的 SCK。TP_CS 触摸面板片选信号，低电平选择触摸面板。

3.2 英寸触摸液晶屏可以显示字母、数字符号、中文字形及自定图片，3.3V 电压驱动，带可调亮度的背光，其外围电路设计较为简单，管脚 1 接+3.3V 的液晶屏电源，管脚 2 接地 GND，数据高位 D15～D8 接单片机的 P2 端口，低位 D7～D0 接单片机的 P0 端口，读写数据信号端、复位信号和触摸处理信号都分别接单片机的 P1、P3 端口，直接由软件控制，无须外加电路，方便简单，其外围接口电路图如图 13.5 所示。

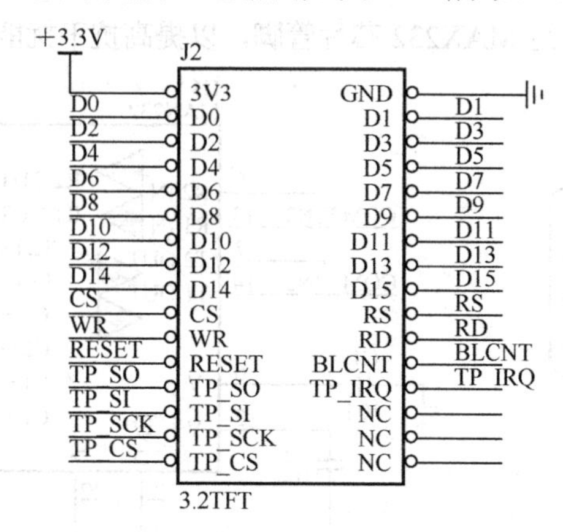

图 13.5　3.2 英寸彩色触摸屏外围接口电路图

13.3.3　电源电路

如图 13.6 所示，电源电路设计主要是由 7805、AMS1117 和电容组成的，稳压模块 7805 可以使输入 5V～12V 电压稳压输出为 5V，AMS1117 可以将 5V 的稳压转换为 3.3V，这样可由蓄电池直接供电，也可以由 5V、1A 稳压电源供电。其中 J3 可作为+5V 稳压电源的输入，由 S1 控制开关；J4 可作为+5V～+12V 锂电池或蓄电池的输入，由 S2 控制开关，D5 作为电源指示灯。

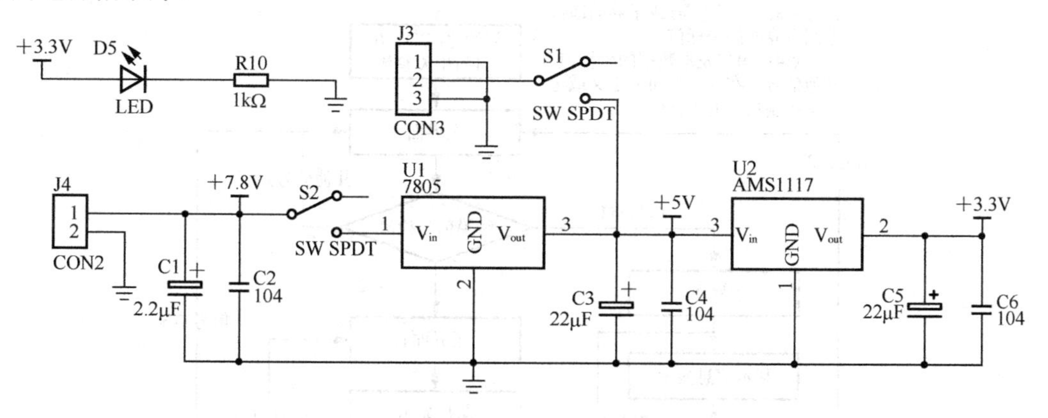

图 13.6　电源电路设计电路图

13.3.4　串口模块电路

MAX232 是单电源双 RS-232 发送/接收芯片，采用单一+5V 电源供电，外接只需 4 个电容，便可以构成标准的RS-232通信接口，硬件接口简单，所以被广泛采用，其主要特性如下：工作电压3.0V/5.5V、低功耗，典型供电电流300μA、数据传输速率120kbps、管脚兼容工业标准MAX232、保证转换率6V/μs。

串口模块电路如图13.7所示，图13.7中的C1、C2、C3、C4是电荷泵升压及电压反转部分电路，所产生的V+、V-电源供RS-232电平转换使用，C5是V_{CC}对地去耦电容，其值为0.1μF，五个电容安装时必须尽量靠近MAX232芯片管脚，以提高抗干扰能力。

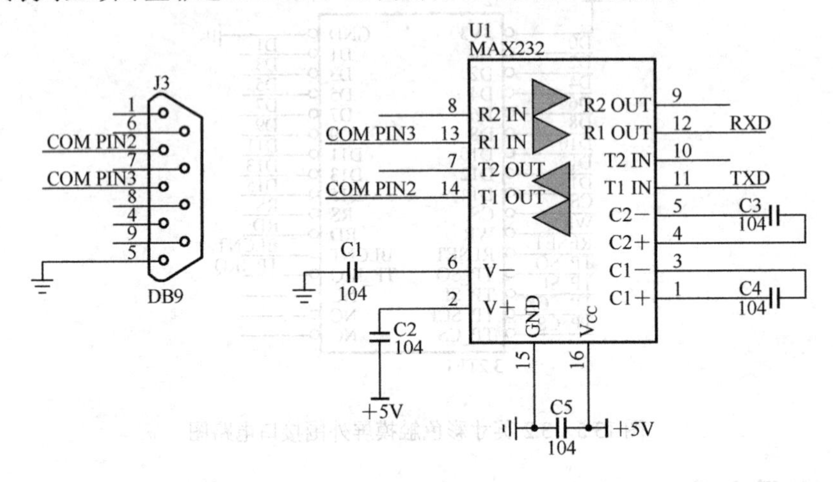

图13.7　串口模块电路

13.4　系统程序设计

系统程序流程图如图13.8所示。

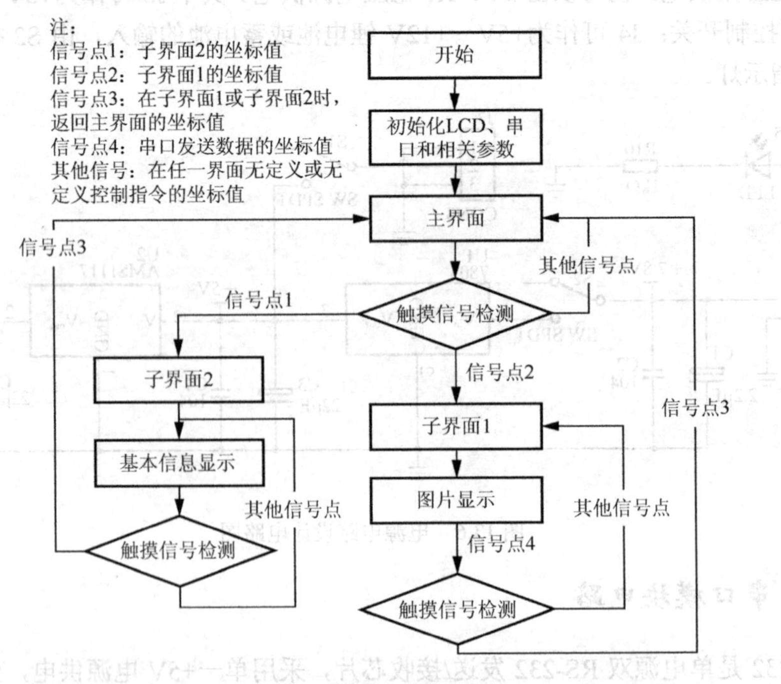

图13.8　系统程序流程图

遥控器上电后，首先是对LCD、串口和相关参数的初始化；初始化状态下，触摸屏的主界面分为两个子界面的登录窗口：子界面1和子界面2。单击“子界面1”的图标，则该坐标（即信号点2）下的命令是进入“子界面1”的子界面，即刷新主界面。该界面主要显示个人基本信息，如个人的姓名、性别等，且该界面的坐标命令分为4种：

（1）若坐标值为控制返回主界面的命令，则重新回到主界面。

（2）若坐标值为发送串口数据的标志，则通过单片机串口发送自己的学号。

（3）若坐标值为查询个人信息的标志，则显示个人信息数据。

（4）若坐标值非返回标志、非发送串口数据的标志和非查询个人信息的标志，其他坐标值不执行任何控制指令；回到主界面，单击“子界面 2”界面，同样的，除了返回主界面的坐标值，单击其他任何坐标都不执行任何控制指令；与“子界面”界面不同的是，该界面显示的是图片和文字符号。

13.4.1　部分关键函数说明

在main()函数调用了init_serialcomm()函数、ssd1289_init()函数和touch_Init()函数，其中init_serialcomm()函数是串口初始化函数，ssd1289_init()函数是屏幕驱动程序，touch_Init()函数是触摸驱动程序。数据接收部分主要通过串口中断函数完成接收判断数据的功能。在子文件ssd1289.c中定义了void DrawString(uint x，uint y，uchar *pStr，uint LineColor，uint FillColor，uchar Mod)函数、void DispSmallPic(uint x，uint y，uint w，uint h，const uchar *str)函数和void DispClear(void)函数。其中，DrawString()函数中，x表示*x*坐标，y表示*y*坐标，LineColor表示字符颜色，FillColor表示字符背景颜色，实现的功能是在指定的位置显示多个字符；在DispSmallPic()函数中，str表示图片数组名，实现的功能是在指定的位置显示一张65K色的图片；DispClear()函数实现的功能是清除显示屏的内容。

在子文件3.2TFT.c中定义了void mianwindow()函数、void window1()函数、void window2()函数、void window3()函数、void window4()函数和void ground()函数。其中，触摸显示屏通过void mainwindow()函数显示主界面，通过void window1()函数显示子界面1，通过void window2()函数显示子界面2，通过void ground()函数显示主界面和四个子界面的条纹背景。主界面显示两个子界面登录窗口，具体函数如下：

```
    void mainwindow()
    {
    DispClear();                        //清屏
        Set_ramaddr(0, 0);              //开始地址
        send_command(0x22);             //初始化显示位置
        ground();                       //渐变蓝色条纹显示函数
        DrawString(96,  20,  "主界面", YELLOW, YELLOW, TRANSP);//96 行 26 列文字显示“主界面”
        DrawString(5,  280,  "X:", RED, YELLOW, TRANSP);//显示横坐标值
        DrawString(5,  300,  "Y:", RED, YELLOW, TRANSP);//显示纵坐标值
        DispSmallPic(38,  106,  60,  48,  pic1);//38 行 106 列显示像素 60*48 的图片 1(pic1)
        DrawString(38,  166,  "子界面 1",  BLUE, YELLOW, TRANSP);
        DispSmallPic(156,  106,  60,  48,  pic2);//156 行 106 列显示像素 60*48 的图片
```

```
1(pic1)
      DrawString(156, 166, "子界面2", BLUE, YELLOW, TRANSP);
      Set_ramaddr(0, 280);          //开始显示的地址
      send_command(0x22);
      ground();                     //蓝色条纹显示
   }
```

13.4.2 子界面1程序

子界面1包括显示程序、控制程序和串口通信程序。其中，显示程序用于显示个人信息，控制程序用于根据触摸坐标控制相应操作，串口通信程序用于显示串口接收数据等。具体程序如下：

```
   void window1()
   {
      Set_ramaddr(0, 0);         //开始显示的地址
      send_command(0x22);
      ground();                  //蓝色条纹显示
      DrawString(68, 20, "查询个人信息", YELLOW, YELLOW, TRANSP);//行，列，显
示内容，颜色，背景
      DrawString(20, 50, "姓名:", BLUE, YELLOW, TRANSP);
      DrawString(20, 75, "性别:", BLUE, YELLOW, TRANSP);
      DrawString(20, 100, "出生年月:", BLUE, YELLOW, TRANSP);
      DrawString(20, 125, "学院:", BLUE, YELLOW, TRANSP);
      DrawString(20, 150, "专业:", BLUE, YELLOW, TRANSP);
      DrawString(20, 175, "班级:", BLUE, YELLOW, TRANSP);
      DrawString(20, 200, "学号:", BLUE, YELLOW, TRANSP);
      DrawString(20, 225, "发送学号", BLUE, YELLOW, TRANSP);
      DrawString(140, 225, "接收字母", BLUE, YELLOW, TRANSP);
      DrawString(0, 256, ">>>>>>>>>>>>>><<<<<<<<<<<<<<<", BLUE, YELLOW,
TRANSP);
      DrawString(0, 264, "-------------------------------", BLUE, YELLOW,
TRANSP);
      DrawString(74, 283, "★", BLUE, YELLOW, TRANSP);
      DispSmallPic(92, 280, 61, 24, pic5);//92行280列显示像素61*24的图片
   }
   void window1_control()
   {
      if((T_x>1500&&T_x<2900)&&(T_y<3700&&(T_y>3300)))  //查询个人信息的坐标值
范围
      {
         DrawString(68, 20, "查询个人信息", YELLOW, BLACK, 0);
         DrawString(60, 50, "高某某", GREEN, YELLOW, TRANSP);
         DrawString(60, 75, "男", GREEN, YELLOW, TRANSP);
         DrawString(92, 100, "1990年8月", GREEN, YELLOW, TRANSP);
         DrawString(60, 125, "信息科技学院", GREEN, YELLOW, TRANSP);
         DrawString(60, 150, "通信工程", GREEN, YELLOW, TRANSP);
         DrawString(60, 175, "101班", GREEN, YELLOW, TRANSP);
         DrawString(60, 200, "201000000000", GREEN, YELLOW, TRANSP);
```

```
    }
    if((T_x>2600&&T_x<3600)&&(T_y<1300&&(T_y>1100)))  //发送数据的坐标值范围
    {
        send_string_com("201005016114", 12);//串口发送数据
        DrawString(20, 225, "发送学号", GREEN, BLACK, 0);
    }
}
```

13.4.3　子界面 2 程序

子界面 2 主要显示自定义图片和文字符号，需要注意的是图片生成的代码不能超过单片机的存储范围，具体代码如下：

```
void window2()
{
    Set_ramaddr(0, 0);
    send_command(0x22);
    ground();
    DrawString(74, 20, "图像显示", YELLOW, YELLOW, TRANSP);
    DrawString(0, 40, "------------------------------", BLUE, YELLOW,
TRANSP);
    DrawString(0, 48, ">>>>>>>>>>>>>>>><<<<<<<<<<<<<<<", BLUE, YELLOW,
TRANSP);
    DispSmallPic(38, 64, 160, 120, pic6);
    DrawString(20, 210, "作者    :    高某某", BLUE, YELLOW, TRANSP);
    DrawString(20, 232, "指导老师:    陈某某", BLUE, YELLOW, TRANSP);
    DrawString(0, 248, ">>>>>>>>>>>>>>>><<<<<<<<<<<<<<<", BLUE, YELLOW,
TRANSP);
    DrawString(0, 256, "------------------------------", BLUE, YELLOW,
TRANSP);
    DrawString(74, 283, "★", BLUE, YELLOW, TRANSP);
    DispSmallPic(92, 280, 61, 24, pic5);
}
```

13.4.4　界面切换程序

界面切换程序完成以下功能：主界面分别与子界面 1 和子界面 2 相互切换，在子界面 1 时，只允许子界面 1 的显示和控制；在子界面 2 时，只允许子界面 2 的显示和控制；子界面 1、子界面 2 和主界面互不干扰。程序代码如下：

```
void display() //主界面和子界面的切换
{
    switch(window)
    {
        case 0:
//子界面 1 坐标值范围，主界面判断是否进入子界面 1
            if((T_x>2200&&T_x<3200)&&(T_y<2600&&(T_y>2100)))     {
//"子界面 1"文字颜色变黄，背景变黑
```

```
                DrawString(38,  166,  "子界面1",  YELLOW, BLACK, 0);
                DelayNS(10);          //延时函数
                DispClear();          //清屏
                window1();            //子界面1函数
                window=1;             //子界面1的编号
            }
    //子界面2坐标值范围，主界面判断是否进入子界面2
            if((T_x>400&&T_x<1400)&&(T_y<2600&&(T_y>2100)))
            {
                DrawString(156,  166,  "子界面2",  YELLOW, BLACK, 0);
                DelayNS(10);
                DispClear();
                window2();
                window=2;
            }
            break;
        case 1: //主界面的坐标值范围，子界面1判断返回主界面
            if((T_x>1500&&T_x<2400)&&(T_y<600&&(T_y>400)))
            {
                DrawString(74,  283, "★",  BLUE, BLACK, 0);
                DelayNS(10);
                mainnwindow();    //主界面函数
                window=0;
            }
            else
            {window=1;window1_control();}
            break;
        case 2 : //主界面的坐标值范围，子界面2判断返回主界面
            if((T_x>1500&&T_x<2400)&&(T_y<600&&(T_y>400)))
            {
                DrawString(74,  283, "★",  BLUE, BLACK, 0);
                DelayNS(10);
                DispClear();
                mainwindow();
                window=0;
            }
            else
            {window=2;}
            break;
    default:window=0;break;
    }
}
```

13.4.5 串口通信程序

串口中断函数 void serial () interrupt 4 using 3 采用中断源入口 4，选择寄存器组 3，其中 RI 为接收标志位，SBUF 为接收发送缓存器。中断接收函数将接收的数据依次放入数组 inbuf1[]中，若接收为 1 时，则标志位 flag 置位；若不是，则标志位 flag 清零。数据发送部分主要有两个函数，一个是 void TxData (uchar x)，其功能是向串口发送一个字符；另一个

是 void send_string_com(unsigned char *str，unsigned int strlen1)，其功能是向串口发送一个字符串，strlen 为该字符串长度。串口通信程序用于触摸遥控器单击“发送数据”后向串口助手发送学号，同样可以通过串口接收来自串口助手发送出来的字母并显示。具体程序代码如下：

```
void init_serialcomm(void)
{
    TMOD = 0x20;            //TMOD: 定时器 1， 方式 2， 8-bit 数据
    TH1 = 0xFd;             // 波特率 9600，晶振 11.0592MHz
    TL1=0xFd;               //波特率设置 9600;
    SM0=0;
    SM1=1;
    TR1 = 1;                // 启动定时器 1
    REN=1;
    EA=1;
    ES=1;
}
/**********************************************************/
/*向串口发送一个字符                                     */
/**********************************************************/
void TxData (uchar x)
{
    SBUF=x;
    while(TI==0);
    TI=0;
}
/**********************************************************/
/*向串口发送一个字符串，strlen 为该字符串长度            */
/**********************************************************/
void send_string_com(unsigned char *str，unsigned int strlen1)
{   unsigned int k=0;
    do
    { TxData(*(str + k)); //发送 1 个 byte 数据
    k++;
    } while(k < strlen1);
}
/**********************************************************/
/*串口中断程序                                           */
/**********************************************************/
void serial () interrupt 4 using 3
{
    if(RI)
    {
        RI=0;
        inbuf1[count3]=SBUF;     //将接收到的数据放入 inbuf1 数组中
        count3=count3+1;
        if(count3==1)            //接收到 1byte 数据，将标识符 flag 置 1，清零
        {
        flag=1;count3=0;
        }
```

```
    }
}
```

13.4.6 系统软件程序

```
 c51 源程序
#include <reg52.h>
#include<stdio.h>
#include<define.h>
#include<asc_zimo.h>
#include<Hz_zimo.h>
#include<ssd1289.c>
#include<touch.c>
#include<pic1.c>
#include<pic2.c>
#include<pic6.c>
#include<pic5.c>
#define INBUF_LEN 1      //数据长度
unsigned char start;    //定义各种临时变量
unsigned char inbuf1[1];
unsigned char flag, count3=0;
unsigned char count, start;
uint T_x = 3;
uint T_y = 4;
uchar R_data=0;
uchar G_data=0;
uchar B_data=0;
uint tempx, tempy;
uchar window=0;
uchar charzimu;
void ground();

void init_serialcomm(void)
{
    TMOD = 0x20;          //TMOD: 定时器 1， 方式 2， 8-bit 数据
    TH1 = 0xFd;           // 波特率 9600，晶振 11.0592MHz
    TL1=0xFd;             //波特率设置 9600;
    SM0=0;
    SM1=1;
    TR1 = 1;              // 启动定时器 1
    REN=1;
    EA=1;
    ES=1;
}
/************************************************************/
/*向串口发送一个字符                                        */
/************************************************************/
void TxData (uchar x)
{
```

```
        SBUF=x;
        while(TI==0);
        TI=0;
    }
    /*********************************************************/
    /*向串口发送一个字符串，strlen为该字符串长度              */
    /*********************************************************/
    void send_string_com(unsigned char *str, unsigned int strlen1)
    {   unsigned int k=0;
        do
        { TxData(*(str + k));          //发送1个byte数据
        k++;
        } while(k < strlen1);
    }
    /*********************************************************/
    /*串口中断程序                                           */
    /*********************************************************/
    void serial () interrupt 4 using 3
    {
        if(RI)
        {
            RI=0;
            inbuf1[count3]=SBUF;       //将接收到的数据放入inbuf1数组中
            count3=count3+1;
            if(count3==1)              //接收到1byte数据，将标识符flag置1，清零
            {
            flag=1;count3=0;
            }
        }
    }
    void mainwindow()
    {
    DispClear();                    //清屏
        Set_ramaddr(0, 0);          //开始地址
        send_command(0x22);         //初始化显示位置
        ground();                   //渐变蓝色条纹显示函数
        DrawString(96, 20, "主界面", YELLOW, YELLOW, TRANSP); //96行26列文字
显示“主界面”
        DrawString(5, 280, "X:", RED, YELLOW, TRANSP);          //显示横坐标值
        DrawString(5, 300, "Y:", RED, YELLOW, TRANSP);          //显示纵坐标值
        DispSmallPic(38, 106, 60, 48, pic1);                    //38行106列显
示像素60*48的图片1(pic1)
        DrawString(38, 166, "子界面1", BLUE, YELLOW, TRANSP);
        DispSmallPic(156, 106, 60, 48, pic2);                   //156行106列显
示像素60*48的图片2(pic2)
        DrawString(156, 166, "子界面2", BLUE, YELLOW, TRANSP);
        Set_ramaddr(0, 280);        //开始显示的地址
        send_command(0x22);
        ground();                   //蓝色条纹显示
    }
    void window1()
```

```
    {
        Set_ramaddr(0, 0);        //开始显示的地址
        send_command(0x22);
        ground();//蓝色条纹显示
        DrawString(68, 20, "查询个人信息", YELLOW, YELLOW, TRANSP);//行，列，显示内容，颜色，背景
        DrawString(20, 50,"姓名:", BLUE, YELLOW, TRANSP);
        DrawString(20, 75,"性别:", BLUE, YELLOW, TRANSP);
        DrawString(20, 100, "出生年月:", BLUE, YELLOW, TRANSP);
        DrawString(20, 125,"学院:", BLUE, YELLOW, TRANSP);
        DrawString(20, 150, "专业:", BLUE, YELLOW, TRANSP);
        DrawString(20, 175,"班级:", BLUE, YELLOW, TRANSP);
        DrawString(20, 200, "学号:", BLUE, YELLOW, TRANSP);
        DrawString(20, 225,"发送学号", BLUE, YELLOW, TRANSP);
        DrawString(140, 225,"接收字母", BLUE, YELLOW, TRANSP);
        DrawString(0, 256, ">>>>>>>>>>>>>>><<<<<<<<<<<<<<<", BLUE, YELLOW, TRANSP);
        DrawString(0, 264, "------------------------------", BLUE, YELLOW, TRANSP);
        DrawString(74, 283,"★", BLUE, YELLOW, TRANSP);
        DispSmallPic(92, 280, 61, 24, pic5);//92行280列显示像素61*24的图片5
    }
    void window1_control()
    {
        if((T_x>1500&&T_x<2900)&&(T_y<3700&&(T_y>3300)))  //查询个人信息的坐标值范围
        {
            DrawString(68, 20, "查询个人信息", YELLOW, BLACK, 0);
            DrawString(60, 50,"高学江", GREEN, YELLOW, TRANSP);
            DrawString(60, 75,"男", GREEN, YELLOW, TRANSP);
            DrawString(92, 100, "1991年8月", GREEN, YELLOW, TRANSP);
            DrawString(60, 125,"信息科技学院", GREEN, YELLOW, TRANSP);
            DrawString(60, 150, "通信工程", GREEN, YELLOW, TRANSP);
            DrawString(60, 175,"101班", GREEN, YELLOW, TRANSP);
            DrawString(60, 200, "201005016114", GREEN, YELLOW, TRANSP);

        }
        if((T_x>2600&&T_x<3600)&&(T_y<1300&&(T_y>1100)))  //发送数据的坐标值范围
        {
            send_string_com("201005016114", 12);//串口发送数据
            DrawString(20, 225,"发送学号", GREEN, BLACK, 0);
        }
    }
    void window1_control()
    {
        if((T_x>1500&&T_x<2900)&&(T_y<3700&&(T_y>3300)))  //查询个人信息的坐标值范围
        {
            DrawString(68, 20, "查询个人信息", YELLOW, BLACK, 0);
            DrawString(60, 50,"高某某", GREEN, YELLOW, TRANSP);
            DrawString(60, 75,"男", GREEN, YELLOW, TRANSP);
```

```
        DrawString(92, 100,  "1991年8月",  GREEN, YELLOW, TRANSP);
        DrawString(60,  125, "信息科技学院",  GREEN, YELLOW, TRANSP);
        DrawString(60, 150,  "通信工程",  GREEN, YELLOW, TRANSP);
        DrawString(60,  175, "101班",  GREEN, YELLOW, TRANSP);
        DrawString(60, 200,  "20100000000",  GREEN, YELLOW, TRANSP);

      }
      if((T_x>2600&&T_x<3600)&&(T_y<1300&&(T_y>1100)))  //发送数据的坐标值范围
      {
        send_string_com("201005016114", 12);
        DrawString(20,  225, "发送学号",  GREEN, BLACK, 0);
      }
    }

    void window2()
    {
      Set_ramaddr(0, 0);
      send_command(0x22);
      ground();
      DrawString(74,  20,  "图像显示",  YELLOW, YELLOW, TRANSP);
      DrawString(0,   40,  "-------------------------------",  BLUE, YELLOW,
TRANSP);
      DrawString(0,   48,  ">>>>>>>>>>>>>>><<<<<<<<<<<<<<<<",  BLUE, YELLOW,
TRANSP);
      DispSmallPic(38,  64,  160,  120,  pic6);
      DrawString(20, 210,  "作者    :     高某某",  BLUE, YELLOW, TRANSP);
      DrawString(20, 232,  "指导老师:     陈某某",  BLUE, YELLOW, TRANSP);
      DrawString(0,   248,  ">>>>>>>>>>>>>>><<<<<<<<<<<<<<<<",  BLUE, YELLOW,
TRANSP);
      DrawString(0,   256,  "-------------------------------",  BLUE, YELLOW,
TRANSP);
      DrawString(74,  283, "★",  BLUE, YELLOW, TRANSP);
      DispSmallPic(92,  280,  61,  24,  pic5);
    }

    void display() //主界面和子界面的切换
    {
      switch(window)
      {
        case 0:
          if((T_x>2200&&T_x<3200)&&(T_y<2600&&(T_y>2100)))  //子界面1坐
标值范围
          {
    //子界面1坐标值范围，主界面判断是否进入子界面1
            DrawString(38,  166,  "子界面1",  YELLOW, BLACK, 0);
            DelayNS(10);    //延时函数
            DispClear();    //清屏
            window1();      //子界面1函数
            window=1;       //子界面1的编号
          }
```

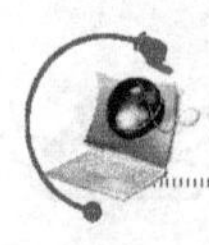


```
//子界面 2 坐标值范围，主界面判断是否进入子界面 2
          if((T_x>400&&T_x<1400)&&(T_y<2600&&(T_y>2100)))
          {
              DrawString(156, 166, "子界面 2", YELLOW, BLACK, 0);
              DelayNS(10);
              DispClear();
              window2();
              window=2;
          }
          break;
      case 1: //主界面的坐标值范围，子界面 1 判断返回主界面
          if((T_x>1500&&T_x<2400)&&(T_y<600&&(T_y>400)))
          {
              DrawString(74, 283, "★", BLUE, BLACK, 0);
              DelayNS(10);
              mainnwindow();    //主界面函数
              window=0;
          }
          else
          {window=1;window1_control();}
          break;
      case 2 : //主界面的坐标值范围，子界面 2 判断返回主界面
          if((T_x>1500&&T_x<2400)&&(T_y<600&&(T_y>400)))
          {
              DrawString(74, 283, "★", BLUE, BLACK, 0);
              DelayNS(10);
              DispClear();
              mainwindow();
              window=0;
          }
          else
          {window=2;}
          break;
    default:window=0;break;
    }
}
void ground() //显示渐变的蓝色条纹
{   uint i, j, k=0;
    R_data=0;G_data=0;B_data=0;
    for(j=0;j<20;j++)//蓝色渐强条
    {
       for(i=0;i<240;i++)
           {B_data=i/8;send_data(R_data<<11|G_data<<5|B_data);}
    }
    B_data=0;
    R_data=0x1f;G_data=0x3f;B_data=0x1f;
    for(j=0;j<20;j++)
    {
       for(i=0;i<240;i++)
           {
```

```
            G_data=0x3f-(i/4);
            R_data=0x1f-(i/8);
            send_data(R_data<<11|G_data<<5|B_data);}
        }
    }
    //主函数
    void main()
    {
        uint i, j, k=0;
        res=0;                    //低电平复位
        DelayNS(10);
        res=1;
        i=rece_data();
        DelayNS(10);              //等待电源恢复正常
        init_serialcomm();        //串口初始化
        ssd1289_init();           //显示初始化
        touch_Init();             //触摸初始化
        mainwindow();             //进入主界面
        while(1)
        {
            if (touch_INT==0)
            {
                touch_GetAdXY(&T_x, &T_y);     //获得触摸的 x 和 y 坐标
                 DispNum(21, 280, T_x);        //显示 x 坐标
                DispNum(21, 300, T_y);         //显示 y 坐标
                 display();                    //主界面和子界面的切换
                 DelayNS(10);
            }
            if(flag==1)
            {
                 charzimu=inbuf1[0];           //通过串口接收到数据
                 if(window==1)
                 {
                      DispNum3(206, 225, charzimu); //如果在主界面，则显示
                 }
                 flag=0;
            }
        }
    }
```

13.5　扩展要求

本设计给出了一个多功能的信息处理终端，可用于显示、控制和通信。读者可以对该设计进行功能扩展。例如：通过增加传感器接口，实时显示传感器采集的数据；加入无线通信接口，实现无线遥控设备等。

第 14 章　Zigbee 无线通信系统设计

14.1　功能要求

Zigbee 无线通信系统是为传输数据和控制设备而设计的，可应用于无线传感网系统、电器控制、环境数据传输上报等。实现无线通信的方法有很多种，本章节利用 51 系列单片机作为微处理器设计一个基于 Zigbee 的无线通信系统，能有效传输指令数据。本章采用 Zigbee 无线射频模块，实现节点与节点之间的数据通信。

系统完成的主要功能如下。

（1）设置一个中心节点和多个终端节点，建立一个星型网的无线通信网络。

（2）当中心节点的按键按下后，终端节点对应的 LED 灯亮；同样，当终端节点的按键按下后，中心节点对应的 LED 灯亮。

（3）通过修改地址，指定节点之间的通信。

14.2　主要器件介绍

1. STC12LE4052AD 单片机简介

本系统的控制芯片采用 STC12LE4052AD 单片机，该芯片具有 256 字节的 RAM 数据存储器，4KB 字节的 Flash 程序存储器，操作简单，成本低，可通过串口直接擦写程序等优点。STC12LE4052AD 单片机的内部配置如下。

（1）增强型 1T（机器周期）流水线/精简指令集结构 8051 CPU。

（2）工作电压：5.5V～3.4V（5V 单片机）/3.8V～2.4V（3V 单片机）。

（3）工作频率范围：0～35 MHz，相当于普通 8051 的 0～420MHz。实际工作频率可达 48MHz。

（4）用户应用程序空间 512 / 1KB/ 2KB/ 3KB/ 4KB/ 5KB。

（5）片上集成 256 字节 RAM。

（6）通用 I/O 口（15 个），复位后为准双向口/ 弱上拉（普通 8051 传统 I/O 口）。

可设置成四种模式：准双向口/ 弱上拉，推挽/ 强上拉，仅为输入/ 高阻，开漏。

每个 I/O 口驱动能力均可达到 20mA，但整个芯片最大不得超过 55mA。

（7）ISP（在系统可编程）/IAP（在应用可编程），无需专用编程器；可通过串口（P3.0/P3.1）直接下载用户程序，2～3s 即可完成一片。

（8）EEPROM 功能。

（9）看门狗。

（10）内部集成 MAX810 专用复位电路。

（11）时钟源：高精度外部晶体/ 时钟，内部 R/C 振荡器；用户在下载用户程序时，可

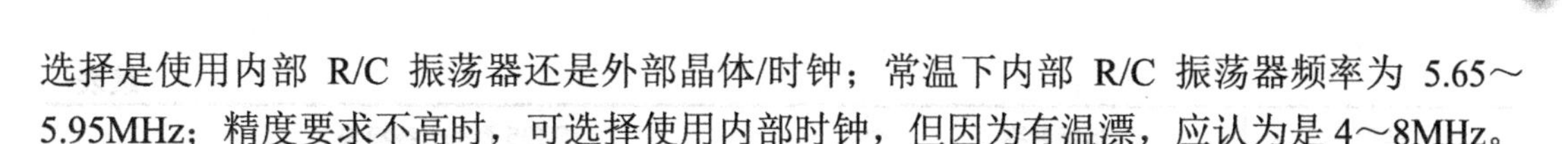

选择是使用内部 R/C 振荡器还是外部晶体/时钟；常温下内部 R/C 振荡器频率为 5.65～5.95MHz；精度要求不高时，可选择使用内部时钟，但因为有温漂，应认为是 4～8MHz。

（12）共两个 16 位定时器/计数器。

（13）外部中断 2 路,下降沿中断或低电平触发中断，Power Down 模式可由外部中断低电平触发中断方式唤醒。

（14）PWM（2 路）/PCA（可编程计数器阵列）；也可用来再实现两个定时器或两个外部中断（上升沿中断/下降沿中断均可支持）。

（15）ADC, 8 路 8 位精度。

（16）通用异步串行口（UART）。

（17）SPI 同步通信口，主模式/从模式。

（18）工作温度范围：0～75℃/-40～+85℃。

（19）封装：PDIP-20，SOP-20（宽体），TSSOP-20（超小封状，定货）。

2. 无线通信模块 SZ05 简介

SZ05 系列嵌入式无线通信模块，集成了符合 Zigbee 协议标准的射频收发器和微处理器，它具有通信距离远、抗干扰能力强、组网灵活、性能可靠稳定等优点和特性；可实现点对点、一点对多点、多点对多点之间的设备间数据的透明传输；可组成星形、树形和蜂窝形网状网络结构。

SZ05 系列无线通信模块数据接口包括：TTL 电平收发接口、标准串口 RS232 数据接口，可以实现数据的广播方式发送、按照目标地址发送模式，除可实现一般的点对点数据通信功能外，还可实现多点之间的数据通信，串口通信使用方法简单便利，可以大大减短模块的嵌入匹配时间进程。

SZ05 系列无线通信模块分为中心协调器、路由器和终端节点，这三类设备具备不同的网络功能，中心协调器是网络的中心节点负责网络的发起组织、网络维护和管理功能，路由器负责数据的路由中继转发，终端节点只进行本节点数据的发送和接收。中心协调器、路由器和终端节点这三种类型的设备在硬件结构上完全一致，只是设备嵌入软件不同，只需通过跳线设置或软件配置即可实现不同的设备功能。

SZ05 模块的技术指标见表 14.1。

表 14.1　SZ05 模块的技术指标

类别	指标名称	SZ05 系列无线模块
无线网络	传输距离	100 ～2000 m
	网络拓扑	星形、树形、链形、网状网
	寻址方式	IEEE802.15.4/ZIGBEE 标准地址
	网络 ID	255

续表

类别	指标名称	SZ05 系列无线模块
数据接口	最大数据包	256 KB
	数据接口	TTL 电平收发、标准 RS232 串口
	串口信号	TxD, RxD, GND
	串口速率	1200～38400 bps
	串口校验	None, Even, Odd
	数据位	7, 8
	校验位	1
收发器	调制方式	DSSS 直序扩频
	频率范围	2.405GHz～2.480GHz
	无线信道	16
	接收灵敏度	-94 dBm
	发射功率	-27dBm～25dBm
	天线连接	外置 SMA 天线或 PCB 天线
	防止冲突	CSMA-CA 和 GTS 的 CSMA-CA
功耗	输入电压	DC 5V
	最大发射电流	70 mA
	最大接收电流	55 mA
	待机电流	10 mA
	节电模式	110 μA
	睡眠模式	30 μA
工作环境	工作温度	-40～85℃
	储存温度	-55～125℃

14.3 硬件电路设计

根据系统要求的功能，硬件电路可分为键盘控制电路、LED 灯显示电路、无线通信模块电路、串口电路和单片机控制电路。键盘控制电路主要用于信号的输入，LED 灯显示电路主要用于数据收发的指示，无线通信模块电路主要用于提供无线传输数据接口，串口电路主要用于烧录程序和串口通信，单片机控制电路是整个系统的处理中心，系统原理图如图 14.1 所示。

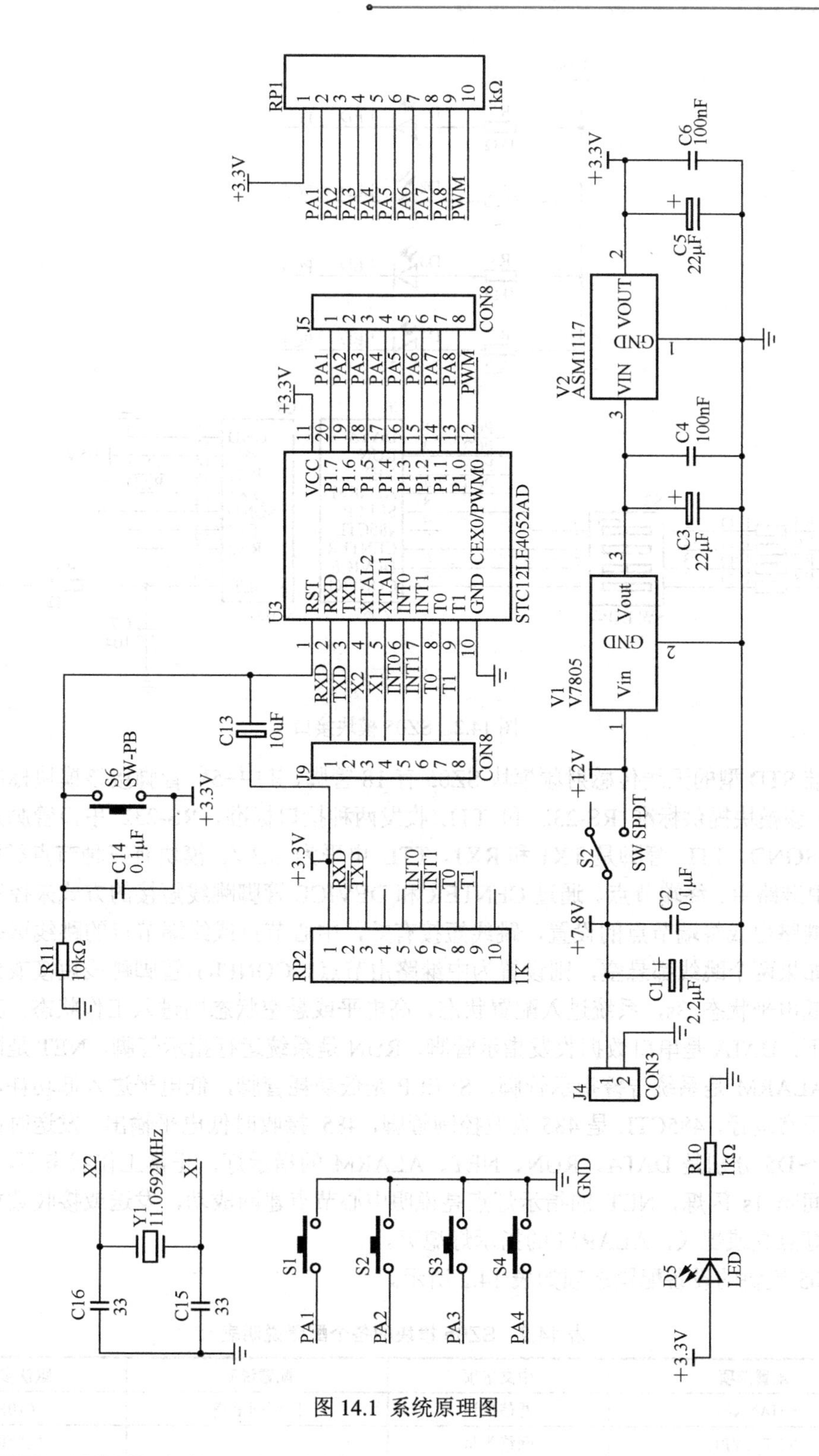

图 14.1 系统原理图

14.3.1 无线通信模块（SZ05 模块）

SZ05 模块接口图如图 14.2 所示。

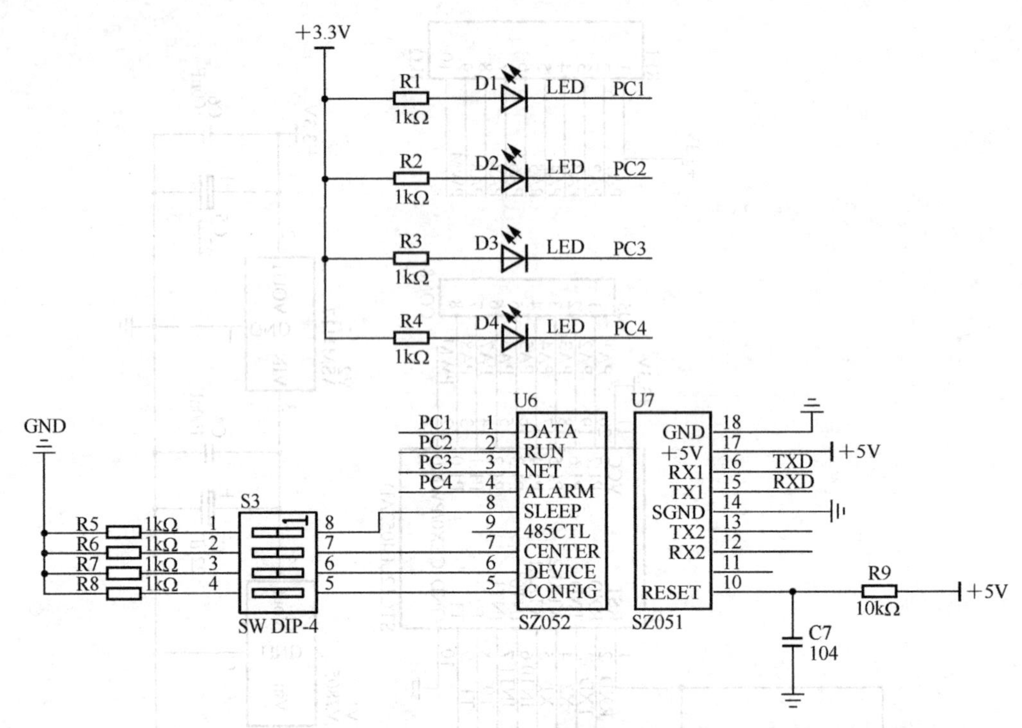

图 14.2　SZ05 模块接口

标准 STD 型的无线传感射频模块 SZ05 有 18 管脚，其中+5V 管脚接该模块标准工作电压+5V。该模块提供标准 RS-232 和 TTL 收发两种接口标准，RS-232 串口管脚是 TX2、RX2 和 SGND，TTL 管脚是 TX1 和 RX1，TTL 电平为 3.3V。模块有三种节点类型：中心节点、中继路由、终端节点。通过 CENTER 和 DEVICE 管脚跳线短接的方式来控制中心节点、中继路由或终端节点的设置，跳线短接有效，中心节点或终端节点的跳线选择只能选其一，如果两个跳线都悬空，则设置为中继路由节点。CONFIG 管脚跳线短接或外部控制线进入低电平状态 3s，系统进入配置状态，高电平或悬空状态则进入工作状态。其他管脚说明如下：DATA 是串口数据收发指示管脚，RUN 是系统运行指示管脚，NET 是网络指示管脚，ALARM 是系统告警指示管脚，SLEEP 是低功耗管脚，低电平进入低功耗，高电平或悬空正常运行，485CTL 是 485 收发控制管脚，485 接收时低电平输出，发送时高电平输出。D2～D5 分别是 DATA、RUN、NET、ALARM 的指示灯，正常工作状态下，RUN 的指示灯间隔 1s 闪烁，NET 的指示灯点亮说明中心节点建网成功，发送或接收数据 DATA 的指示灯点亮或熄灭，ALARM 的指示灯熄灭。

SZ05 模块的设备配置选项如表 14.2 所示。

表 14.2　SZ05 模块的各个配置说明表

配置选项	中文选项	配置说明	默认参数
CHANNEL	通信信道	同网同信道	0x0F
NET_TYPE	网络类型		网状网
NODE_TYPE	设备类型		中继路由
NET_ID	网络 ID	同网同号	0xFF
TX_TYPE	发送模式		广播

续表

配置选项	中文选项	配置说明	默认参数
MAC_ADDR	设备地址	不同设备不同地址	——
DATA_TYPE	数据类型		HEX
DATA_BIT	数据位		8
BAUD_RATE	波特率		9600
PARITY	数据校验		无
TIME_OUT	串口超时		0x05ms
SRC_ADDR	数据源地址		不输出

通过跳线短接的方式来控制中心接点、中继路由或终端节点的设置，进入 CONFIG 配置模式，跳线短接有效；中心节点或终端节点的跳线选择只能选其一，若两个都悬空，则为中继路由节点；若 CONFIG 跳线短接进入配置状态，则悬空进入工作状态。

（1）打开计算机的串口助手，串口的设置为波特率 38400、数据位 8、校验 NONE、停止位 1、流控无。

（2）设备上电。

（3）CONFIG 跳线短接或外部控制线进入低电平。

（4）按照提示进入设备配置模式如图 14.3 所示。

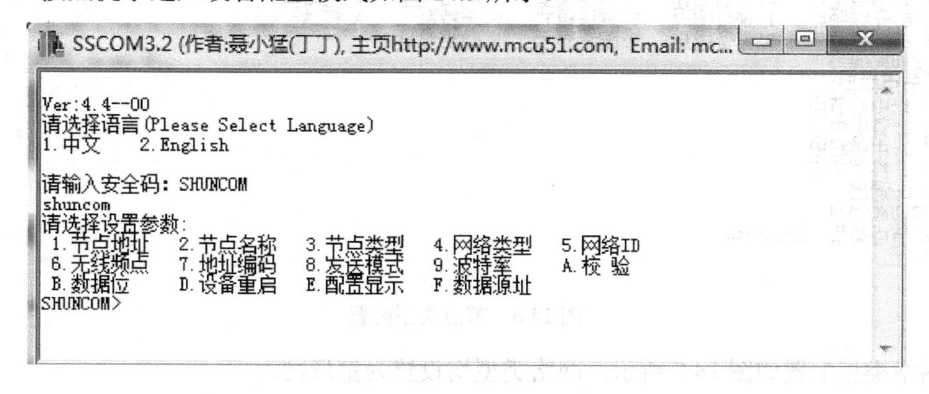

图 14.3　SZ05 配置界面

（5）选择节点地址并对其进行设置，本课题设置一个中心节点和终端节点，中心节点的地址默认为 0000，如图 14.4 所示，为终端节点的地址 0001。

注意：若节点类型为终端节点，不能通过节点地址的配置将地址设置为 0000，这种情况会产生一个随机的地址，节点类型仍为终端节点，也就是说，要先配置节点类型才能配置节点地址。

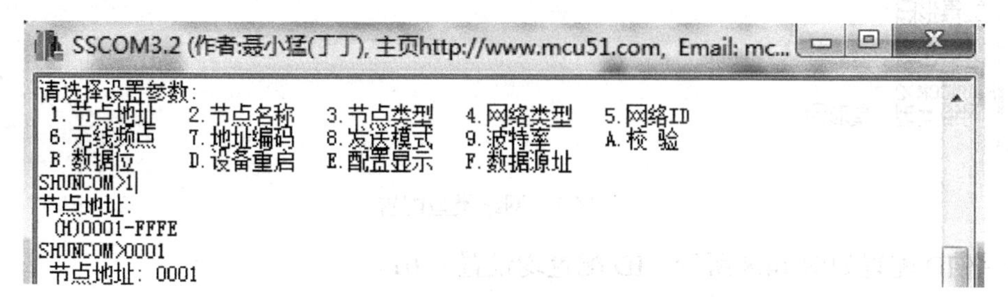

图 14.4　节点地址配置

节点名称设置如图 14.5 所示，终端节点名称设置为 node1，同样，将中心节点的名称设置为 node0。

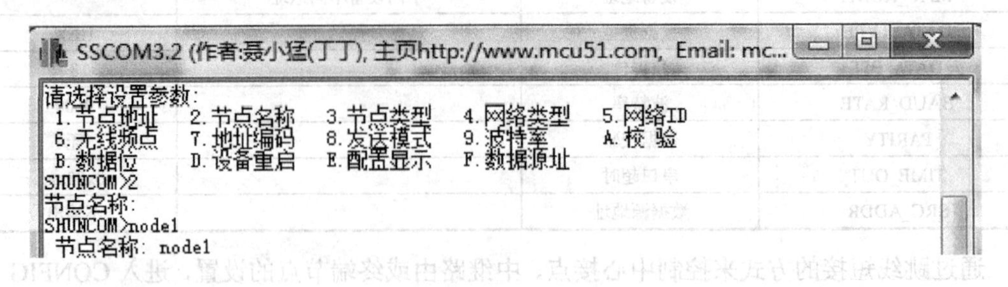

图 14.5 节点名称配置

节点类型配置如图 14.6 所示，一个节点设置为终端节点，另一个节点设置为中心节点。配置完该选项后，可以查看配置，可以发现，设置为中心节点，节点地址会自动设置成 0000。

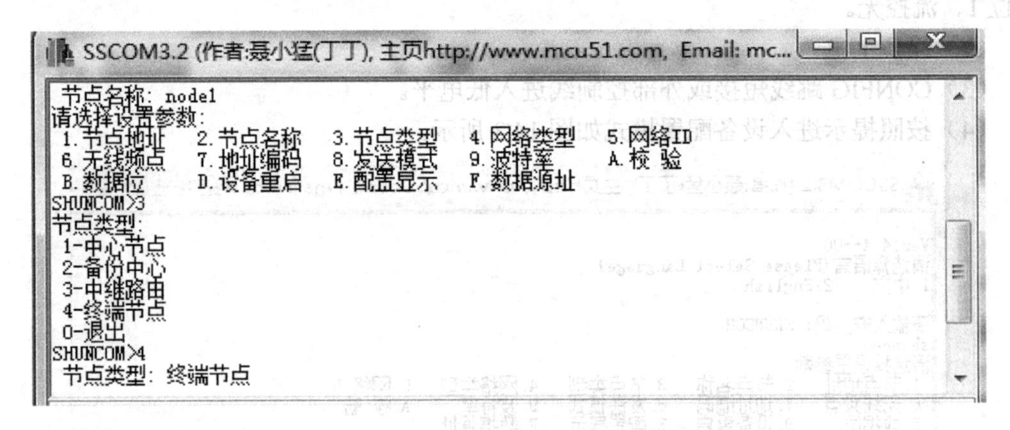

图 14.6 节点类型配置

网络类型配置如图 14.7 所示，网络类型均设置为星形网。

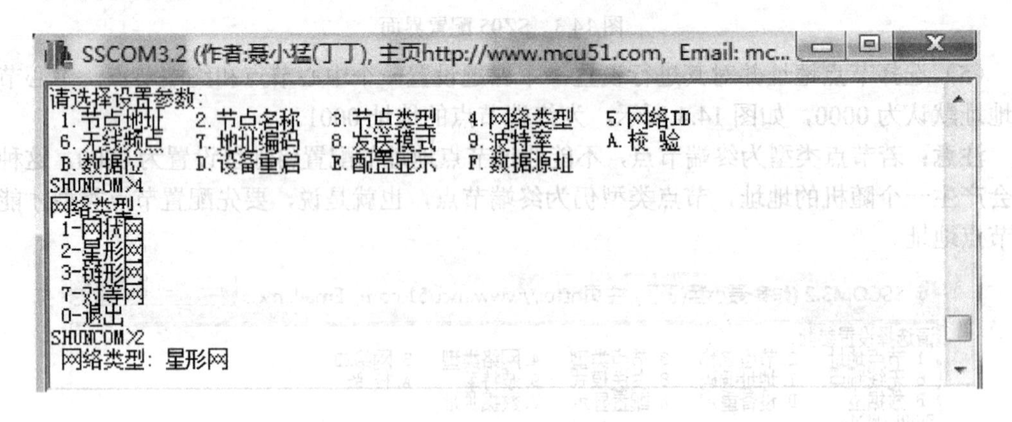

图 14.7 网络类型配置

网络 ID 配置如图 14.8 所示，ID 配置均设置为 01。

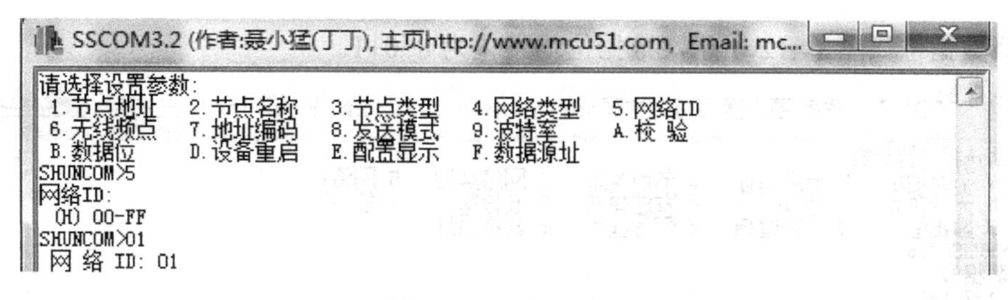

图 14.8　网络 ID 配置

发送模式配置如图 14.9 所示，发送模式均设置为广播。

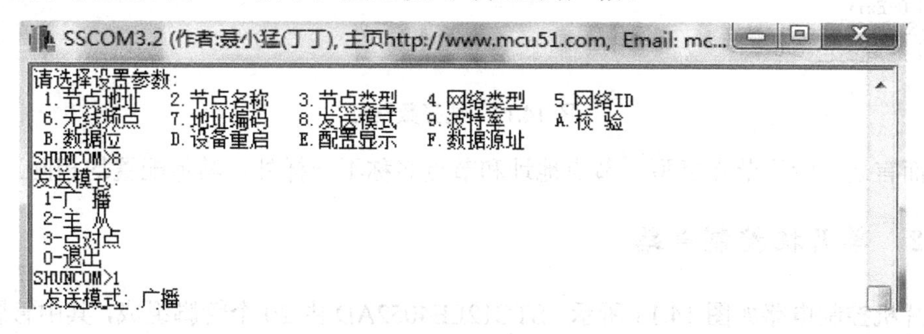

图 14.9　发送模式配置

波特率配置如图 14.10 所示，波特率均设置为 9600。

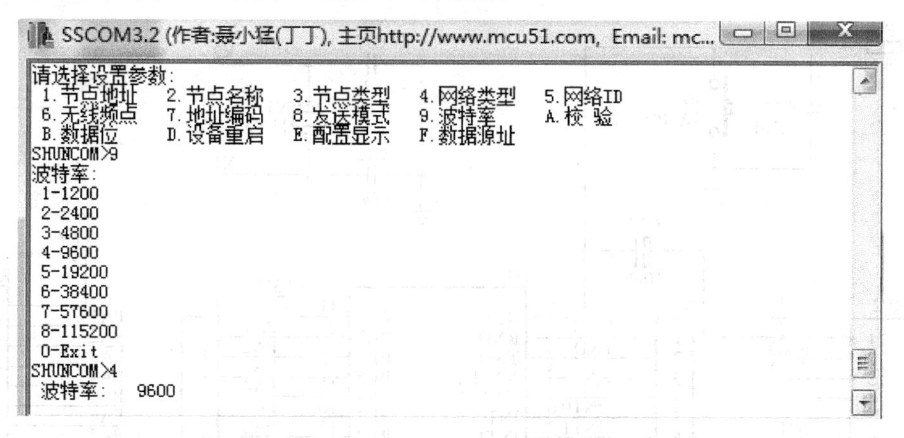

图 14.10　波特率配置

校验配置如图 14.11 所示，校验均设置为 None。

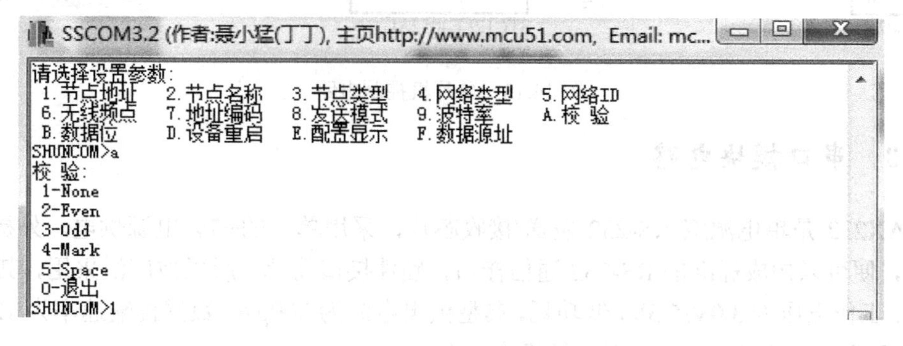

图 14.11　校验配置

选择数据位如图 14.12 所示，数据位均设置为 8+0+1。

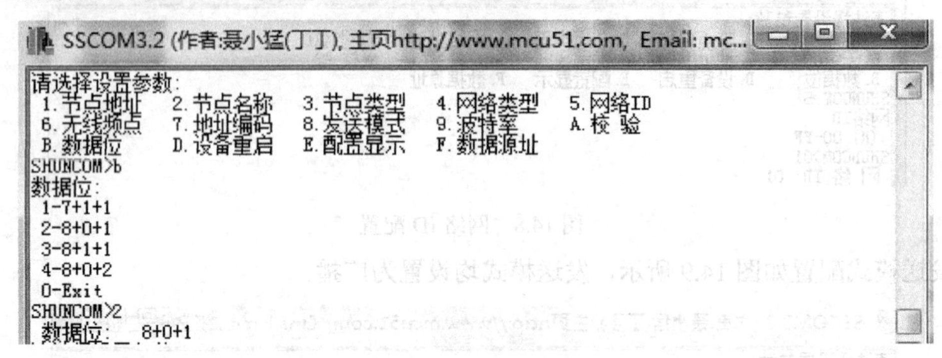

图 14.12　选择数据位

总而言之，除了节点类型、节点地址和节点名称不一样外，其他配置均相同。

14.3.2　单片机控制电路

单片机控制电路如图 14.13 所示，STC12LE4052AD 由 20 个管脚组成，其中管脚 10 接地，管脚 11 连接 3.3V 电压，P1 端 I/O 管脚连接上拉电阻，管脚 XTAL1 和 XTAL2 外接电容、晶振，最后 Reset 管脚外接单片机的复位电路共同构成了单片机最小系统。

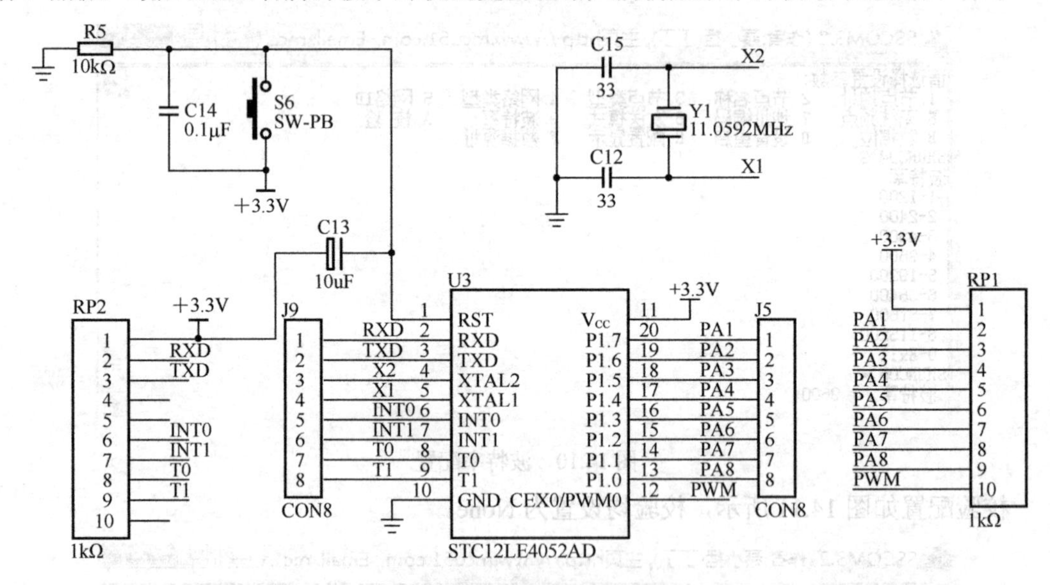

图 14.13　单片机控制电路

14.3.3　串口模块电路

MAX232 是单电源双 RS-232 发送/接收芯片，采用单一的+5V 电源供电，外接只需 4 个电容，便可以构成标准的 RS-232 通信接口，硬件接口简单，所以被广泛采用，其主要特性如下：工作电压为 3.0V/5.5V，低功耗，典型供电电流为 300μA、数据传输速率为 120kbps、管脚兼容工业标准 MAX232、保证转换率 6V/μs。

串口模块电路如图 14.14 所示，图中的 C1、C2、C3、C4 是电荷泵升压及电压反转部分电路，产生 V+、V-电源供 RS-232 电平转换使用，C5 是 V_{CC} 对地去耦电容，其值为 0.1μF，五个电容安装时必须尽量靠近 MAX232 芯片管脚，以提高抗干扰能力。

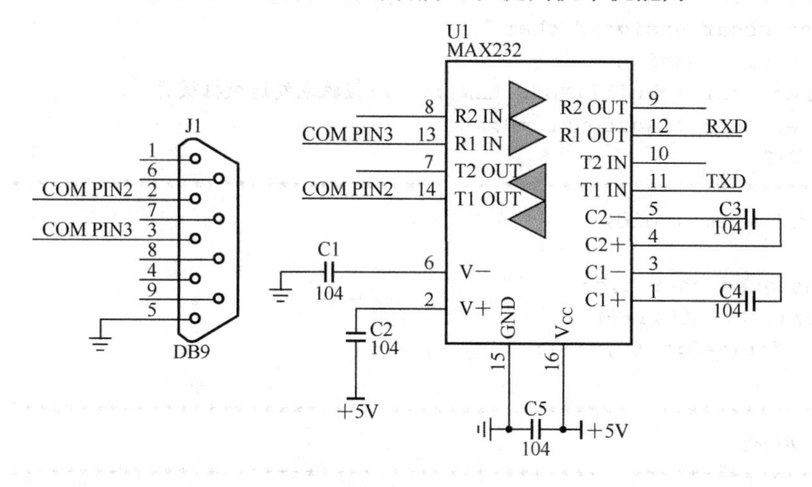

图 14.14　串口模块电路

14.4　系统程序设计

系统程序流程图如图 14.15 所示。单片机上电后进入初始化状态，等待按键扫描，若检测到按键信号，通过延时函数消抖确认按键是否按下，若按下，中心节点或终端节点通过串口发送数据经由 SZ05 无线模块传至终端节点，对应的终端节点或中心节点的 SZ05 无线模块接收数据，通过串口终端判断数据，flag 置 1，点亮相应的 LED 灯，执行完后 flag 置位清零，等待下一次接收中断。

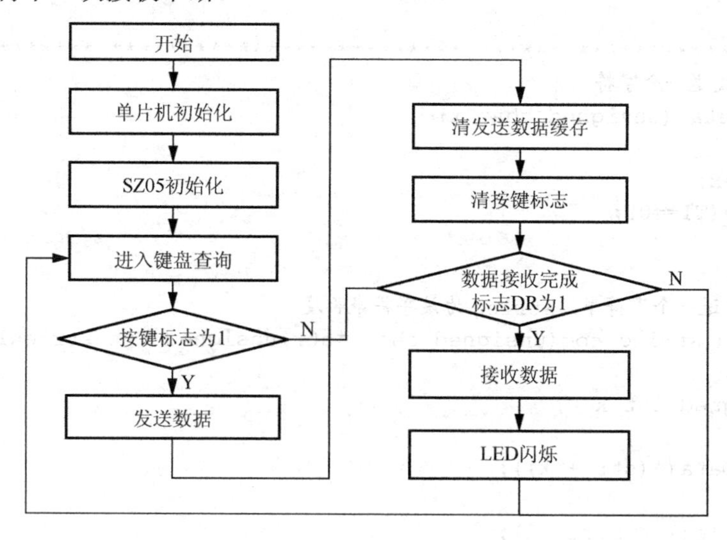

图 14.15　系统程序流程图

系统程序如下。

```
c51 源程序
#include <reg51.h>
#include <string.h>
#define INBUF_LEN 8                               //数据长度
#define uchar unsigned char
#define uint unsigned int
unsigned char inbuf1[INBUF_LEN];    //接收或发送数据缓存
unsigned char flag,count3=0;
//消抖延时
/**********************************************************************/
void delay20ms(void)
{
    unsigned char i,j;
    for(i=0;i<60;i++)
       for(j=0;j<60;j++);
}
/**********************************************************************
//串口初始化
**********************************************************************/
void init_serialcomm(void)
{
    TMOD = 0x20;                //定时器 0 工作在模式 1
    TH1 = 0xFd;                 //设置波特率 9600
    TL1=0xFd;
    SM0=0;
    SM1=1;
    TR1 = 1;                    //开启定时器 0
    REN=1;
    EA=1;
    ES=1;
}
/**********************************************************************/
 //向串口发送一个字符
void TxData (unsigned char x)
{
    SBUF=x;
    while(TI==0);
    TI=0;
}
//向串口发送一个字符串，strlen 为该字符串长度
void send_string_com(unsigned char *str,unsigned int strlen1)
{
    unsigned int k=0;
    do
    { TxData(*(str + k));
    k++;
    } while(k < strlen1);
}
void serial () interrupt 4 using 3       //串口中断程序
{
```

```
        if(RI)
        {
            RI=0;
            inbuf1[count3]=SBUF;  //将接收到的数据放入数组中
            count3=count3+1;

        if(inbuf1[count3-1]==0x38 && inbuf1[count3-2]==0x35&& inbuf1[count3-
3]==0x31)
            {  //如果接收到的是“158”，则将接收数组的序号 count3 为 3
               count3=3;
            }
            if(count3==8)  //如果已经接收到 8 个字节，将标志符 flag 置 1，count3 置 0
            {
            flag=1;count3=0;
            }
        }
    }
    void keyscan()                        //按键扫描
    {
        uchar temp;
        temp=P2;
        temp=temp&0xf0;
        if(temp!=0xf0)                    //第一次检测到按键被按下
            {
               delay20ms();
               temp=P2;
              temp=temp&0xf0;
               if(temp!=0xf0)             //去抖动
               {
                  switch(temp)            //根据按键，发送不同的数据
                  {
                     case 0xe0:
                        P2=0xfe;send_string_com("15800011",8);break;

                     case 0xd0:
                        P2=0xfd;send_string_com("15800021",8);break;
                    case 0xb0:
                       P2=0xfb;send_string_com("15800031",8);break;
                     case 0x70:
                        P2=0xf7;send_string_com("15800041",8);break;
               }
                  while(temp!=0xf0)   //释放按键
                  {
                     temp=P2;
                     temp=temp&0xf0;
                  }
               }
            }
    }
    void receive()  //对接收到的数据进行判断
```

```
{
    {
        if((inbuf1[0]==0x31)&&(inbuf1[1]==0x35))  //如果前面2为是“15”
        {
    if(((inbuf1[2]==0x38)&&(inbuf1[3]==0x30)&&(inbuf1[4]==0x30)&&(inbuf1
[5]==0x30)))
            {
             if((inbuf1[6]==0x31)&&(inbuf1[7]==0x31))  {P2=0xfe;} //若接收
命令
                                                    //“15800011”----LED  D5亮
    else if((inbuf1[6]==0x32)&&(inbuf1[7]==0x31))  {P2=0xfd;} //若接收命令
                                     //“15800021”----LED  D6亮
             else if((inbuf1[6]==0x33)&&(inbuf1[7]==0x31))  {P2=0xfb;} //
若接收命令
                                                    //“15800031”----LED  D7亮
             else if((inbuf1[6]==0x34)&&(inbuf1[7]==0x31))  {P2=0xf7;} //
若接收命令
                                                    //“15800041”----LED  D8亮
            }
        }
    }
}
void main()
{
    init_serialcomm();                                  //初始化串口
    while(1)
    {
        keyscan();  //按键扫描
        if(flag==1)
        {
            receive();                                  //接收判断
            flag=0;
        }
    }
}
```

14.5 扩展要求

本设计给出一个简单的基于Zigbee技术的无线通信系统。读者可以对该设计进行功能扩展。例如：通过无线射频模块传输动态数据；结合触摸遥控器组合成信息处理终端节点，实现无线遥控小车、电子锁、LED灯等设备的控制。

第二部分
单片机基础实验

实验 1　输入/输出端口的基本应用

1.1　实验目的

（1）初步了解单片机 I/O 口输出高低电平的方法和延时函数的时间估算。

（2）掌握流水灯的设计方法。

（3）掌握查表法的一般使用。

（4）掌握单片机 C 语言数组的使用。

1.2　实验电路

实验电路如图 1.1 所示，图中 V_{CC} 电压为+5V。

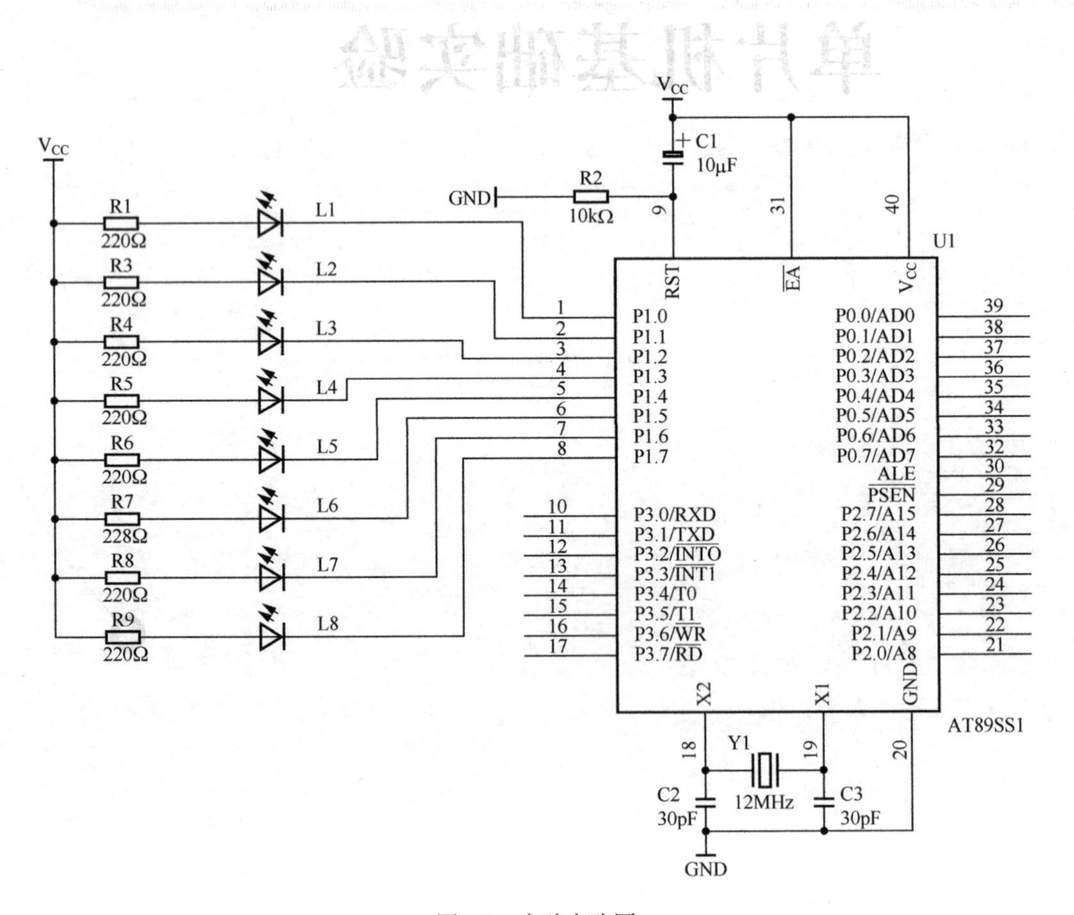

图 1.1　实验电路图

1.3　实验内容

流水灯的设计（利用查表方式）

1.3.1　设计要求

利用查表的方法，使 P1 端口做单一灯的变化：左移 2 次，右移 2 次，闪烁 2 次（延时的时间为 0.2s），见表 1.1。

表 1.1　流水灯变化示意表

P1.7	P1.6	P1.5	P1.4	P1.3	P1.2	P1.1	P1.0	说　明
L8	L7	L6	L5	L4	L3	L2	L1	
1	1	1	1	1	1	1	0	L1 亮
1	1	1	1	1	1	0	1	L2 亮
1	1	1	1	1	0	1	1	L3 亮
1	1	1	1	0	1	1	1	L4 亮
1	1	1	0	1	1	1	1	L5 亮
1	1	0	1	1	1	1	1	L6 亮
1	0	1	1	1	1	1	1	L7 亮
0	1	1	1	1	1	1	1	L8 亮

1.3.2　延时程序的设计方法

作为单片机指令执行的时间是很短，数量大多在微秒级，因此，我们要求的闪烁时间间隔为 0.2s，相对于微秒来说，相差太大，所以我们在执行某一指令时，插入延时程序，来达到我们的要求。

1.3.3　输出口的控制

电路如图 2.1 所示，当 P1.0 端口输出高电平，即 P1.0＝1 时，根据发光二极管的单向导电性可知，这时发光二极管 L1 熄灭；当 P1.0 端口输出低电平，即 P1.0＝0 时，发光二极管 L1 亮。

1.4　C 语言参考源程序

```
#include <AT89X51.H>
/*************************************************************
```

上面这行是一个“文件包含”处理。所谓“文件包含”是指一个文件将另外一个文件的内容全部包含进来。这里的程序虽然只写了一行，但 C 编译器在处理的时候却要处理几十或几百行，这里包含 reg51.h 的目的在于本程序要使用 P1 这个符号，而 P1 是在 reg51.h 这个头文件中定义的。大家可以在编译器目录下面用记事本打开这个文件看看。

```
************************************************************/
unsigned char code table[]={0xfe,0xfd,0xfb,0xf7,
                            0xef,0xdf,0xbf,0x7f,
                            0xfe,0xfd,0xfb,0xf7,
                            0xef,0xdf,0xbf,0x7f,
                            0x7f,0xbf,0xdf,0xef,
                            0xf7,0xfb,0xfd,0xfe,
                            0x7f,0xbf,0xdf,0xef,
                            0xf7,0xfb,0xfd,0xfe,
                            0x00,0xff,0x00,0xff,
                            0x01};  //列出流水灯的变化规律
unsigned char i;                    //定义无符号字符变量 i，用于记录数组元素的位置
void delay(void)                    //延时函数
{
  unsigned char m,n,s;              //定义 3 个无符号字符型变量
  for(m=20;m>0;m--)                 //三个 FOR 循环用来延时
  for(n=20;n>0;n--)
  for(s=248;s>0;s--);
}
void main(void)                     //主函数，每一个 C 语言程序有且只有一个主函数
{
  while(1)                          //循环条件永远为真，以下程序一直执行下去
   {
     if(table[i]!=0x01)             //若不是最后一个数组元素，则执行以下复合语句
      {
        P1=table[i];                //将第 i 个数组元素值赋给 P1 端口
        i++;                        // i 加 1
        delay();                    //延时
      }
      else                          //否则，说明数组元素已取到最后
       {
         i=0;                       //变量 i 清 0
       }
   }
}
```

1.5 思考题

（1）根据实验内容画出相应的流程图。

（2）设计一流水灯，写出设计思路，画出流程图，并编写相应程序。

实验 2　中断系统的应用

2.1　实验目的

（1）掌握 LED 数码管的显示技术及编程方法。
（2）掌握 LED 数码管的动态显示编程方法。
（3）掌握 MCS51 定时器及中断的使用方法。

2.2　实验内容

2.2.1　实验电路 1

利用 AT89S51 单片机的 P1 端口的 P1.0～P1.7 连接到一个共阳数码管的 a～h 的端口上，数码管的公共端接电源。在外中断 2（P3.3）端接一个按键开关，试以中断的方式编程实现以 P1 端口 8 个发光二极管的亮或暗显示按键 K 按下的次数（设按键按下的次数小于 2^8）。

硬件电路如图 2.1 所示。

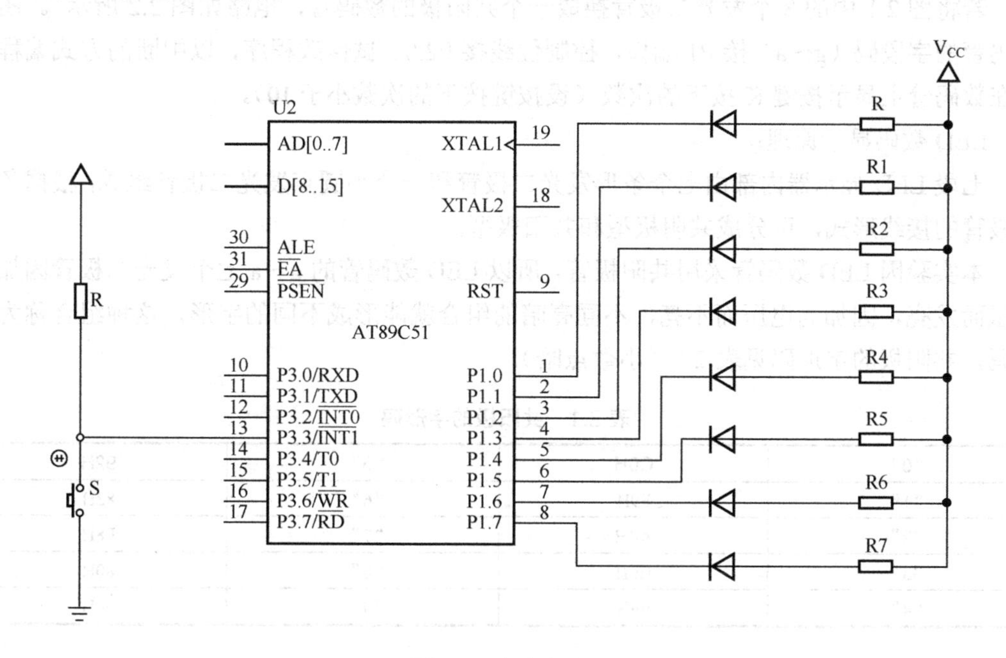

图 2.1　实验电路 1

C语言参考程序如下。

```
#include <reg51.h>
sbit  K=P3^3;                         //将K位定义为P3.3,该定义可省略
unsigned char Countor;                //设置全局变量，用于计数累计
void main(void)
  {
   EA=1;                              //开放总中断
   EX1=1;                             //允许使用外中断
   Countor=0
    while(1) ;                        //无限循环
  }
void int1(void) interrupt 2           //外中断1的中断编号为2
{
 Countor++;                           //累计按键（中断）次数
  P1=~Countor;                        //将按键按下的次数取反（因LED为共阳接法）后送P1
口显示
}
```

2.2.2 实验电路2

若将图2.1中的8个发光二极管换成一个共阳极的数码管，电路如图2.2所示 。图中数码管的字段码（g～a）接P1端口，控制位线接P2.0。试修改程序，以中断的方式编程实现在数码管上显示按键K按下的次数（设按键按下的次数小于10）。

LED数码显示原理：

七段LED显示器内部由七个条形发光二极管和一个小圆点发光二极管组成，根据各管的极管的接线形式，可分成共阴极型和共阳极型。

本实验因LED数码管采用共阳极管，所以LED数码管的g～a七个发光二极管因加低电压而发亮，因加高电压而不亮，不同亮暗的组合就能形成不同的字形，这种组合称为字形码，共阳极的字形码见表2.1（小数点暗）。

表2.1 共阳极的字形码

“0”	C0H	“5”	92H
“1”	F9H	“6”	82H
“2”	A4H	“7”	F8H
“3”	B0H	“8”	80H
“4”	99H	“9”	90H

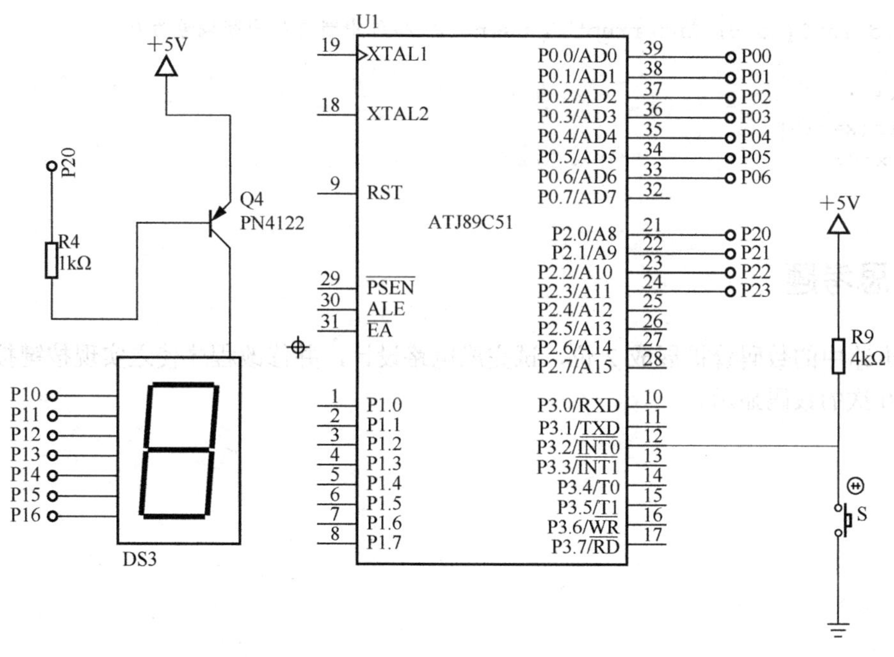

图 2.2　实验电路 2

C 语言参考程序如下。

```
#include<reg51.h>
sbit S=P3^2 ;  //将 S 位定义为 P3.2 引脚
unsigned char Tab[ ]={0xc0,0xf9,0xa4,0xb0,0x99,0x92,0x82,0xf8,0x80,0x90};
//段码表
unsigned char x;
void delay(void)    //延时约 0.6ms
 {
   unsigned char j;
     for(j=0;j<200;j++)
       ;
  }
void Display(unsigned char x)//显示计数次数的子程序
{
   P2=0xfe;  //P2.0 出低电平
   P1=Tab[x];   //显示
   delay();
  }
void main(void)
  {
   EA=1;   //开放总中断
   EX0=1;  //允许使用外中断
   IT0=1;  //选择负跳变来触发外中断
    x=0;
    while(1)
   Display(x);
 }
```

```
void int0(void) interrupt 0 using 0 //外中断 0 的中断编号为 0
{
  x++;
  if(x==10)
   x=0;
 }
```

2.3 思考题

将电路中的数码管扩展成 2 位，试完成电路设计，并修改程序使之实现按键按下次数小于 100 次的数码显示。

实验 3　定时/计数器的基本应用（一）

3.1　实验目的

（1）掌握定时/计数器 T0、T1 的方式选择和编程方法。
（2）了解中断服务程序的设计方法。

3.2　实验电路

实验电路如图 3.1 所示。

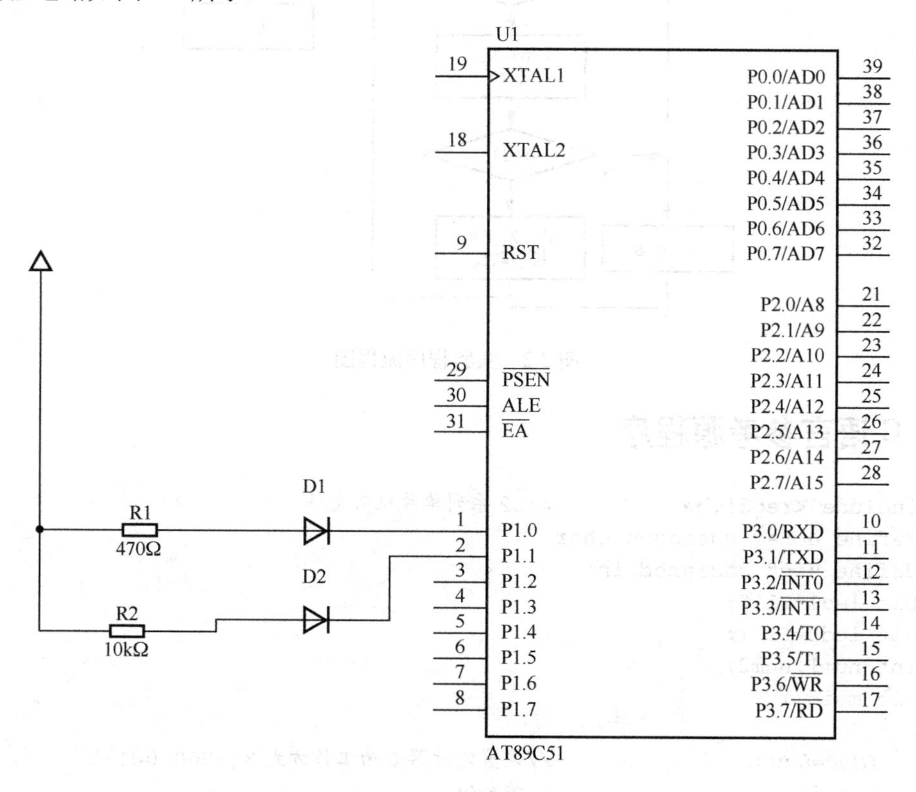

图 3.1　实验电路

3.3　实验内容

利用定时器 T0 工作在方式 3，用 TL0 计数器对应的 8 位定时器实现一个发光管以 1s 间隔闪烁，用 TH0 计数器对应的 8 位定时器实现另一个发光管以 0.5s 间隔闪烁。

3.4 程序设计流程图

参考程序流程图如图 3.2 所示。设单片机晶振频率为 12MHz，一次定时 250μs，则 1s 需要 4000×250（即定时器中断次数按 250μs 中断一次计算，那么 1s 内就中断 4000 次）。

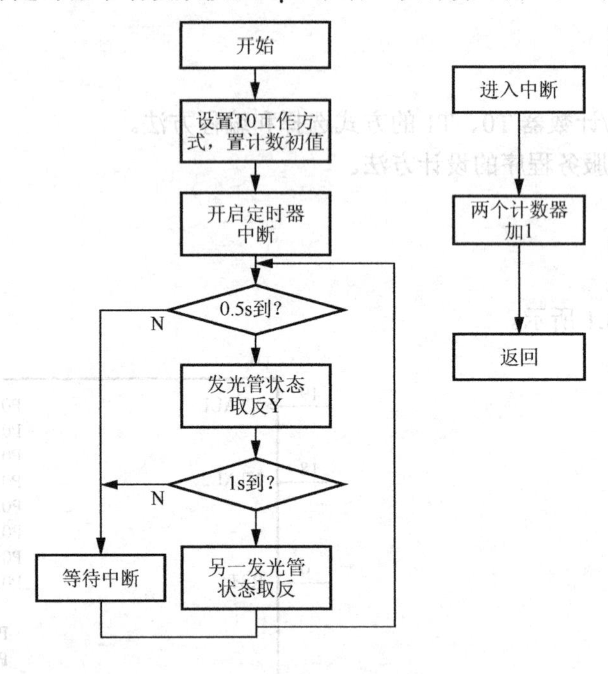

图 3.2 实验程序流程图

3.5 C 语言参考源程序

```
#include <reg51.h>           //52 系列单片机头文件
#define uchar unsigned char
#define uint unsigned int
sbit led1=P1^0;
sbit led2=P1^1;
uint num1,num2;
void main()
{
    TMOD=0x03;               //设置定时器 0 为工作方式 3(0000 0011)
    TH0=6;                   //装初值
    TL0=6;
    EA=1;                    //开总中断
    ET0=1;                   //开定时器 0 中断
    ET1=1;                   //开定时器 1 中断
    TR0=1;                   //启动定时器 0
    TR1=1;                   //启动定时器 0 的高 8 位计数器
    while(1)                 //程序停止在这里等待中断发生
    {
        if(num1>=4000)       //如果达到了 4000 次，说明 1s 时间到
        {
```

```
            num1=0;             //然后将 num1 清 0 重新再计 4000 次
            led1=~led1;         //让发光管状态取反
        }
        if(num2>=2000)          //如果到了 2000 次，说明 0.5s 时间已到
        {
            num2=0;             //然后把 num2 清 0 重新再计 2000 次
            led2=~led2;         //让发光管状态取反
        }
    }
}
void TL0_time() interrupt 1
{
    TL0=6;                      //重装初值
    num1++;
}void TH0_time() interrupt 3
{
    TH0=6;                      //重装初值
    num2++;
}
```

3.6　思考题

如果只用一个八位的定时器实现上述功能，请编程实现。

实验 4　单片机串口通信接口的应用

4.1　实验目的

学会用单片机与单片机之间通过串口通信。

4.2　实验电路

串行口通信的仿真电路图如图 4.1 所示。

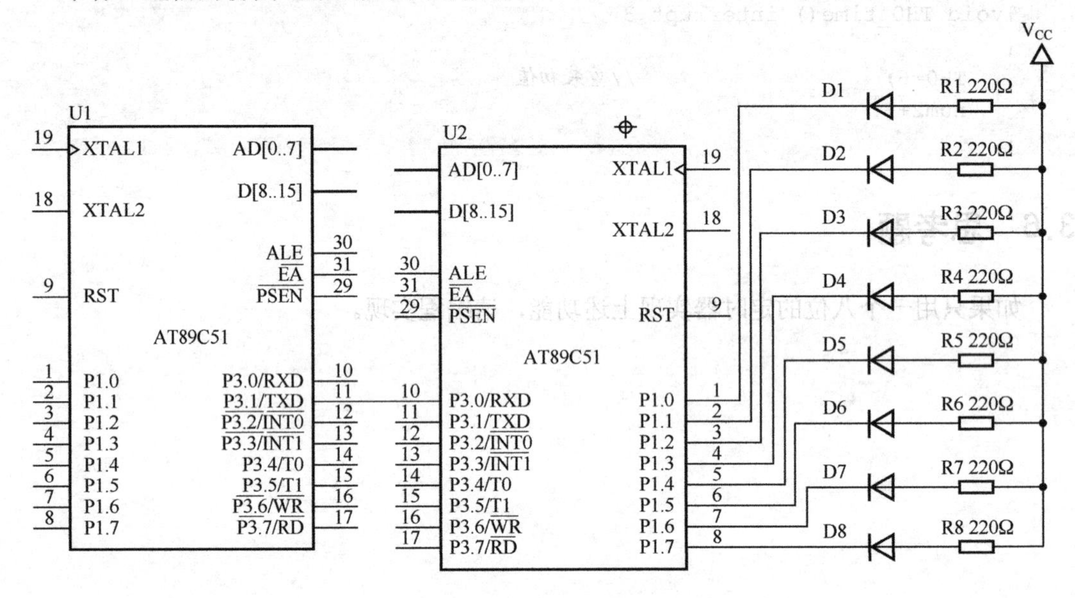

图 4.1　实验电路图

4.3　实验内容

参照图 4.1，设 U1 为甲机发送，U2 为乙机接收。试编程通过串行口将甲机上的一段流水灯控制码以方式 1 发送给乙机，乙机再利用该段控制码流水点亮其 P1 口的 8 位 LED。

4.4　程序设计流程图

参考程序流程图如图 4.2 所示

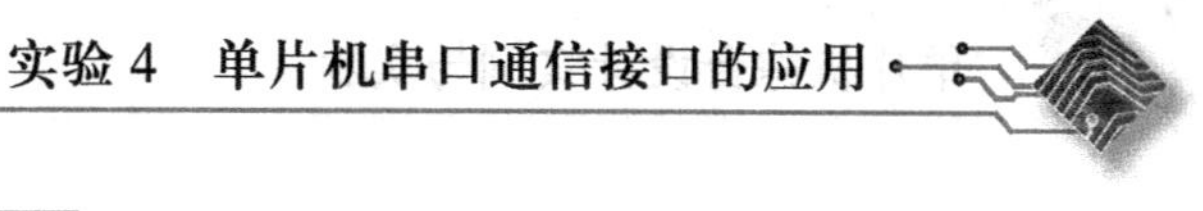

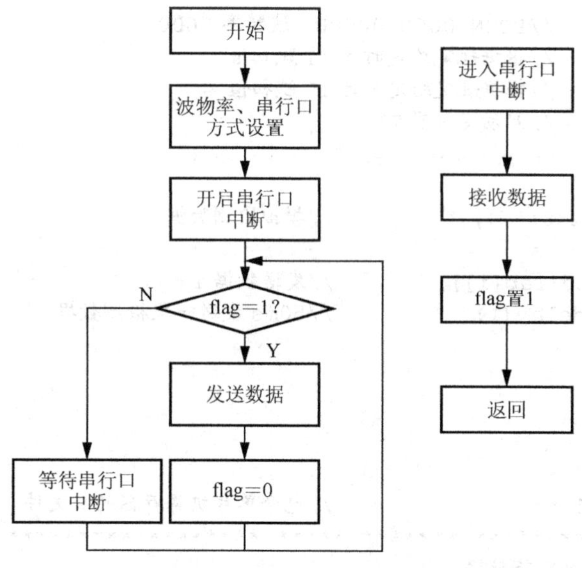

图 4.2　串行口双机通信流程图

4.5　C 语言参考程序

```
#include<reg51.h>        //包含单片机寄存器的头文件
unsigned char code Tab[ ]={0xFE,0xFD,0xFB,0xF7,0xEF,0xDF,0xBF,0x7F};
//流水灯控制码，该数组被定义为全局变量
/*****************************************************
函数功能：向 PC 发送一个字节数据
*****************************************************/
void Send(unsigned char dat)
{
   SBUF=dat;
   while(TI==0);
    TI=0;
}
/*************************************************************
函数功能：延时约 150ms
*************************************************************/
 void delay(void)
{
   unsigned char m,n;
     for(m=0;m<200;m++)
      for(n=0;n<250;n++);
 }
void main(void)
{
   unsigned char i;
   TMOD=0x20;    //定时器 T1 工作于方式 2
   SCON=0x40;    //SCON=0100 0000B，串口工作方式 1
```

```
   PCON=0x00;    //PCON=0000 0000B，波特率 9600
   TH1=0xfd;     //根据规定给定时器 T1 赋初值
   TL1=0xfd;     //根据规定给定时器 T1 赋初值
   TR1=1;        //启动定时器 T1
  while(1)
   {
     for(i=0;i<8;i++)               //模拟检测数据
    {
         Send(Tab[i]);              //发送数据 i
           delay();                 //50ms 发送一次检测数据        }
   }
}
```

乙机接收程序:

```
#include<reg51.h>                   //包含单片机寄存器的头文件
/*****************************************************
函数功能: 接收一个字节数据
*****************************************************/
 unsigned char receive(void)
{
  unsigned char dat;
while(RI==0)
 RI=0;                              //为了接收下一帧数据，需将 RI 清 0
 dat=SBUF;                          //将接收缓冲器中的数据存于 dat
     return dat;
}
void main(void)
{
   TMOD=0x20;              //定时器 T1 工作于方式 2
   SCON=0x50;              //串口工作方式 1,允许接收
   PCON=0x00;              //波特率 9600
   TH1=0xfd;               //根据规定给定时器 T1 赋初值
   TL1=0xfd;               //根据规定给定时器 T1 赋初值
   TR1=1;                  //启动定时器 T1
   REN=1;                  //允许接收
  while(1)
   {
        P1=receive();   //收到的数据送 P1 口显示
   }
}
```

4.6 思考题

若要在串行通信中加入奇偶校验，如何修改程序？

实验 5　定时/计数器的基本应用(二)

5.1　实验目的

（1）掌握 LED 数码管的显示技术及编程方法。

（2）掌握 LED 数码管的动态显示编程方法。

（3）掌握 MCS51 定时器及中断的使用方法。

5.2　实验内容

应用单片机的定时器设计一个 99 秒表，硬件电路如图 5.3 所示。图 5.3 中 2 个共阴极数码管分别显示个位数和十位数，开关 S 为选择控制键。要求如下。

（1）开始时，显示“00”，第 1 次按下 S 后就开始计时。

（2）第 2 次按开关 S 后，计时停止。

（3）第 3 次按开关 S 后，计时归零。

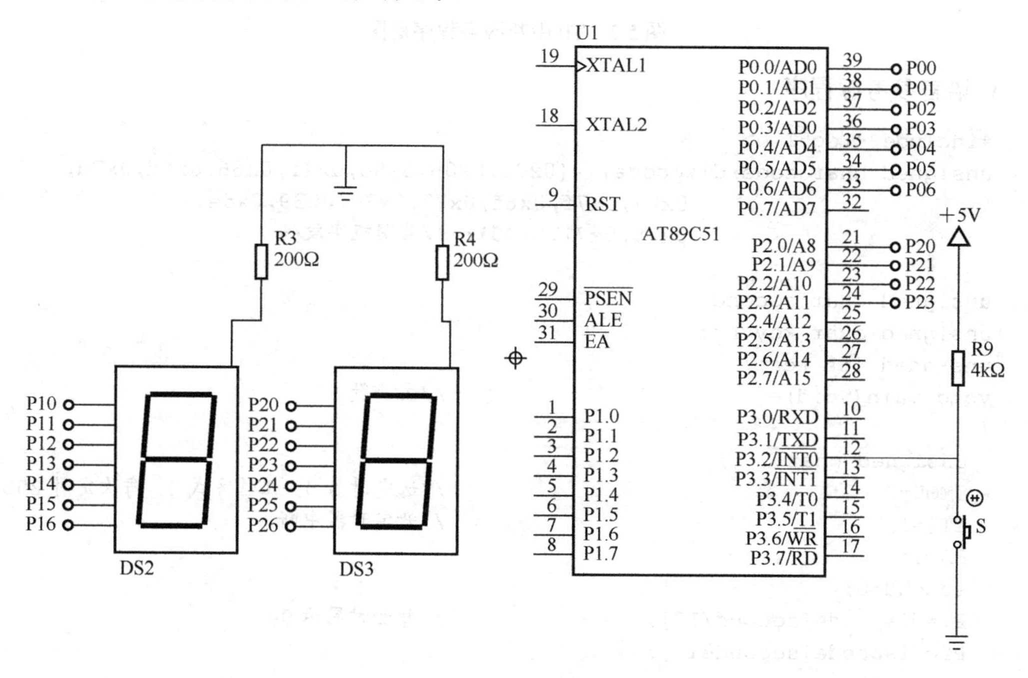

图 5.1　99 秒表硬件电路

5.3　程序设计

程序流程图：T0 中断服务程序框图如图 3.4 所示。设单片机晶振频率为 12MHz，定时器 T0 选择工作方式 2，一次定时 250μs，则 1 秒需 4000×250(即如果定时器中断按照 250μs

中断一次计算，1 秒内有 4000 次中断）。但考虑在仿真测试时的时间问题，在程序中将秒表的秒计数缩小 10 倍，改成 0.1 秒计数。

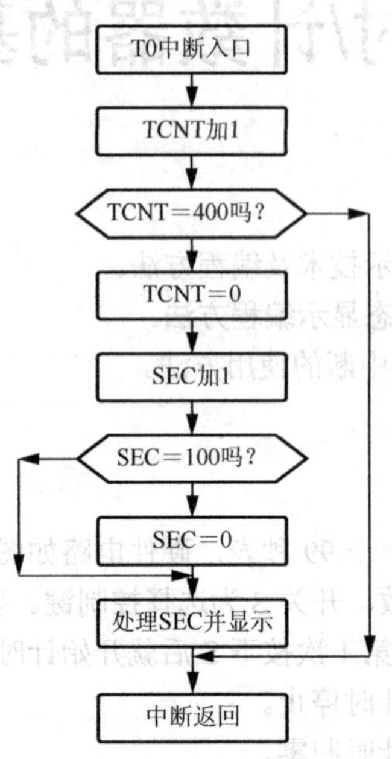

图 5.2　T0 中断服务程序框图

C 语言参考源程序

```
#include <reg51.h>
unsigned char code dispcode[]={0x3f,0x06,0x5b,0x4f,0x66,0x6d,0x7d,
                    0x07,0x7f,0x6f,0x77,0x7c,0x39,0x5e,
                    0x79,0x71,0x00}; //共阴极字段码

unsigned char second;
unsigned char keycnt;
unsigned int tcnt;
void main(void)                        //主函数
{
  unsigned char i,j;
  TMOD=0x02;                          //选定时器 0，工作方式 2，每次定时 255
  ET0=1;                              //开定时器中断
  EA=1;
  second=0;
  P1=dispcode[second/10];             //开始时显示 00
  P2=dispcode[second%10];
  while(1)
    {
     if(P3_5==0)                      //判键是否按下
       {
         for(i=20;i>0;i--)            //延时去抖动
         for(j=248;j>0;j--);
         if(P3_5==0)
```

```
            {
             keycnt++;                  //累计按键按下次数
            switch(keycnt)              //根据按键按下次数完成不同功能
              {
               case 1:                  //第 1 次按下开始计时
               TH0=0x06;                //设定时器初值，一次定时 250μs
                 TL0=0x06;
                 TR0=1;
                 break;
               case 2:                  //第 2 次按下，停止计时
                 TR0=0;
                 break;
               case 3:                  //第 3 次按下计时归零
                 keycnt=0;
                 second=0;
                 P1=dispcode[second/10];
                 P2=dispcode[second%10];
                 break;
              }
             while(P3_5==0);            //等待按键释放
            }
          }
        }
    }
    void t0(void) interrupt 1 using 0   //中断函数
    {
      tcnt++;
      if(tcnt==400)                     //400 次中断为 0.1s
        {
          tcnt=0;
          second++;                     //秒加 1
          if(second==100)               //最多计到 99s
            {
              second=0;
            }
          P1=dispcode[second/10];       //显示十位
          P2=dispcode[second%10];       //显示个位
        }
```

5.4　思考题

将实验的硬件做成时钟的秒表，如何修改编程？

实验 6　单片机显示接口

6.1　实验目的

熟悉动态显示多位 LED 数码管的硬件电路设计及软件编程。

6.2　实验电路

实验的硬件仿真电路如下图所示。单片机接 6 个数码管，设数码管为共阴极。图 6.1 中字段码由单片机的 P1 端口输出，位线由 P2.0～P2.5 输出。

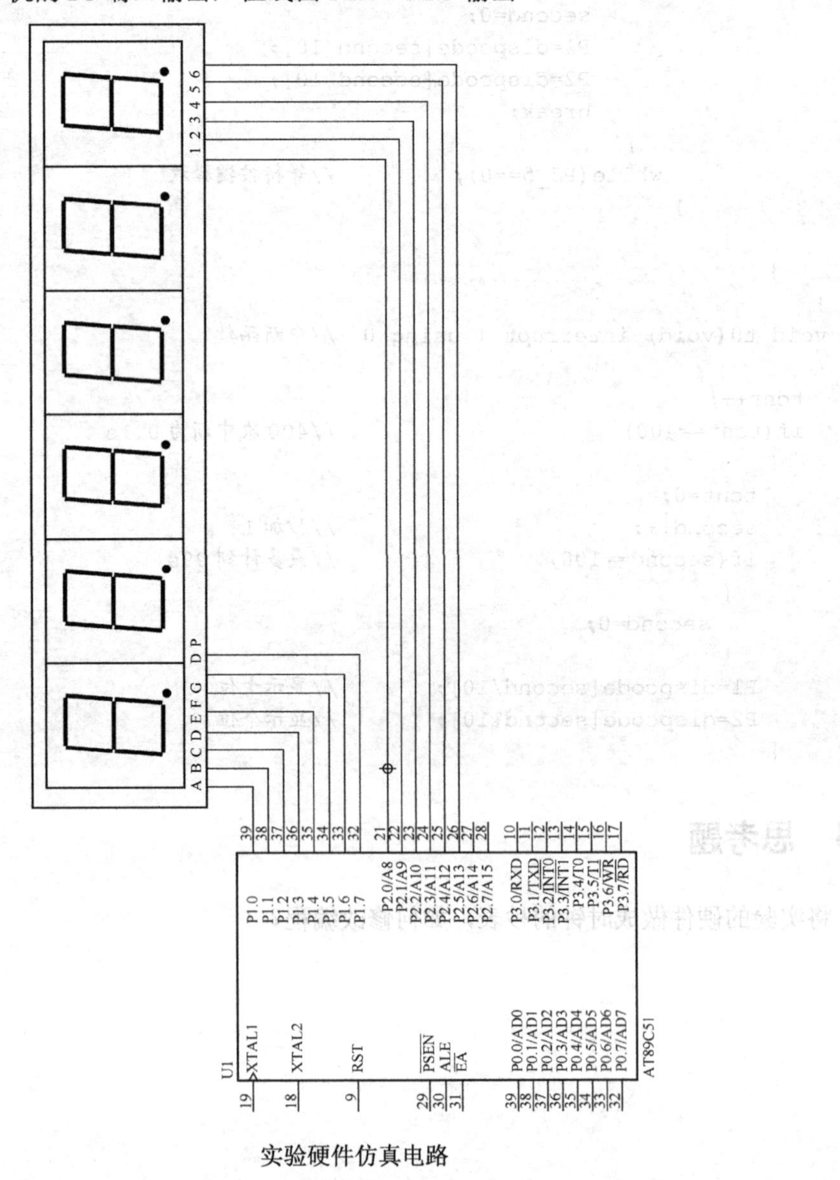

实验硬件仿真电路

6.3 实验内容

参照图 6.1 所示硬件仿真电路，在该电路上以动态显示方式显示自己学号的后 6 位。

6.4 C 语言参考程序（设学号的后 6 位是 140538）

```
#include  <reg51.h>
#define  uchar  unsigned  char
#define  uint  unsigned  int
uchar  disbuffer[8]={1,4 ,0,5,3,8};                  //定义显示缓冲区
uchar  codevalue[16]={0x3f,0x06,0x5b,0x4f,0x66,0x6d,0x7d,0x07,
0x7f,0x6f,0x77,0x7c,0x39,0x5e,0x79,0x71};            //0~F 的字段码表
uchar  code[6]={0xfe,0xfd,0xfb,0xf7,0xef,0xdf };     //位选码表
void  delay(uint  i)          //延时函数
{uint  j;
for  (j=0;j<i;j++){}
}
void  main(void)              //主函数
{ uchar  k, d;
while(1)
  {display();                 //调显示函数
   }
}
//***********显示函数
void  display(void)           //定义显示函数
{
uchar  i,p,temp;
for  (i=0;i<6;i++)
{
p=disbuffer[i];               //取当前显示的字符
temp=codevalue[p];            //查得显示字符的字段码
P0=temp;                      //送出字段码
temp=code[i];                 //取当前的位选码
P2=temp;                      //送出位选码
delay(20);                    //延时 1ms
}
i=0;
}
```

6.5 思考题

试将上述程序修改成：上电后在 6 个数码管上从左到右循环显示一个“6”字（每次只点亮一个数码管），并循环 5 遍后停下，显示自己学号的后 6 位。

实验 7　单片机键盘的应用

7.1　实验目的

熟悉独立按键的识别方法、键盘消抖等。

7.2　实验电路

实验电路如图 7.1 所示。图 7.1 中，单片机的 P3.4 口接按键 S2。

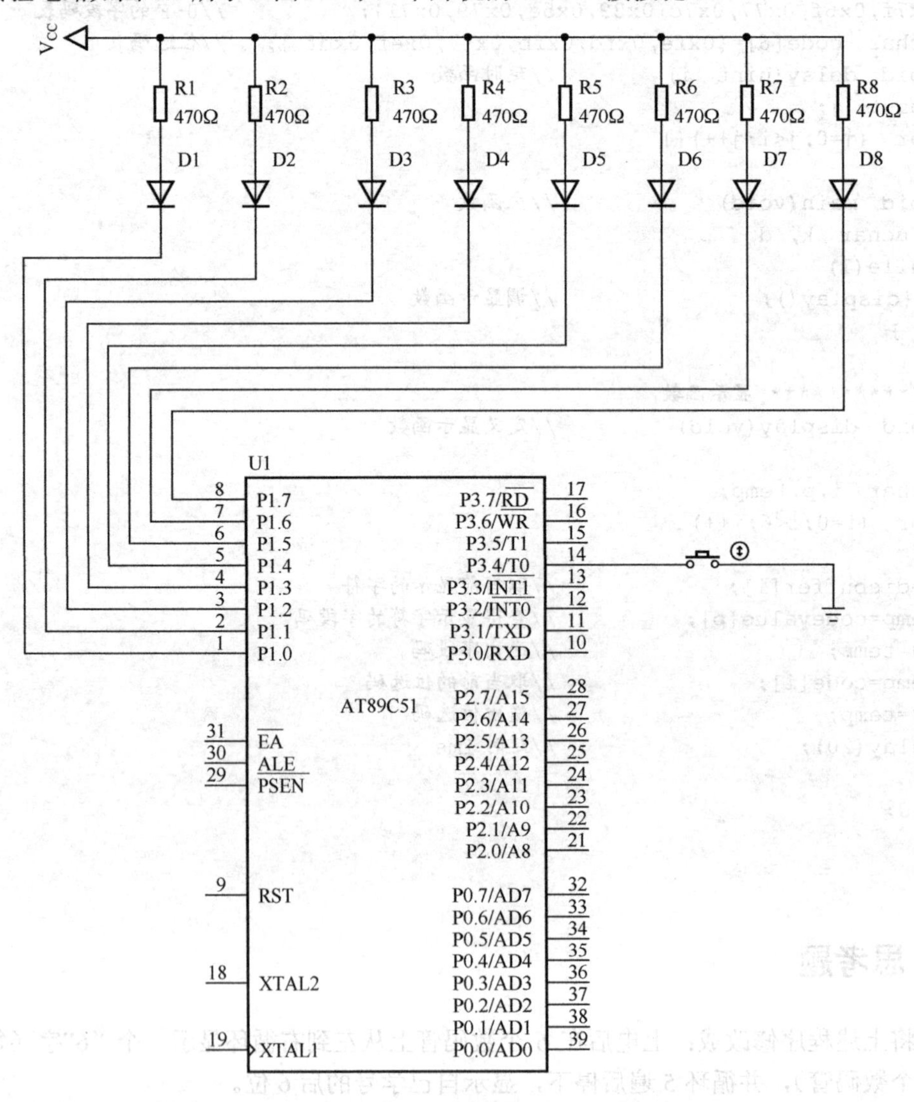

图 7.1　实验电路

7.3　实验内容

编程实现由按键按下的次数，顺序点亮一个发光二极管。参照图 7.1，设计实现每按一次独立键盘的 S2 键，与 P1 端口相连的八个发光二极管中点亮的一个，并往下移动一位。

如果我们在首次检测到键被按下后延时 10ms 左右再去检测，这时如果是干扰信号将不会被检测到，如果确实是有键被按下，则可确认，以上为按键识别去抖动的原理。

7.4　程序流程图

参考程序流程图如图 7.2 所示。

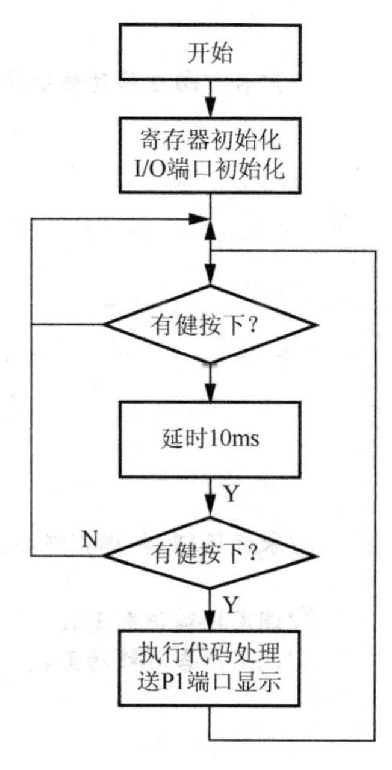

图 7.2　实验流程图

7.5　C 语言参考源程序

```
#include <reg52.h>
sbit BY1=P3^4;                    //定义按键的输入端 S2 键
unsigned char count;              //按键计数,每按一下,count 加 1
unsigned char temp;
unsigned char a,b;
void delay10ms(void)              //延时程序
{
    unsigned char i,j;
    for(i=20;i>0;i--)
    for(j=248;j>0;j--);
}
key()                             //按键判断程序
{
```

```
    if(BY1==0)                    //判断是否按下键盘
    {
      delay10ms();                //延时,软件去干扰
      if(BY1==0)                  //确认按键按下
      {
       count++;                   //按键计数加 1
       if(count==8)               //计 8 次重新计数
       {
        count=0;                  //将 count 清零
       }
      }
    while(BY1==0);                //按键锁定,每按一次 count 只加 1.
    }
}
 move()                           //广告灯向左移动移动函数
{
    a=temp<<count;
    b=temp>>(8-count);
    P1=a|b;
}
main()
{
 count=0;
 temp=0xfe;
 P1=0xff;
 P1=temp;
 while(1)                         //永远循环,扫描判断按键是否按下
 {
   key();                         //调用按键识别函数
   move();                        //调用广告灯移动函数
 }
}
```

7.6 思考题

（1）设计一个按键复用程序，每按一次键执行一种循环。

（2）设计 2 个或 4 个按键，8 个发光二极管的单片机控制电路，用 2 个或 4 个键组合自行 4 种或 16 种循环。

实验 8　数模转换的接口应用

8.1　实验目的

学会用单片机控制数模转换芯片 DAC0832。

8.2　实验电路

实验电路图如图 8.1 所示。

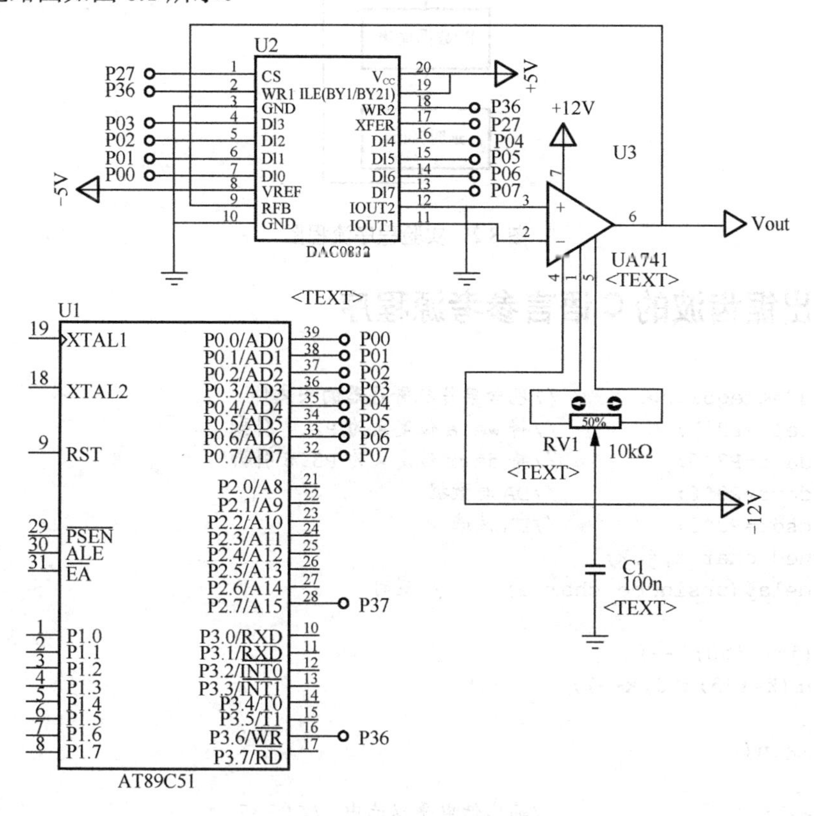

图 8.1　实验电路图

8.3　实验内容

通过用单片机控制 DAC0832 输出锯齿波、三角波、方波等信号源。DAC0832 是 8 位全 MOS 中速 D/A 转换器，采用 R—2RT 形电阻解码网络，转换结果为一对差动电流输出，转换时间大约为 1μs。使用单电源+5～+15V 供电。参考电压为-10～+10V。DAC0832 有三种工作方式：直通方式、单缓冲方式、双缓冲方式；图 8.1 中 XFER、CS 管脚由 P2.7

控制，WR1、WR2 管脚由 P3.6 控制。管脚 8 接参考电压。编程控制的 P0 端口输出数据有规律地变化，将产生三角波、锯齿波、梯型波等波形。

8.4 程序框图

参考程序流程图如图 8.2 所示。

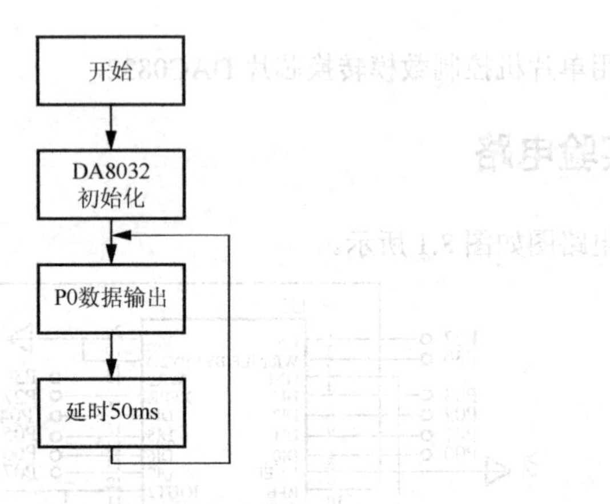

图 8.2 实验程序流程图

8.5 输出锯齿波的 C 语言参考源程序

```
#include<reg51.h>           //包含单片机寄存器的头文件
sbit wela=P2^7;             //将 wela 位定义为 P2.7 引脚
sbit dawr=P3^6;             //将 dawr 位定义为 P3.6 引脚
sbit dawr=P3^6;             //DA 写数据
sbit csda=P3^2;             //DA 片选
unsigned char a,j,k;
void delay(unsigned char i)     //延时
{
  for(j=i;j>0;j--)
    for(k=125;k>0;k--);
}
void main()
{
  wela=0;                   //输出低电平以选中 DAC0832
  dawr=0;                   //输出低电平以选中 DAC0832
  csda=0;
  a=0;
  dawr=0;
  while(1)
  {
    P0=a;                   //将 a 的值赋给 P0 端口
    delay(50);              // 延时 50ms 左右，a 加 1
    a++;
  }
}
```

8.6　思考题

（1）编程实现一个简单的三角波信号发生器。

（2）编程实现一个简单的方波、锯齿波信号发生器。

（3）试在电路中增加按键，通过按键选择输出不同的波形信号。

附　录

一、Keil　C 软件使用简介

1. Keil C51 软件简介

Keil　C51 软件是众多单片机应用开发的优秀软件之一，它集编辑、编译、仿真于一体，支持汇编语言、PLM 语言和 C 语言的程序设计，界面友好，易学易用。下面介绍 Keil C51 软件的使用方法。

启动 Keil C51 时，界面如图 1 所示。几秒后出现其编辑界面，如图 2 所示。

图 1　启动 Keil C51 时的界面

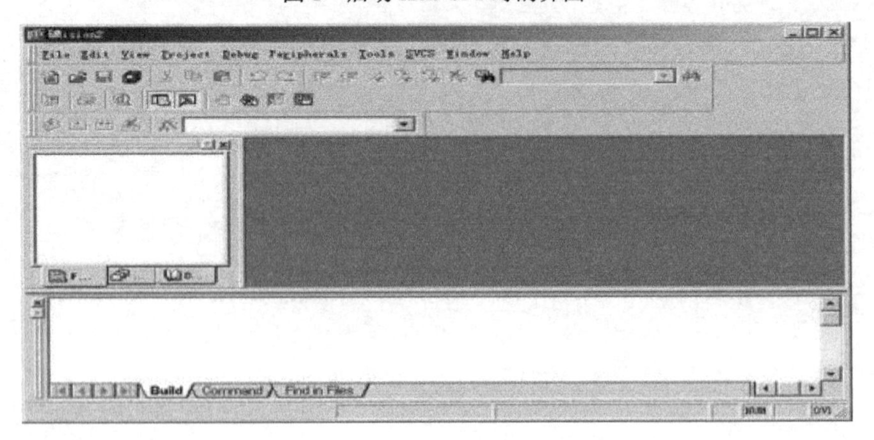

图 2　进入 Keil C51 后的编辑界面

（1）建立一个新工程（见图 3）。

单击【Project】菜单，在弹出的下拉菜单中选中“New Project”选项。

图 3　选建新工程

（2）然后选择所要保存的路径，输入工程文件的名字，例如保存到 C51 目录里，工程文件的名字为 C51。如图 4 所示，然后单击【保存】。

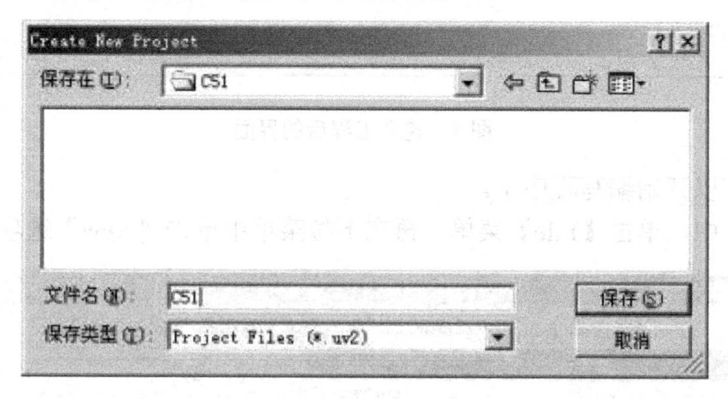

图 4　选择保存的路径

（3）这时会弹出一个对话框，要求用户选择目标单片机的型号，用户可以根据自己使用的单片机型号来选择。Keil C51 几乎支持所有的 51 核的单片机，如选择 Atmel 的 89C51 之后，出现如图 5 所示界面，右边栏是对这个单片机的基本说明，然后单击【确定】。

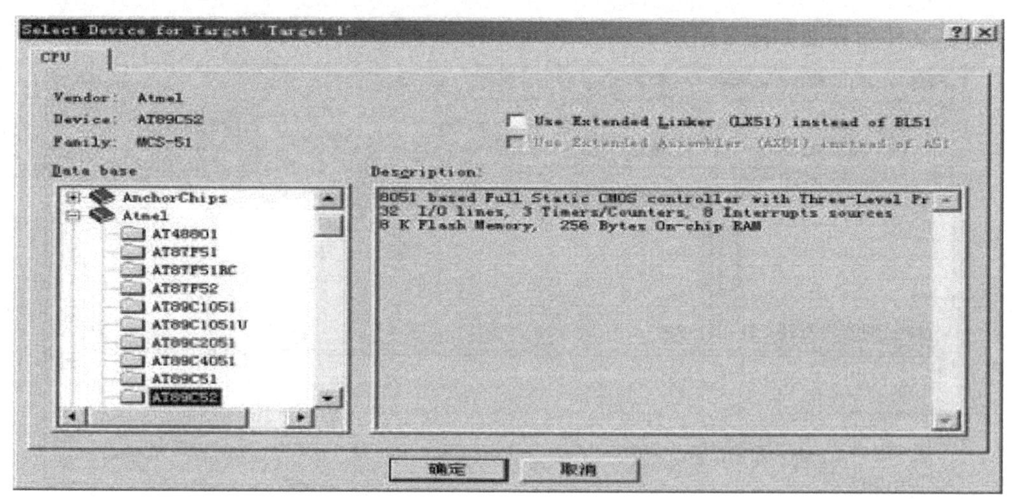

图 5　选择目标单片机的型号

（4）完成后，界面如图 6 所示。

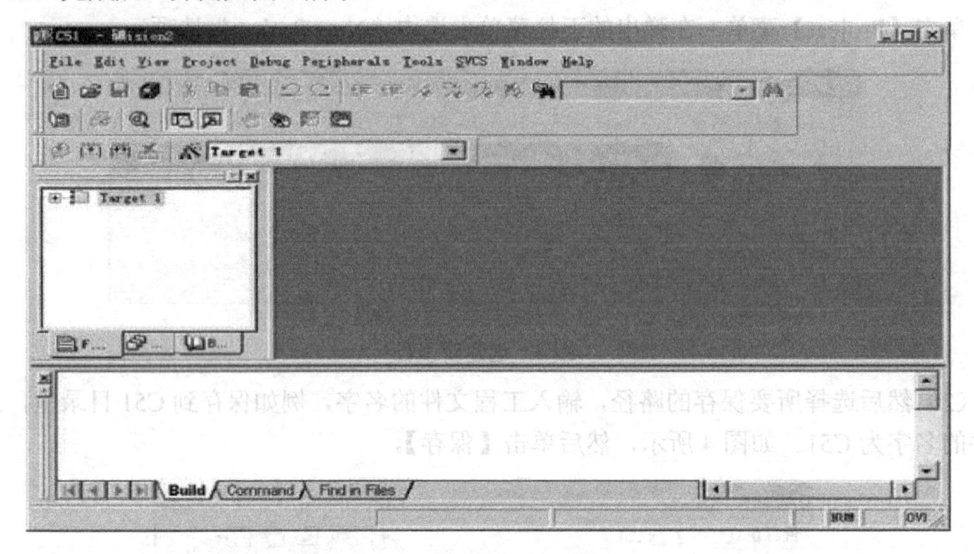

图 6　建立工程后的界面

下一步就可以开始编写程序了。

（5）在图 7 中，单击【File】菜单，再在下拉菜单中单击“New”选项。

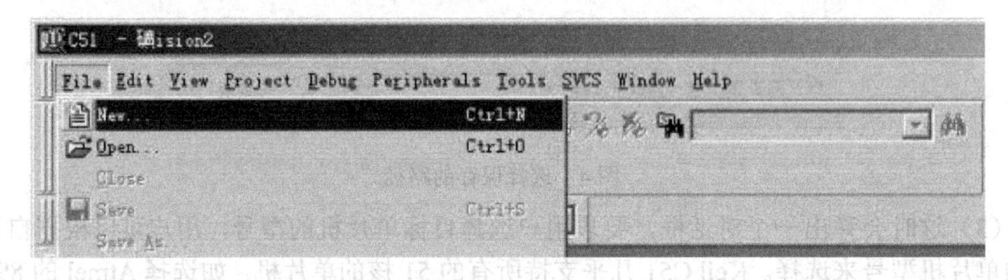

图.7　建立新文件菜单

新建文件后界面如图 8 所示。

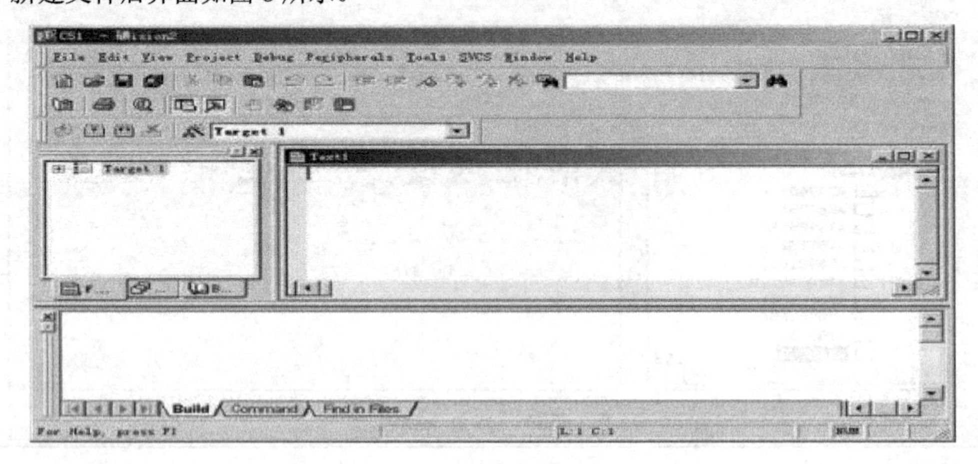

图 8　建立新文件后的界面

此时光标在编辑窗口里闪烁，表明可以键入用户的应用程序了。首先应保存该空白的文件，单击菜单上的【File】，在下拉菜单中选中“Save As”选项，界面如图 9 所示，在“文件名”栏右侧的编辑框中，输入欲使用的文件名，同时，必须输入正确的扩展名。

注意，若用 C 语言编写程序，则扩展名为“.c”；若用汇编语言编写程序，则扩展名必须为“.asm”。然后，单击【保存】按钮。

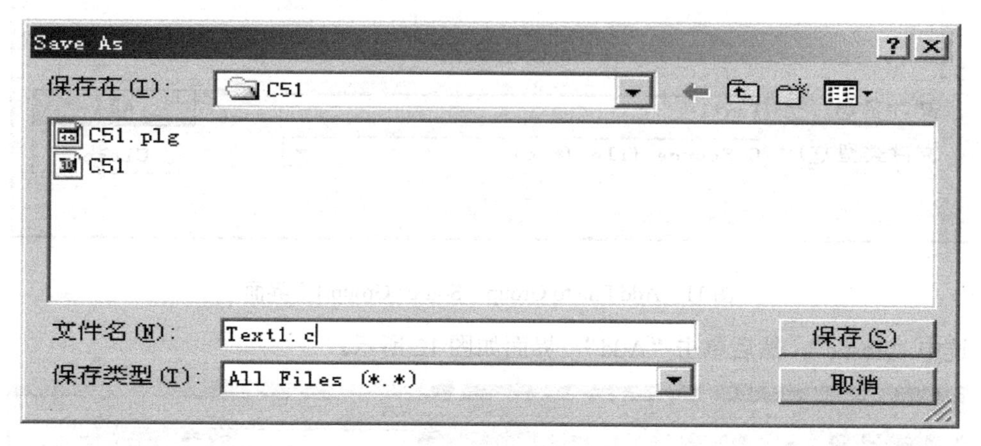

图 9　保存文件

（6）回到编辑界面后，单击“Target 1”前面的“＋”号，然后在“Source Group 1”上单击右键，弹出如图 10 所示的菜单。

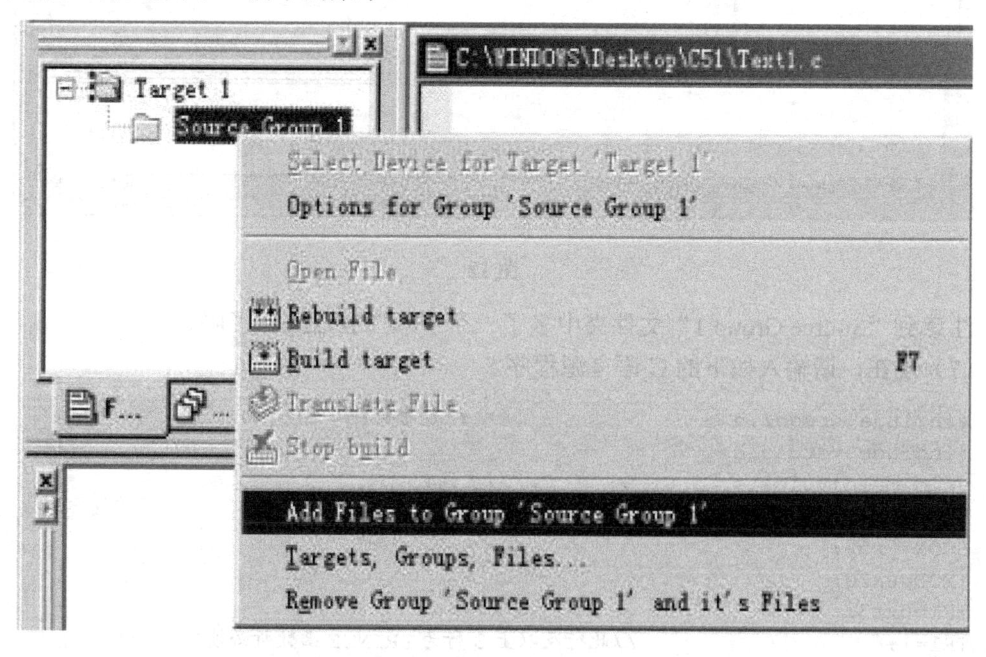

图 10　菜单界面

然后单击“Add File to Group ‘Source Group 1’”，弹出的界面如图 11 所示。

Add Files to Group 'Source Group 1'

查找范围(I): C51

Text1.c

文件名(N): Text1

文件类型(T): C Source file (*.c)

Add

Close

图 11　Add File to Group“Source Group 1”界面

选中“Test.c”，然后单击“Add”，界面如图 12 所示。

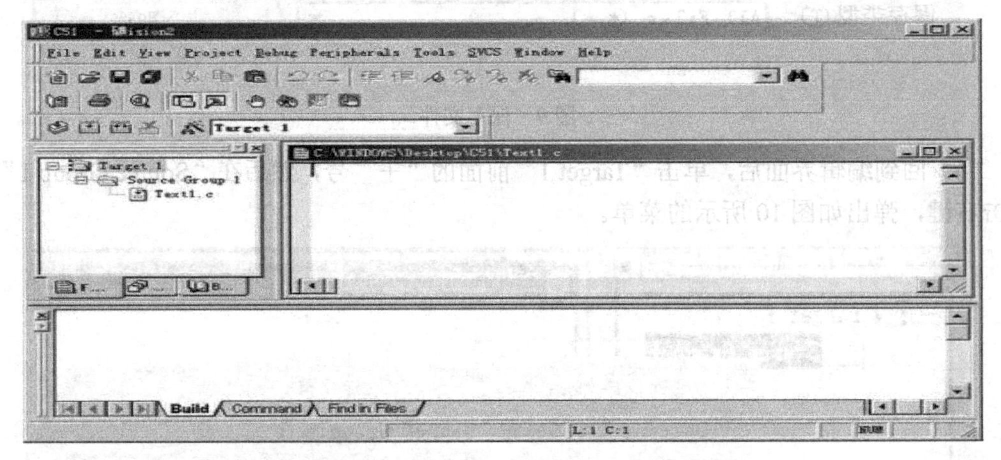

图 12

注意到“Source Group 1”文件夹中多了一个子项“Text1.c”了吗？

(7) 现在，请输入如下的 C 语言源程序。

```
#include <reg52.h>                        //包含文件
#include <stdio.h>
void main(void)                        //主函数
{
SCON=0x52;
TMOD=0x20;
TH1=0xf3;
TR1=1;                   //此行及以上 3 行为 PRINTF 函数所必须
printf( "Hello I am KEIL. \n" );//打印程序执行的信息
printf( "I will be your friend.\n" );
while(1);
}
```

在输入上述程序时，Keil C51 会自动识别关键字，并以不同的颜色提示用户加以注意。这样会使用户少犯错误，有利于提高编程效率。程序输入完毕后，如图 13 所示。

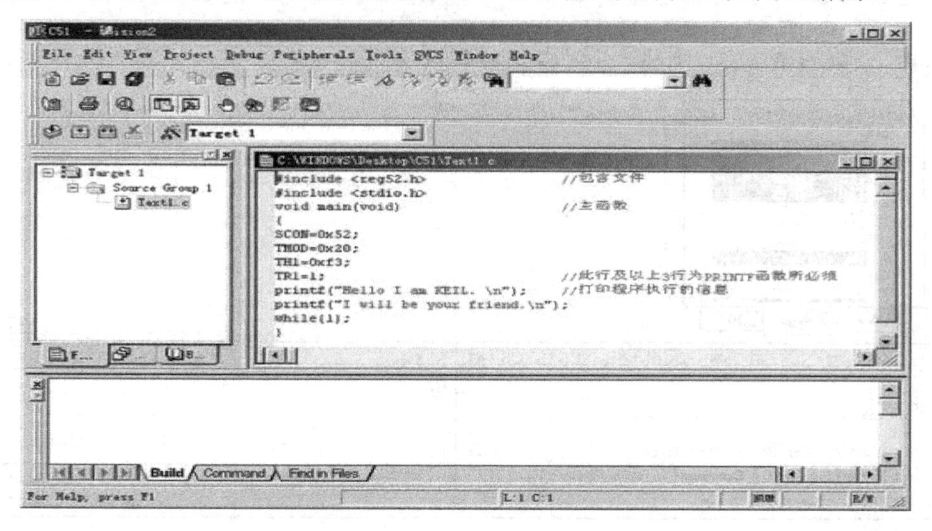

图 13

（8）在图 13 中单击【Project】菜单，在下拉菜单中单击“Built Target”选项（或者使用快捷键 F7）。编译成功后，再单击【Project】菜单，在下拉菜单中单击“Start/Stop Debug Session”（或者使用捷键 Ctrl+F5），界面如图 14 所示。

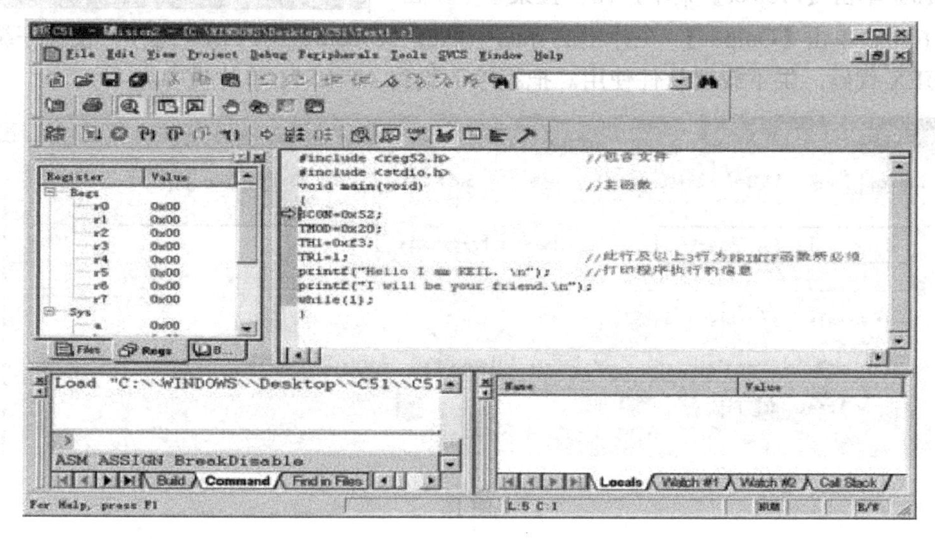

图 14

（9）调试程序：在图 14 中，单击【Debug】菜单，在下拉菜单中单击“Go”选项（或者使用快捷键 F5）；然后再单击【Debug】菜单，在下拉菜单中单击“Stop Running”选项（或者使用快捷键 Esc）；再单击【View】菜单，在下拉菜单中单击“Serial Windows #1”选项，就可以看到程序运行后的结果，其结果如图 15 所示。

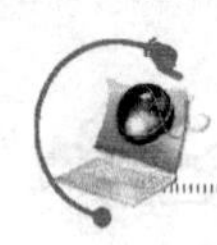

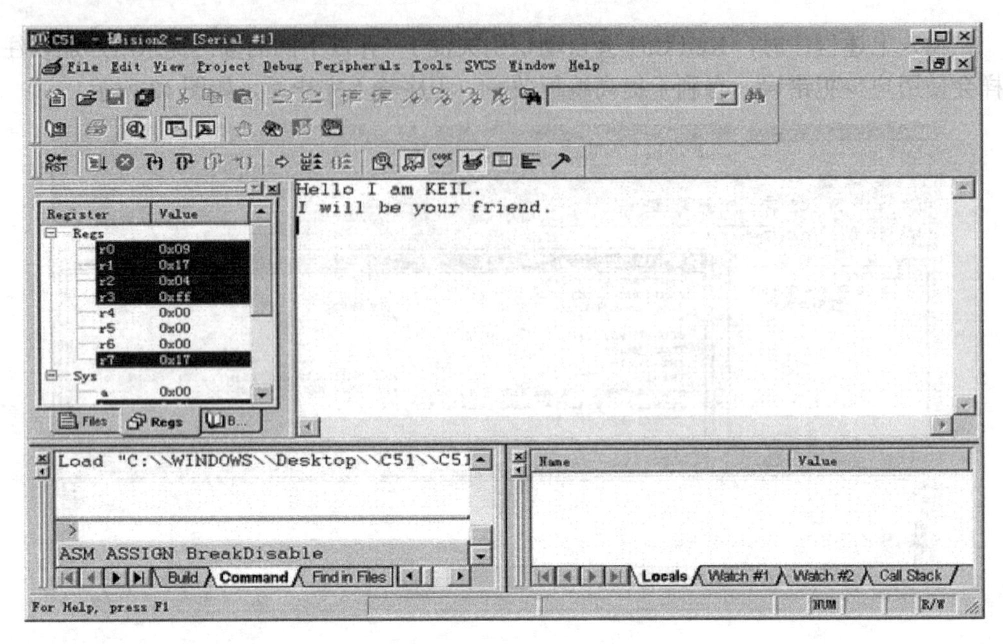

图 15

至此，我们在 Keil C51 上做了一个完整工程的全过程。但这只是纯软件的开发过程，如何使用仿真机看一看程序运行的结果呢？

（10）单击【Project】菜单，在下拉菜单中单击“Options for Target 'Target 1'”在图 16 中，单击【Output】，在弹出的界面中单击“Create HEX File”选项，使程序编译后产生 HEX 代码，供下载器软件使用。把程序下载到 AT89S51 单片机中。

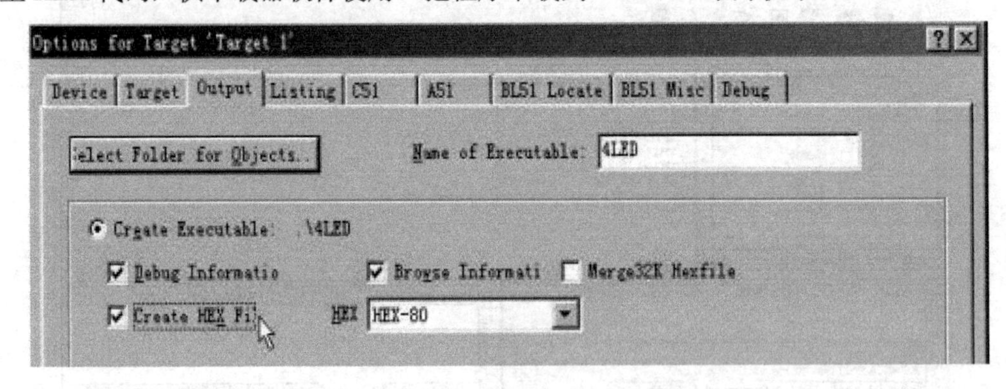

图 16

二、Keil C 开发环境的使用举例

要求编程实现单片机 P1.0 口外接的发光二极管闪烁的电路如图 17 所示。

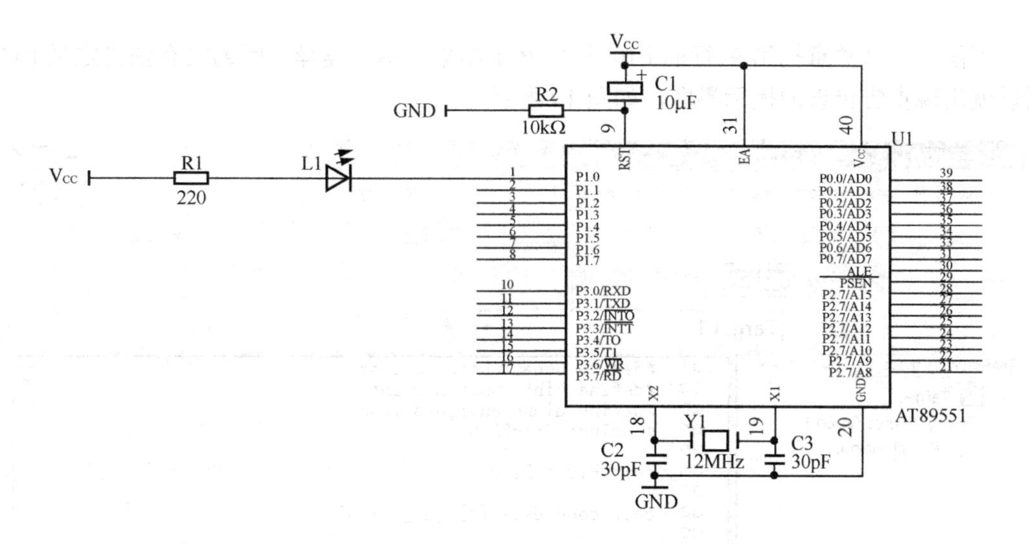

图 17　单片机 P1.0 口外接的发光二极管闪烁电路

按前面介绍 Keil C51 的使用方法输入源程序，如图 18 所示。

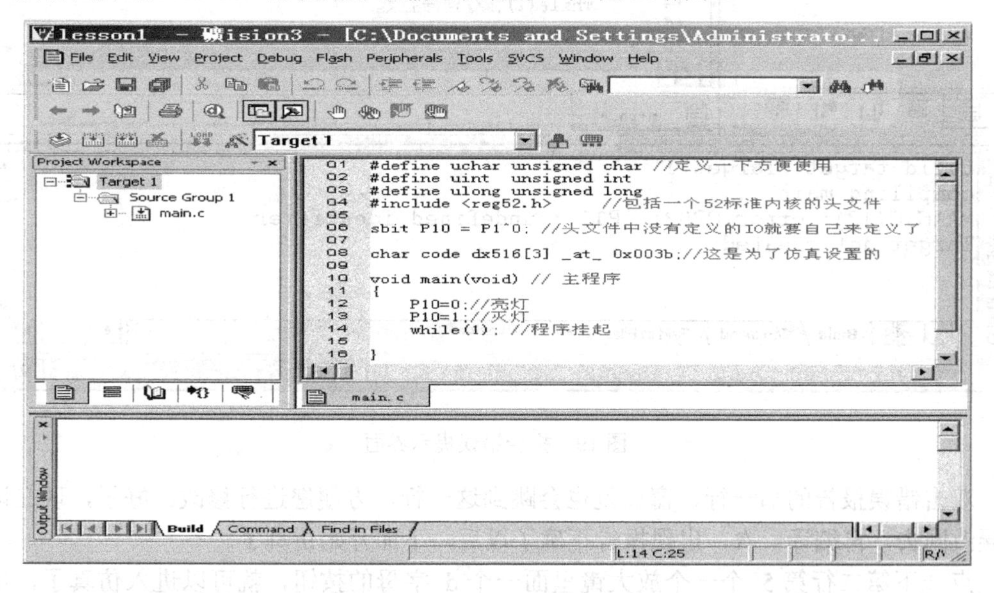

图 18

单击图 18 第三排第 2 或者第 3 个按钮（有些用户的编译器按钮位置不一定在那个位置，自己找找），就可以看到编译结果了。上面显示是 0errrs，0warnings，这是最佳的编译结果。若显示中有 error，则无法进行下一步仿真。若显示中有 warning，则一定要尽量消除。确实无法消除的，也要确认其不会对程序造成影响，才进行下一步的仿真。

在编译结果中，我们还可以看到有 data，xdata，code 等用了多少字节的报告，要注意自己使用的单片机中是否有这么多的资源，如果不够，将来烧片运行时就可能出现问题。比如 AT89C51 的程序空间是 4K，对于 xdata 如果没有外扩就是 0 个，data 是 128 个。超出这些范围，程序就不能在 AT89c51 中运行。不同的芯片有不同的容量，如 SST89E516RD 就有 64K 程序，内部 768 字节 XDATA，还有 256 个字节的 data。

下面试一试故意把第 9 行的 P10 写成 P11 结果，单击编译，因为没有预先定义 P11，所以就出现报告错误的提示界面，如图 19 所示。

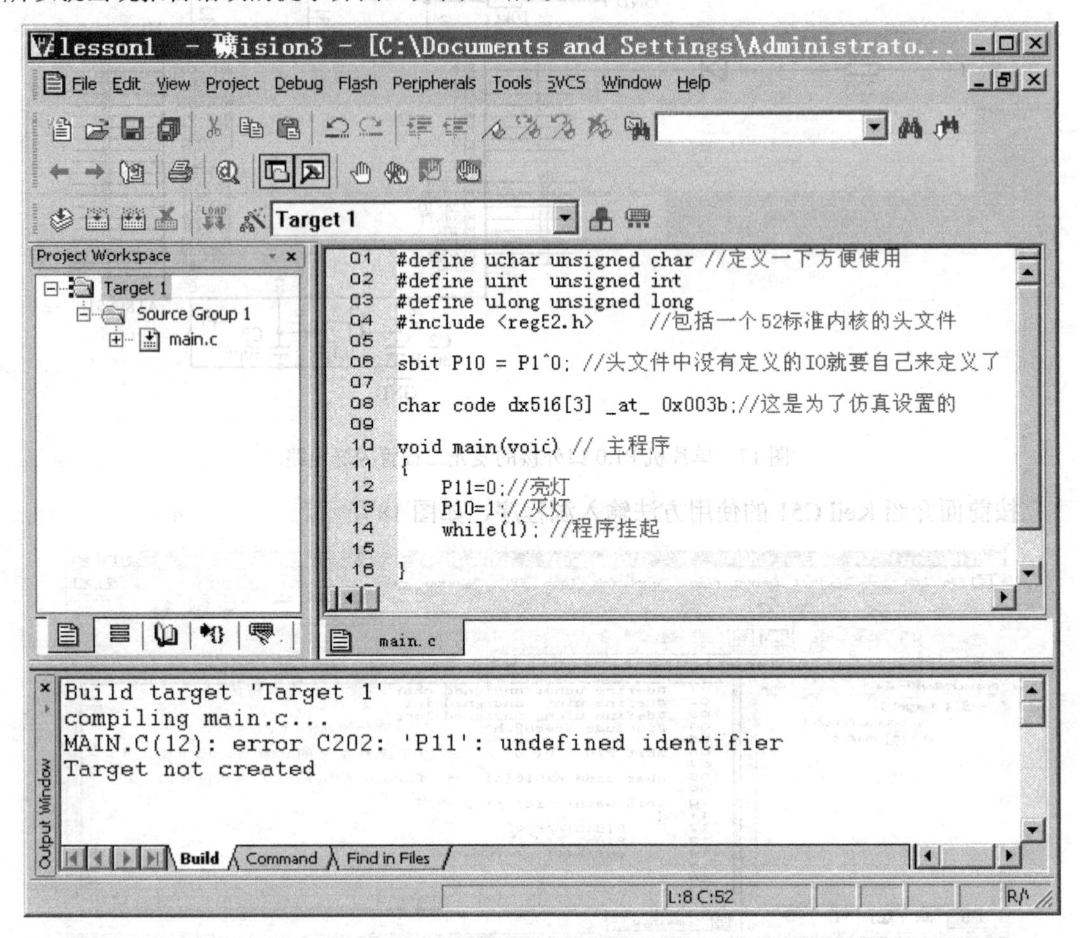

图 19 报告错误提示界面

双击错误报告的那一行，窗口就也会跳到这一行，方便您进行修改。好了，现在请把错误改回去，再编译一次，出现报告正确了以后，下面开始仿真了。

点一下第二行第 5 个一个放大镜里面一个 d 字母的按钮，就可以进入仿真了，仿真器要事先连接好哟。进入仿真后要退出仿真环境也是点这个按钮。注意，等会如果程序在正在全速运行时，仿真环境是不能直接退出的，得先点停止运行后，再点仿真按钮才可以退出。

点进入仿真按钮，程序开始装载，PC 自动运行到了 main（）停下，并指向了 main（）函数的第一行。

图 20 是进入了仿真环境的截图：

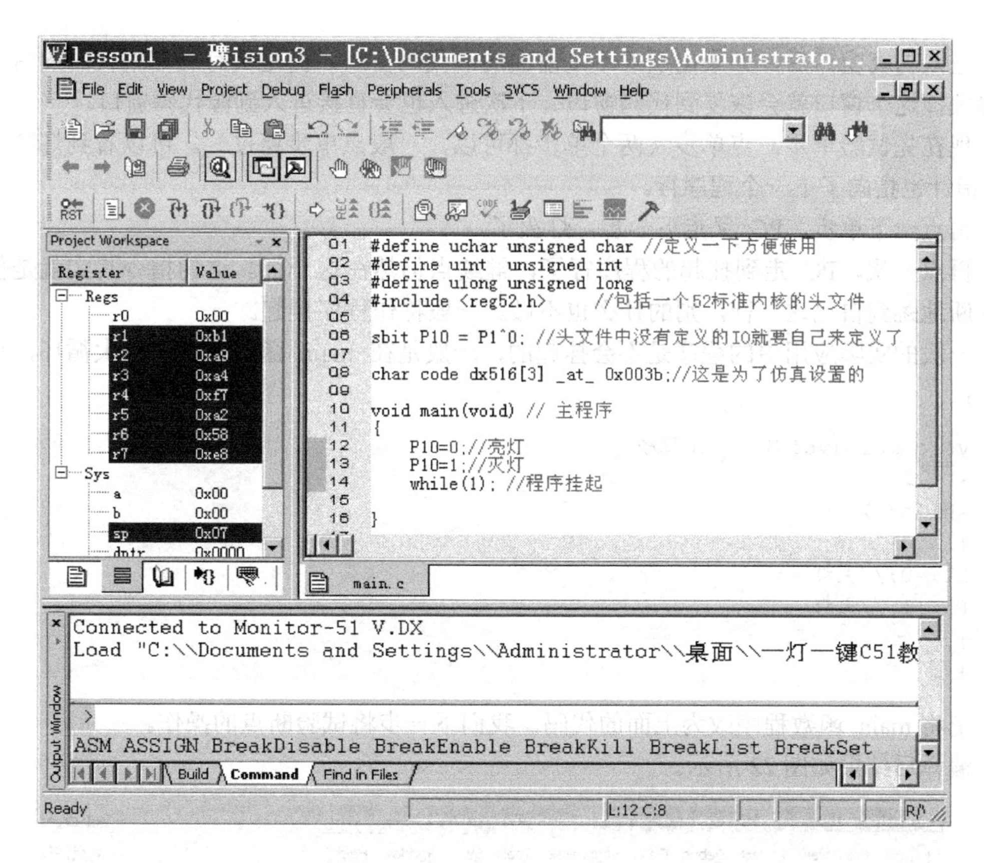

图 20　进入了仿真环境的截图

图 21 是调试界面的按钮介绍：

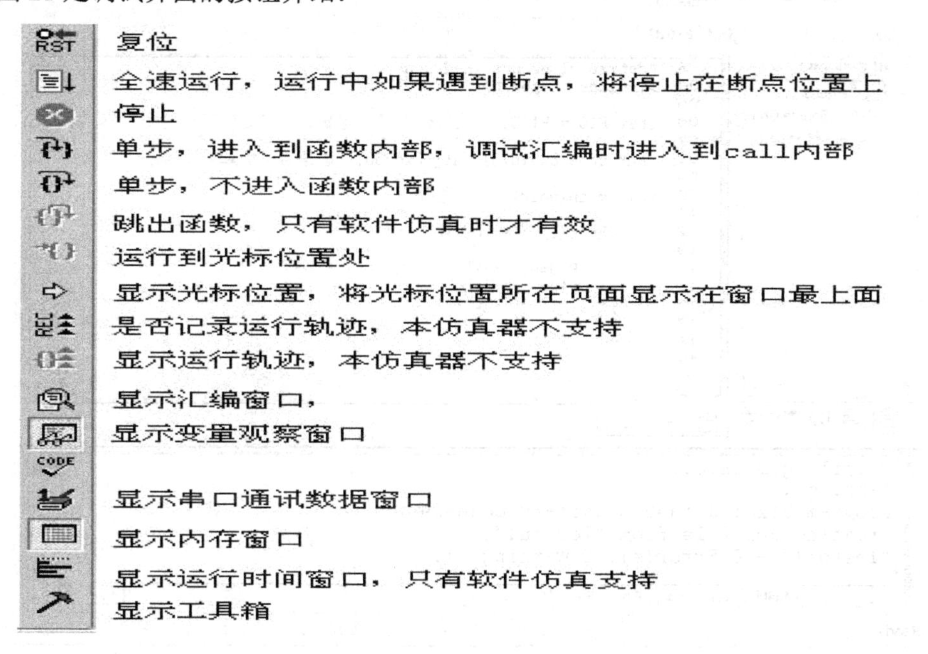

图 21　调试界面的按钮

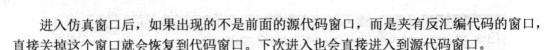

进入仿真窗口后，如果出现的不是前面的源代码窗口，而是夹有反汇编代码的窗口，直接关掉这个窗口就会恢复到代码窗口。下次进入也会直接进入到源代码窗口。

现在先试验单步，点单步（两个单步都可以，一般点单步跨过）。可以看到灯亮了。PC 指针也指向了下一个程序行。

再点一下单步，PC 又走下一步，灯灭了。

再点一次，PC 走到挂起的程序行了，继续点仍然在这一行。这句指令其实就是使程序不断地跳到自己这一行，别的什么也不做。一般称作程序挂起。

一般的实际应用中的程序是不会挂起的，一般是在 main 函数里做一个大循环，程序如下：

```
void main(void) // 主程序
{
while(1)
{
P11=0;//亮灯
P10=1;//灭灯
}
}
```

请将 main 函数程序改为上面的代码，我们下一步将试验断点的操作。

编译后结果如图 22 所示。

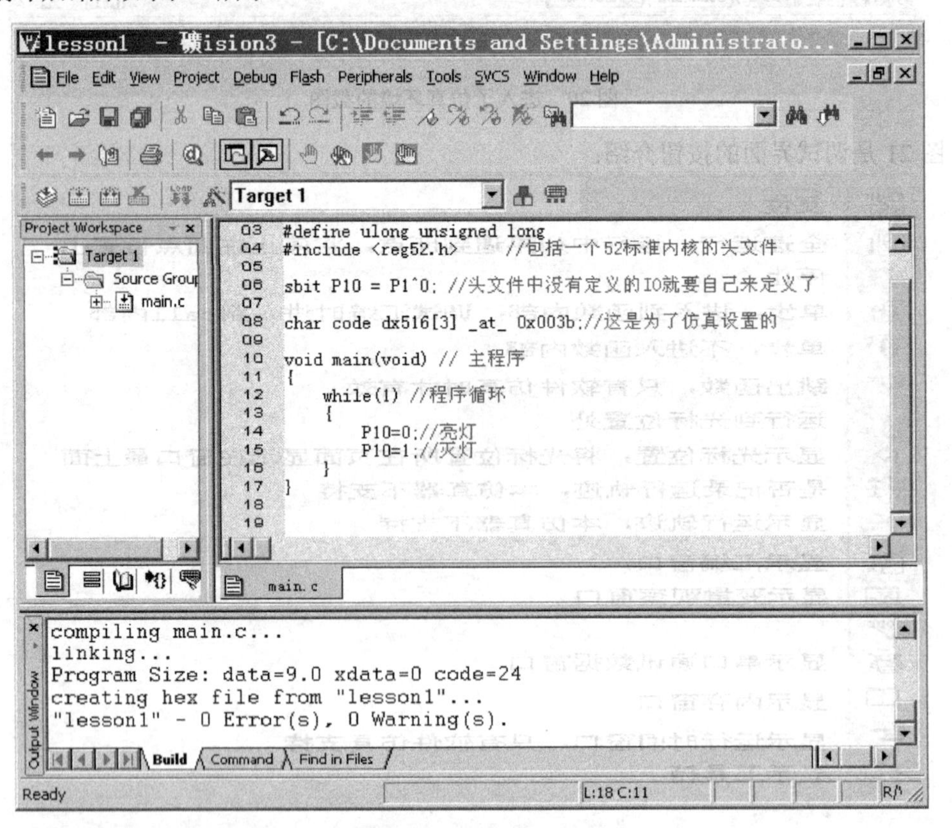

图 22　编译成功的界面

进入仿真后的界面如图 23 所示。

图 23

在第 15 行双击一下，可以看到程序行左边出现了一个红方块，这就是设置断点，再双击一次，断点就取消了。如果程序在全速运行的过程中遇到断点，就会自动停下来给你分析。注意在进入仿真后，并且程序是停止状态时，才可以设置或者取消断点。

设置了断点：

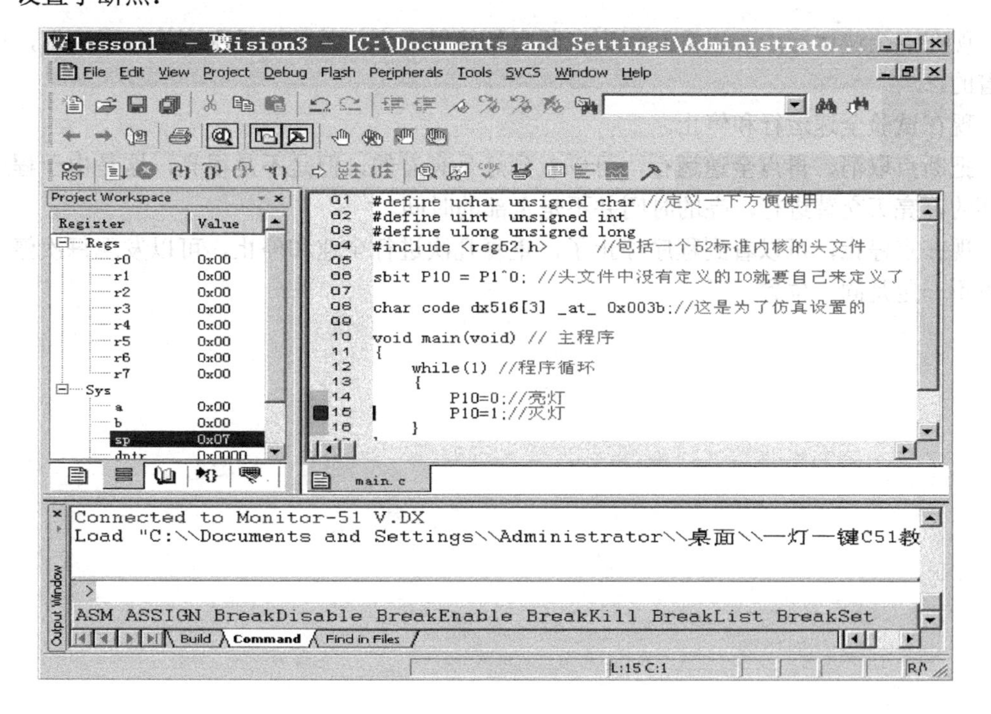

图 24　设置断点

现在点全速运行，可以看到程序在断点处停了下来，并且由于前一句指令刚刚执行了点灯，所以这时灯是亮着的。

现在在第 14 行设置断点，并且取消上一个断点。

设置了另一个断点：

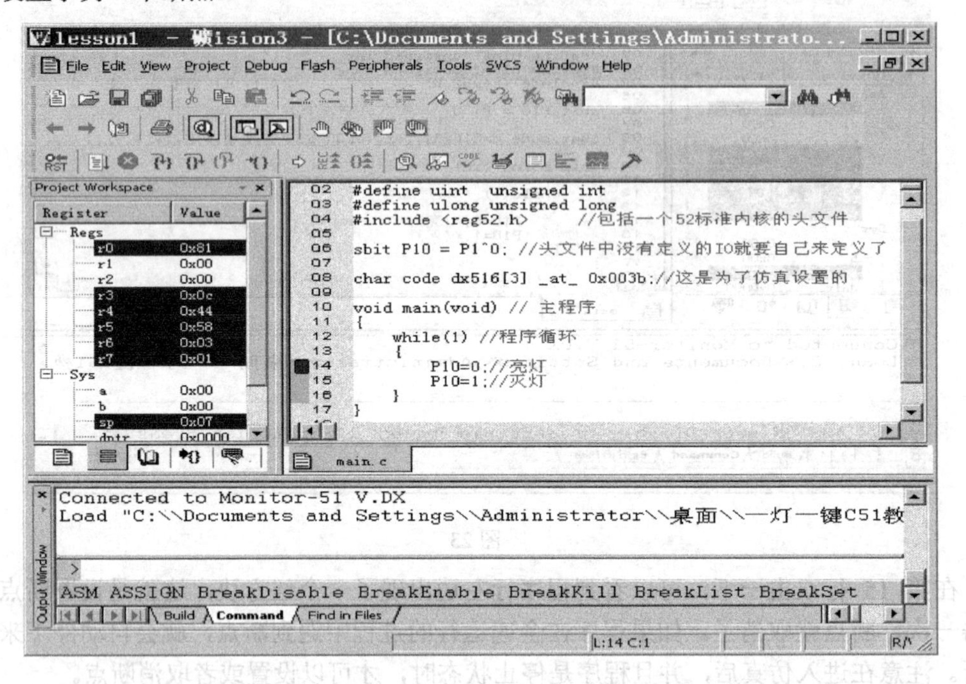

图 25 设置了另一个断点

现在点全速运行，可以看到程序在断点处停了下来，并且由于刚刚执行了灭灯，灯是灭着的。

现在试验全速运行和停止。

把断点取消，再点全速运行，可以看到灯是亮着的，但是不是很亮，这是由于程序是循环的，亮灭交替进行，亮的时间并不是全部的时间。

现在点停止，可以看到程序停止了，重复几次进行全速和停止，可以发现每次停止的地方不一定是同一位置。

参 考 文 献

[1] 宋戈，黄鹤松，员玉良，蒋海峰. 51 单片机应用开发范例大全[M]. 北京：人民邮电出版社，2010.

[2] 楼然苗，李光飞. 单片机课程设计指导[M]. 北京：北京航空航天大学出版社，2012

[3] 王东锋，王会良，董冠强. 单片机 C 语言应用 100 例[M]. 北京：电子工业出版社，2009

[4] 张义和，王敏男，许宏昌，余春长. 例说 51 单片机（C 语言版）[M]. 北京：人民邮电出版社，2008.